流体力学

主编 王 英 谢晓晴

中南大学出版社
www.csupress.com.cn
·长 沙·

普通高校土木工程专业系列精品规划教材

编审委员会

总　序

　　土木工程是促进我国国民经济发展的重要支柱产业。近 30 年来，我国公路、铁路、城市轨道交通等基础设施以及城市建筑进入了高速发展阶段，以高速、重载和超高层为特征的建设工程的安全性、经济性和耐久性等高标准要求向传统的土木工程设计、施工技术提出了严峻挑战。面对新挑战，国内、外土木工程行业的设计、施工、养护技术人员和科研工作者在工程实践和科学研究工作中，不断提出创新理念，积极开展基础理论和技术创新，研发了大量的新技术、新材料和新设备，形成了成套设计、施工和养护的新规范和技术手册，并在工程实践中大范围应用。

　　土木工程行业日新月异的发展，对现代土木工程专业技术人才培养提出了迫切需求。教材建设和教学内容是人才培养的重要环节。为面向普通高校本科生全面、系统和深入阐述公路、铁路、城市轨道交通以及建筑结构等土木工程领域的基础理论和工程技术成果，由中南大学出版社、中南大学土木工程学院组织国内土木工程领域一批专家、学者组成"普通高校土木工程专业系列精品规划教材"编审委员会，共同编写这套系列教材。通过多次研讨，确定了这套土木工程专业系列教材的编写原则：

1. 系统性

　　本系列教材以《土木工程指导性专业规范》为指导，教材内容满足城乡建筑、公路、铁路以及城市轨道交通等领域的建筑工程、桥梁工程、道路工程、铁道工程、隧道与地下工程和土木工程管理等方向的需求。

2. 先进性

　　本系列教材与 21 世纪土木工程专业人才培养模式的研究成果密切结合，既突出土木工程专业理论知识的传承，又尽可能全面反映土木工程领域的新理论、新技术和新方法，注重各门内容的充实与更新。

3. 实用性

　　本系列教材针对 90 后学生的知识与素质特点，以应用性人才培养为目标，注重理论知识与案例分析相结合，传统教学方式与基于现代信息技术的教学手段相结合，重点培养学生的工程实践能力，提高学生的创新素质。这套教材不仅是面向普通高校土木工程专业本科生的课程教材，还可作为其他层次学历教育和短期培训的教材和广大土木工程技术人员的专业参考书。

4. 严谨性

本系列教材的编写出版要求严格按国家相关规范和标准执行，认真把好编写人员遴选关、教材大纲评审关、教材内容主审关和教材编辑出版关，尽最大努力提高教材编写质量，力求出精品教材。

根据本套系列教材的编写原则，我们邀请了一批长期从事土木工程专业教学的一线教师负责本系列教材的编写工作。但是，由于我们的水平和经验所限，这套教材的编写肯定有不尽人意的地方，敬请读者朋友们不吝赐教。编委会将根据读者意见、土木工程发展趋势和教学手段的提升，对教材进行认真修订，以期保持这套教材的时代性和实用性。

最后，衷心感谢全套教材的参编同仁，由于他们的辛勤劳动，编撰工作才能顺利完成。真诚感谢中南大学校领导、中南大学出版社领导和编辑们，由于他们的大力支持和辛勤工作，本套教材才能够如期与读者见面。

2014 年 7 月

前　言

在我们生活的自然界和工作的工程技术界，到处都充斥着流体，比如空气、水随处都可以见到与流体运动有关的现象。低至土壤岩石中的地下渗流、高至天空中云雾蒸腾，近至自身血管中的血液流动，远至宇宙中天体星云的运动，凡是有流体存在的地方，就有流体力学问题的存在。作为当代的科学家或工程师，应该了解和掌握流体的运动特性和基本规律。

流体力学研究流体宏观运动的规律，是高等院校许多专业的一门重要的技术基础课，它既有本学科的系统性和完整性，又有鲜明的工程、专业应用特点。本教材根据教育部高等学校流体力学及水力学课程教学指导小组最新修订的的土建类《流体力学教学基本要求》，结合2004 年编写《工程流体力学》的经验和反馈意见，本着面向土建类各专业，以培养卓越工程师为目标的编写思想，系统地阐述了流体力学的基本概念、基本理论及工程实际应用，适当反映学科的发展趋势。

为了便于巩固基础理论，书中各章均有本章小结，同时精选了一定数量的复习思考题与习题。

本教材主要面向土建类各专业，也可作为其他相近专业的本科流体力学教材，使用时可根据专业要求和学时多少进行必要的取舍。

本教材由中南大学王英、谢晓晴主编。王英参与了书中各章的编写，执笔第 1 章至第 7章，第 2 章部分及第 8 章由谢晓晴执笔。打造精品教材是我们的愿望，主观上也为此作出了极大的努力，但水平所限，难免仍存在疏漏和不足，恳请读者批评指正。

编　者

2015 年 1 月

目　录

第1章

绪　论

1.1　流体力学的任务与研究方法

1.1.1　流体力学的任务

流体力学是从力学的观点出发,研究流体的平衡和机械运动的规律及其实际应用的科学。这个简单的定义,概括了下面三层涵义。

1.研究对象是流体

自然界的物质一般有三种存在形式,即固体、液体和气体,液体和气体统称为流体。固体由于其分子间距离很小,内聚力很大,所以它能保持固定的形状和体积,能承受一定数量的拉力、压力和剪切力;固体受外力作用将相应产生一定程度的变形,在没有破坏时如果外力保持不变,变形也不会变化(不考虑徐变时)。而流体则不同,由于其分子间距离较大,内聚力很小,几乎不能承受拉力、抵抗拉伸变形;在微小剪切力作用下,很容易发生变形或流动,所以流体不能保持固定的形状。

液体与气体相比,液体分子内聚力又比气体大得多,因为分子间距离相对较小,密度较大,虽然不能保持固定的形状,但能保持比较固定的体积;一个盛有液体的容器,若其容积大于液体的体积时,液体不会充满整个容器,具有自由表面(液体与气体接触的分界面);液体的压缩性和膨胀性很小,在很大的压力作用下,其体积的缩小甚微。气体不仅没有固定的形状,也没有固定的体积,极易膨胀和压缩,它可以任意扩散直到充满其所占据的有限空间。气体和液体的主要差别就是它们的可压缩程度不同,但当气流速度远小于音速的时候,在运动过程中其密度变化很小,气体也可视为不可压缩,此时流体力学的基本原理也适用于低速气流。本教材的研究对象是以水为代表的液体和低速气体。

2.研究内容是流体平衡和机械运动的规律

流体力学所研究的基本规律,有两大部分:一是关于流体平衡的规律,它研究流体处于静止(或相对静止)状态时,作用于流体上的各种力之间的关系,这一部分称为流体静力学;二是关于流体运动的规律,它研究流体在运动状态时,作用于流体上的力与运动要素之间的关系,以及流体的运动特性与能量转换等等,这一部分称为流体运动及动力学。

3.研究目的是在工程实际中的应用

流体力学作为力学的一个分支,是技术基础科学,同时也是与工农业生产和生活密切相关的应用科学。在土木、水利、交通、气象、环境、航空航天、机械、采矿、冶金、化工、石油等工程领域，从规划、勘测、设计、施工到运营、养护、维修，都不可避免地要与流体打交道，都有大量的流体力学问题要解决，下面以土木工程专业为例做简要说明。

规划方面：修建铁(公)路及其他建筑物时，不可避免地要与水(空气)打交道，如跨越河流和沟渠就需要架设桥梁、修建涵洞等，因此，在线路布置和选择时，首先必须分析自然河势及其天然水流状态，因势利导，妥善安排。

设计方面：在进行桥、涵等建筑物设计时，必须先弄清通过这些建筑物的流量、水位等，以决定桥孔的跨度、涵管的孔径以及桥(涵)面的高程；同时，还必须分析计算流体作用在这些建筑物上的力，用以计算建筑物的结构与稳定。还有，建筑工程中风对高层建筑的荷载和风振问题；建筑内部的供热、通风、空调的设计和设备选用；给水排水工程中，无论取水、水处理、输配水都是在水的流动过程中实现的；地下工程(如隧道、地铁)内部的通风和排水设计等都与流体运动相关。

施工方面：如建筑物基础施工时的基坑排水、抗渗处理；施工区生产、生活、消防供水等；施工围堰的高度、厚度与采用的材料均需在进行流体力学计算后才能正确选用。

运营、养护方面：铁(公)路修好后，路基的沉陷、崩塌、滑坡、冻胀等工程病害，大多与地面水或地下水的活动有关，为使路基处于干燥、坚固和良好的稳定状态，必须修建路堑边沟、截水沟和渗水暗沟等，在山区水流湍急的地方，为保护路基、桥梁不致冲坏，尚需修建急流槽、跌水等设施。

值得说明的是流体力学不仅用于解决某项工程中的流体问题，还能帮助工程技术人员进一步认识工程与大气、水环境的关系。大气和水环境对建筑物和构筑物的作用是相互的、长期的、多方面的，比如台风、洪水直接摧毁堤坝、桥梁、房屋等，造成巨大的自然灾害；另一方面，兴建大型水库、厂矿、公(铁)路、江海堤防等也可能对大气和水环境造成不利影响，导致生态恶化，甚至加重灾害。随着生产的发展，还会不断地提出新的课题，流体力学将会发挥更大的作用。因此，流体力学是高等院校许多专业一门重要的技术基础课。

1.1.2　流体力学的研究方法

流体力学的研究方法是与其发展历史紧密联系在一起的，目前主要有理论分析、科学试验和数值模拟三种。

1. 理论分析

理论分析方法是根据工程实际中流动现象的特点和物质机械运动的普遍规律，建立流体运动的基本方程及定解条件，然后运用各种数学方法解析出方程。理论分析法的关键在于提出理论模型(亦称数学模型)，并能运用数学方法求出揭示流体运动规律的理论结果。但由于实际流体运动的多样性，对于某些复杂的运动，完全运用理论分析解决问题还存在数学上的困难，难以精确求解。

2. 科学试验

科学试验方法是通过对具体流动的观测，来认识流体运动的规律。在流体力学中科学试验占有极为重要的地位，一方面是检验理论分析结果的正确性，另一方面当有些流体力学问题在理论上还不能完全得到解决时，通过试验可以找到一些经验性的规律，以满足实际应用的需要。就流体力学研究的现状而言，科学试验还是一个极其重要的手段。流体力学的试验研究主要包括原型观测、系统试验和模型试验，以模型试验为主。

3. 数值模拟

数值模拟又称数值实验，是伴随现代计算机技术及其应用而出现的一种方法。它广泛采用有限差分法、有限单元法、边界元法以及谱方法等将流体力学中一些难以用解析方法求解的理论模型离散为数值模型，用计算机求得定量描述流体运动规律的数值解。

以上三种方法相互结合，为发展流体力学理论和解决复杂的流体力学问题奠定了基础。本教材主要介绍理论分析和试验研究方法。至于数值模拟，读者可参阅有关计算流体力学或计算水力学书籍。

1.2　流体的主要物理力学性质

力对流体的作用都是通过其物理力学性质来表现的，流体的物理力学性质是决定流动状态的内在因素。

1.2.1　连续介质模型

流体同其他任何物质一样是由分子所构成的，从微观上看，分子之间是不连续而有空隙的，同时每个分子都在做无规则的热运动，因此，流体的物理量（如密度、压强和流速）在空间的分布是不连续的，导致空间中任一点流体物理量在时间上的变化也是不连续的。但流体力学所研究的主要是流体在外力作用下的机械运动，而不研究其微观运动。现代物理研究指出，在常温下，每 $1~\text{mm}^3$ 空气（1 个大气压，0℃）中，含 2.7×10^{16} 个分子；$1~\text{mm}^3$ 的水中约含 3.34×10^{19} 个水分子，相邻分子间的距离约为 $3 \times 10^{-7}\text{mm}$，这与工程问题研究的特征尺度（至少是 mm 级）相比是极其微小的。

1. 流体质点

流体质点是宏观上充分小、微观上具有足够多个分子的微团。若取微小体积 $\Delta V = 10^{-9}$ mm^3 的水，宏观上已小到没有几何维度、没有体积、只是空间上的一个点；而微观上却包含了足够多（3.34×10^{10} 个）的水分子。流体力学将 ΔV 中所有流体分子的集合称为流体质点（或流体微元、流体微团），虽然其尺度远远小于所研究问题的特征尺度，但具有流体的一切物理特征。由于流体质点中包含了足够多的流体分子，因此，质点的物理特征就是分子团中所有分子特征的统计平均值，单个分子出入分子团，不影响质点的总体物理特征。如果分子团尺度太小，与分子运动尺度相同数量级时，由于单个分子的随机出入不能随时平衡，分子数的增减会使分子团的物理特征（如密度等）随机脉动。

2. 连续介质模型

假想流体是由密集质点构成，充满其所占据空间，内部毫无空隙的连续体。该模型是 1753 年由瑞士数学家、物理学家欧拉（Enler. L）首先提出的。

将流体质点作为最基本的研究单位，摆脱了由于分子间隙和分子随机运动所导致的物理量不连续的问题（分子之间是有间隙的，但分子团之间是没有间隙的）；采用连续介质模型，既可以摆脱分子运动的复杂性，也可以满足工程的精度要求。在研究流体的宏观运动时，可以将流体视为均匀的连续介质，其物理量是空间和时间坐标的连续函数，这样，我们就可以运用连续函数的方法来分析流体的平衡和运动的规律。

1.2.2　惯性特性

流体与其他任何物体一样具有惯性，惯性是保持物体原有运动状态的性质，改变物体的运动状态，必须克服惯性的作用。一个物体反抗改变原有运动状态而作用于其他物体上的反作用力称为惯性力。设物体质量为 m，加速度为 a，根据牛顿第二定律，则惯性力 F_I 为

$$F_I = -ma \tag{1.2.1}$$

式中负号表示惯性力的方向与物体加速度的方向相反。

衡量惯性大小的物理量是质量，质量越大，惯性越大，运动状态越难改变。单位体积流体所具有的质量称为流体的密度 ρ。对于均质流体，若其体积为 V，质量为 m，则

$$\rho = \frac{m}{V} \tag{1.2.2}$$

对于非均质流体，各点的密度不同。要确定空间某点流体的密度，可在该点周围取一微小体积 ΔV，若它的质量为 Δm，根据连续介质的假定，有

$$\rho = \lim_{\Delta V \to 0} \frac{\Delta m}{\Delta V} \tag{1.2.3}$$

密度的量纲是 ML^{-3}，国际单位制（SI）单位是：kg/m^3。

液体的密度随压强和温度的变化很小，工程计算中，一般可以视为密度不变的均质流体。气体的密度随压强和温度变化。空气和纯净水在一个标准大气压下的密度随温度的变化见表 1.2.1，几种常见流体的密度见表 1.2.2。

表 1.2.1　一个标准大气压时不同温度下水与空气的密度

温度(℃)	水(kg/m³)	空气(kg/m³)	温度(℃)	水(kg/m³)	空气(kg/m³)
0	999.87	1.293	40	992.24	1.128
4	1000	1.27	50	988.07	1.093
10	999.73	1.248	60	983.24	1.06
15	999.12	1.226	70	977.78	1.029
20	998.23	1.205	80	971.83	1
25	997.14	1.185	90	965.28	0.973
30	995.67	1.165	100	958.38	0.947

表 1.2.2　几种常见流体的密度

流体名称	空　气	水　银	汽　油	酒　精	四氯化碳	海　水
测定温度(℃)	20	20	15	20	20	15
密度(kg/m³)	1.205	13550	700～750	799	1590	1020～1030

流体力学计算时，常温、常压下的淡水密度采用一个标准大气压下 4℃ 的纯净水之值：$\rho = 1000 \text{ kg/m}^3$；水银的密度采用 $\rho_{汞} = 13600 \text{ kg/m}^3$。

1.2.3　粘性特性

容器中的液体在搅动下会逐渐地运动起来，停止搅动，又会慢慢地停下来，粘稠的油停得快一些，而清澈的水停得慢一些。可见流体的流动是受粘性制约的，粘性越强，流动性越差。

1. 牛顿内摩擦定律

流体处在运动状态时，若流体质点之间存在相对运动，则质点间要产生粘滞内摩擦力抵抗其相对运动，这种性质称为流体的粘性(或粘滞性)，此内摩擦力称为粘滞力。粘性是流体的固有属性，任何一种实际流体都具有粘性。粘性是流体在运动过程中出现阻力，产生机械能损失的根源。粘性的存在也给流体运动规律的分析带来很多困难。

牛顿(Newton.I)通过著名的平板实验说明了流体的粘性，实验装置如图 1.2.1 所示，两个平置的平行平板，相距为 h，其间充满流体，平板面积足够大，以至可忽略边缘对液流的影响。下板固定不动，上板受一拉力的作用，以匀速 v 向右运动。因任何微小的剪切力都会引起流体的流动，此时，两板中间的流体自然会发生运动，由于流体具有粘性，与下板相接触的一层流体粘附于平板上，速度为零；粘附于上板上的流体速度为 v。实验表明，当 v 与 h 均不大时，沿 y 轴方向，各层流体的运动速度一般呈线性分布，靠近下板处流速较小，靠近上板处流速较大。若距下板为 y 处的流速为 u，在相邻的 $y+dy$ 处的流速为 $u+du$，由于两流层流速不一致，流层间将产生内摩擦力。下面一层的流速小，对上面一层作用了一个与流速方向相反的摩擦力 T，有将上层流体流速减缓的趋势；而上层的流速大，对下层流体作用有一个与流速方向一致的摩擦力 T'，有使其加速的趋势。这两个力成对出现，大小相等，方向相反，$T=T'$。

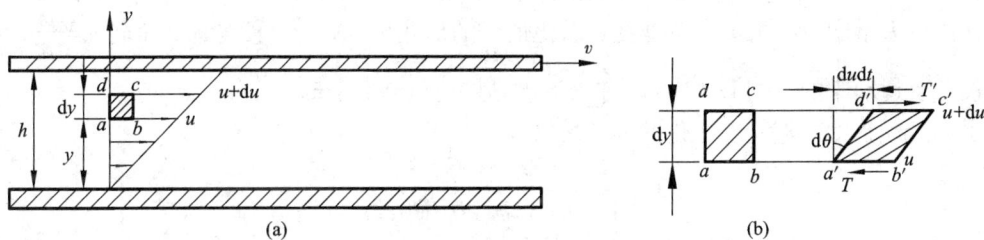

图 1.2.1　牛顿平板实验

实验表明，对包括水在内的大多数液体其粘滞切力 T 有下列关系

$$T \propto \frac{Av}{h}$$

牛顿在 1687 年提出(并经后人验证)内摩擦定律：相邻两流层接触面单位面积上所产生的内摩擦切应力 τ 的大小，与两流层之间的速度差 du 成正比，与两流层之间的距离 dy 成反比，同时，与流体的性质有关，与接触面上的压力无关。

$$\tau = \mu \frac{du}{dy} \tag{1.2.4}$$

式中 $\dfrac{\mathrm{d}u}{\mathrm{d}y}$ 是流速沿流层法线方向的变化率，称为流速梯度，表示各流层相对运动的强度。

为进一步说明流速梯度的物理意义，从图1.2.1中相距为 $\mathrm{d}y$ 的上、下两流层间取矩形流体微团 $abcd$，该微团经 $\mathrm{d}t$ 时间后运动至新的位置 $a'b'c'd'$，因两流层的速度相差 $\mathrm{d}u$，微团除平移外，还伴随着形状的改变，由原来的矩形变成了平行四边形，也就是产生了剪切变形（角变形）$\mathrm{d}\theta$，其剪切变形速度为 $\dfrac{\mathrm{d}\theta}{\mathrm{d}t}$。在 $\mathrm{d}t$ 时段内，d 点比 a 点多移动的距离为 $\mathrm{d}u\mathrm{d}t$，因为 $\mathrm{d}t$ 为微分时段，角变形 $\mathrm{d}\theta$ 亦为微分量，可认为

$$\mathrm{d}\theta \approx \tan(\mathrm{d}\theta) = \frac{\mathrm{d}u\mathrm{d}t}{\mathrm{d}y}$$

即
$$\frac{\mathrm{d}\theta}{\mathrm{d}t} = \frac{\mathrm{d}u}{\mathrm{d}y} \tag{1.2.5}$$

可见流速梯度 $\dfrac{\mathrm{d}u}{\mathrm{d}y}$ 实为流体微团的剪切变形速度 $\dfrac{\mathrm{d}\theta}{\mathrm{d}t}$。牛顿内摩擦定律也可表示为

$$\tau = \mu \frac{\mathrm{d}\theta}{\mathrm{d}t} \tag{1.2.6}$$

即流体因粘性产生的内摩擦力与流体微团的剪切变形速度成正比。当切应力一定时，粘性越大，剪切变形速度越小，所以流体的粘性可视为流体抵抗剪切变形的特性。

μ 为随流体种类而异的比例系数，表征流体粘性的强弱，称为动力粘度（或动力粘滞系数、绝对粘度），简称粘度。μ 值越大，流体越粘，流动性越差。μ 随流体种类、温度、压强的变化而变化，温度是影响流体粘性的主要因素，在低压（通常指低于100个大气压）情况下，压强对液体粘度 μ 的影响较小，一般不考虑，气体的粘度不受压强的影响。

粘度 μ 的量纲：FTL^{-2}；SI单位：$1\ \mathrm{N}\cdot\mathrm{s}/\mathrm{m}^2 = 1\ \mathrm{Pa}\cdot\mathrm{s}$。

在流体力学中，粘度 μ 常与密度 ρ 以比值 $\dfrac{\mu}{\rho}$ 的形式出现，为简便考虑，命名 $\nu = \dfrac{\mu}{\rho}$，因其量纲仅具有运动学的量纲 $\mathrm{L}^2\mathrm{T}^{-1}$，故称为运动粘度。SI单位：$\mathrm{m}^2/\mathrm{s}$、$\mathrm{cm}^2/\mathrm{s}$。

水的运动粘度 ν 随温度变化的经验公式

$$\nu = \frac{0.01775}{1 + 0.0337t + 0.000221t^2} \tag{1.2.7}$$

式中：t 为水的温度，SI单位：℃；ν 以 cm^2/s 计。

常压下不同温度时水的动力粘度与运动粘度见表1.2.3，一个大气压下空气的动力粘度与运动粘度见表1.2.4。

由表1、2、3和表1、2、4可见，液体的粘度随温度升高而减小，气体的粘度却随温度升高而增大。其原因是粘性是分子内聚力和不规律的热运动产生动量交换的结果，温度升高，体积增大，分子内聚力降低；热运动增强，动量交换频繁，温度降低则相反。对于液体，分子间的距离较小，内聚力是形成粘性的主要因素，温度升高，分子间距离增大，内聚力减小，粘度随之减小；气体分子间距离远大于液体，分子热运动引起的动量交换是形成粘性的主要因素，温度升高，分子热运动加剧，动量交换增加，粘度随之加大。

表 1.2.3　水的动力粘度与运动粘度

温度(℃)	$\mu(10^{-3}\text{Pa}\cdot\text{s})$	$\nu(10^{-6}\text{m}^2/\text{s})$	温度(℃)	$\mu(10^{-3}\text{Pa}\cdot\text{s})$	$\nu(10^{-6}\text{m}^2/\text{s})$
0	1.792	1.792	40	0.654	0.659
5	1.519	1.519	45	0.597	0.603
10	1.31	1.31	50	0.549	0.556
15	1.145	1.146	60	0.469	0.478
20	1.009	1.011	70	0.406	0.415
25	0.895	0.897	80	0.357	0.367
30	0.8	0.803	90	0.317	0.328
35	0.721	0.725	100	0.282	0.296

表 1.2.4　一个大气压下空气的动力粘度与运动粘度

温度(℃)	$\mu(10^{-3}\text{Pa}\cdot\text{s})$	$\nu(10^{-6}\text{m}^2/\text{s})$	温度(℃)	$\mu(10^{-3}\text{Pa}\cdot\text{s})$	$\nu(10^{-6}\text{m}^2/\text{s})$
0	0.0172	13.7	90	0.0216	22.9
10	0.0178	14.7	100	0.0218	23.6
20	0.0183	15.7	120	0.0228	26.2
30	0.0187	16.6	140	0.0236	28.5
40	0.0192	17.6	160	0.0242	30.6
50	0.0196	18.6	180	0.0251	33.2
60	0.0201	19.6	200	0.0259	35.8
70	0.0204	20.5	250	0.028	42.8
80	0.021	21.7	300	0.0298	49.9

2. 牛顿流体与理想流体

符合牛顿内摩擦定律的流体称为牛顿流体。即在温度不变的条件下,这类流体的粘度 μ 值不变,剪切应力与流速梯度(剪切变形速度)成正比,如图 1.2.2 所示。水、酒精和空气等均为牛顿流体。不符合牛顿内摩擦定律的流体统称为非牛顿流体,包括理想宾汉流体(塑性流体):如血浆、泥浆;伪塑性流体:如油漆;膨胀性流体:如浓淀粉糊等。本书仅研究牛顿流体。

在牛顿流体中有一特例——$\mu = 0$

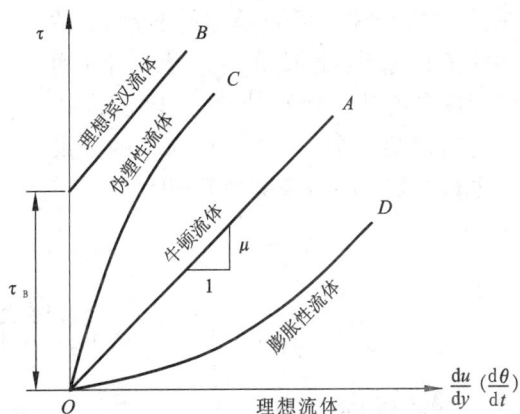

图 1.2.2　牛顿流体及非牛顿流体

的流体，即没有粘性的流体，称为理想流体。实际的流体，无论是液体还是气体，都是有粘性的。粘性的存在，往往给流体运动规律的研究带来极大的困难。为了使问题简化，引入"理想流体模型"，即抛开粘性先分析理想流体，应用到实际流体时，再进行修正。理想流体实际上是不存在的，它只是一种简化的流体力学模型。

3. 牛顿内摩擦定律的适用条件

流体沿着固体平面壁做平行的直线运动，且流体质点是有规律地一层一层地向前运动而互不混掺，这种各流层间互不干扰的运动称为层流运动，这将在第 4 章中详细讨论。牛顿内摩擦定律单独使用时只适用于做层流运动的牛顿流体。

【例 1.2.1】 当断面流速为图 1.2.3 所示的直线分布时，断面上各点的粘滞切应力 τ 如何分布？流体静止时，粘滞切应力 τ 为多少？此时流体是否具有粘性？

【解】 （1）当断面流速为直线分布时

断面上各点的流速梯度相等，即 $\dfrac{\mathrm{d}u}{\mathrm{d}y}=\dfrac{U}{h}$。

根据牛顿内摩擦定律，粘滞切应力 $\tau=\mu\dfrac{\mathrm{d}u}{\mathrm{d}y}=\mathrm{const}$，即 τ 沿 y 轴均匀分布如图中虚线所示。

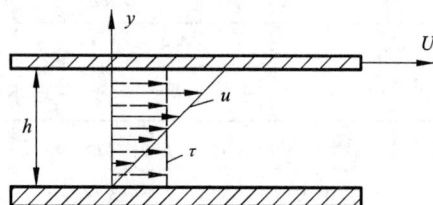

图 1.2.3　例 1.2.1 题图

（2）当流体不流动时

流速 $u=0$，$\dfrac{\mathrm{d}u}{\mathrm{d}y}=0$，粘滞切应力 $\tau=\mu\dfrac{\mathrm{d}u}{\mathrm{d}y}=0$

此时流体仍具有粘性，只是不流动粘性就没有表现出来。

【例 1.2.2】 平板沿倾角为 α 的固定斜面以匀速 U 向下滑动，平板与斜面之间涂有厚度为 δ 的润滑油，已知平板底面积为 A，重量为 G，求润滑油的动力粘度 μ。

【解】 平板受重力的作用向下滑动，中间的润滑油自然会相应发生运动，由于润滑油的粘性，贴近平板下面的流体速度为 V，粘附在斜面壁上的流体速度为零。当 V 与 δ 均不大时，各层流体的运动速度呈线性分布。平板作匀速运动，重力 G 沿斜面方向的分量应等于平板所受到的粘滞切力 T。即

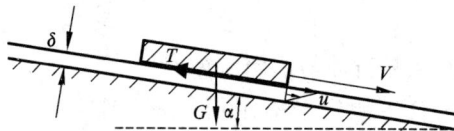

图 1.2.4　例 1.2.2 题图

$$G\sin\alpha=T=\mu\frac{V}{\delta}A$$

$$\mu=\frac{G\delta\sin\alpha}{UA}$$

1.2.4　弹性特性

1. 压缩性与压缩系数

流体受压力作用时，分子间距离减小，宏观体积减小，密度加大，除去外力后能恢复原

状，这种性质称为压缩性。流体的压缩性可以用体积压缩系数 κ 来度量。设压缩前的体积为 V，当压强增量为 $\mathrm{d}p$ 时，相应的体积减小量为 $\mathrm{d}V$，则体积压缩系数

$$\kappa = -\frac{\dfrac{\mathrm{d}V}{V}}{\mathrm{d}p} \qquad (1.2.8)$$

由于流体的体积是随压强的增大而减小，所以 $\dfrac{\mathrm{d}V}{V}$ 和 $\mathrm{d}p$ 异号，故上式右侧加一负号，以保证 κ 为正值。由上式可知，体积压缩系数 κ 为在一定的温度下，增加一个单位压力时，流体体积的相对缩小量。κ 值越大，流体的压缩性越大，κ 的单位为 Pa^{-1}。

因流体受压时，体积压缩，分子间距减小，导致了分子间巨大排斥力的出现，形成流体内部的压应力，一旦外力取消，则流体在其内部排斥力的作用下，恢复原来的体积，故压缩性也称为弹性。

液体的体积压缩系数很小，工程上常使用其倒数——体积弹性模量 K（简称体积模量）来衡量液体的压缩性

$$K = \frac{1}{\kappa} = -\frac{\mathrm{d}p}{\dfrac{\mathrm{d}V}{V}} \qquad (1.2.10)$$

K 值越大，表示流体越不易压缩，$K \to \infty$ 表示绝对不可压缩。K 的单位是 Pa。

流体的种类不同，其 K 值不同。同一种流体，K 随温度和压强变化。液体的压缩性很小，比如水，在 $10\,℃$ 时体积模量 $K = 2.1 \times 10^{9}\,\mathrm{Pa}$。即每增大一个大气压（$98 \times 10^{3}\,\mathrm{Pa}$）时，水的体积相对压缩值不到 2 万分之一，所以，工程上除一些压强变化大、过程非常迅速的流动（如水击波的传递）外，一般不考虑水的压缩性。

气体由于分子间距离较大，很容易压缩，压缩性一般不能忽略。

2. 不可压缩流体

流体的体积和密度不随压力而变化即为不可压缩流体。对于均质的不可压缩流体，密度时时处处都不变化，$\rho = $ 常数。实际工程中，一般认为水和其他液体是不可压缩流体。对于低速气流，当其速度远小于音速时，密度变化不大，如气流速度小于 $50\,\mathrm{m/s}$，密度的变化小于 1%，通常也将其视为不可压缩流体。

1.2.5　表面张力特性

1. 液体的表面张力

由于液体分子之间具有内聚力，在液体内部，分子受到周围分子的吸引，总的吸引力为零，因此液体内部是平衡的。而在液体与气体相接触的自由表面上的分子，液体一侧的分子吸引力较大，与气体相接触的另一侧分子吸引力很小，两侧不能平衡，因此，交界面上的液体分子受到一个指向液体内部的引力，这个沿液体表面作用的使自由表面张紧的力称为表面张力。表面张力的作用，使自由表面好像是一张均匀受力的弹性薄膜，有尽量缩小的趋势，从而使得液体的表面积最小。例如一滴液体，如果没有其他力的影响，它总是呈现出球形，因为球形的表面面积最小。

气体由于分子的扩散作用，不存在自由表面，也就不存在表面张力。表面张力是液体特有的性质，一般产生在自由表面上，在液体与固体、液体与液体（如汞—水）的接触面上也可

发生。

表面张力现象是日常生活中经常遇到的一种自然现象,如水面可以高出杯口而不外溢,硬币可以水平地浮在水面上而不下沉等。

液体表面张力的作用方向是与自由表面相切的,所以表面张力的大小可以用液体表面单位长度所受的拉力即表面张力系数 σ 来度量,单位是 N/m。σ 的大小随液体的种类、温度和表面接触情况的不同而有所变化。

水及其他液体的表面张力很小,对液体的宏观运动不起作用,一般工程的流体力学问题中可以忽略不计,只在某些特殊的情况下(如在流体力学实验中用测压管测量液体压强)才显示其影响。

2. 毛细现象

液体分子与管壁分子之间的吸引力称为附着力。当两端开口的玻璃细管插入水中时,水分子的内聚力小于水同玻璃之间的附着力,水将湿润玻璃管,管内液面将沿着壁面向上延伸,使液面向上弯曲呈凹形,再由于表面张力的作用,液面有所上升,直到上升的水柱重量与表面张力的垂直分量相平衡为止。这种现象为毛细现象,如图 1.2.5 所示。

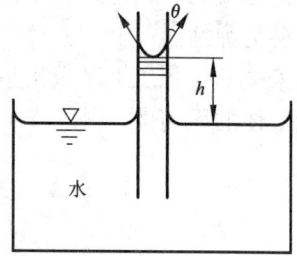

图 1.2.5 毛细现象

管内液面上升或下降的高度称为毛细管高度 h,设玻璃管的直径为 d,液面与管壁的接触角为 θ,则

$$\rho g h \frac{\pi d^2}{4} = \sigma \pi d \cos\theta$$

$$h = \frac{4\sigma\cos\theta}{\rho g d} \tag{1.2.11}$$

式中:接触角 θ 与液体的种类及管壁材料等有关。

上式说明毛细管高度 h 与管径 d 成反比,即管内径越小,毛细管上升高度越大。当测压管的内径大于 10 mm 时,毛细管内液面上升或下降的高度很小,可忽略不计。

1.2.6 汽化压强

物质从液态变为气态的现象称为汽化(或空化)。汽化有两种方式:只在液体表面进行的称为蒸发,液体表面和内部同时进行的称为沸腾。沸腾时,液体内部产生的小汽泡上升、汇聚,到液面破裂后气体分子逸入大气。

液体总是在一定温度和一定压强下才能沸腾,这个温度就是沸点,这个压强(一般以绝对压强计)称为汽化压强(或蒸汽压强、饱和蒸气压强),以 p_v 表示。汽化压强和沸点的关系是:汽化压强增大,沸点升高,汽化压强减小,则沸点降低。不同温度下水的汽化压强 p_v 值见表 1.2.5。

温度不变时,若液体中某处压强达到或小于汽化压强,该处液体便汽化,液体内部形成许多气泡。注意汽化与外界空气掺入液流中形成的气泡有本质的区别,汽化是液体质点的相变(即由液态转换为气态)。在我们分析各种液流现象或阐明液体运动的普遍规律时,有一个前提是所研究的液体是连续介质,汽化现象发生以后,气泡里不是液体而是气体,这就破坏了液流的连续性条件。同时,气泡若随液流进入下游高压区,气泡溃灭,其中的蒸汽又将重新溶于液体，可能发生汽蚀破坏(详见3.6.2)。液体的这一物理性质，在分析涉水建筑物和水力机械的空蚀问题时，必须考虑。

表 1.2.5　不同温度时水的汽化压强

温　度(℃)	100	90	80	70	60	50
汽化压强(m 水柱)	10.33	7.15	4.83	3.18	2.03	1.24
温　度(℃)	40	30	20	10	5	0
汽化压强(m 水柱)	0.75	0.43	0.24	0.12	0.09	0.06

以上所介绍的流体的 6 个主要物理力学性质，都在不同程度上决定和影响着流体的运动，但每一种性质的影响程度并不是同等的，在有些情况下，某种物理性质占支配地位，在另一些情况下，另一种物理性质占支配地位。一般而言，重力、粘滞力对流体运动的影响起着重要作用，而弹性力及表面张力，只对某些特殊流体运动发生影响。

1.3　作用在流体上的力

力是物体平衡和机械运动的原因，因此，研究流体的平衡和机械运动规律，必须首先分析作用在流体上的力。作用在流体上的力，若按其物理性质分：可分为重力、摩擦力、弹性力、表面张力等。若按其作用方式的不同，可分为表面力、质量力。采用这种分类方式的目的是便于流体的受力分析。

1.3.1　表面力

表面力是指通过直接接触作用在流体的表面上，并与受作用的流体表面面积成正比的力。它是相邻流体或其他物体的作用结果。压力、切力、摩擦力等都是表面力。

根据连续介质的概念，表面力连续分布在隔离体表面上，因此分析时既可采用总作用力也可采用单位面积上的力(即应力)来度量。表面力可分解为与作用面垂直的压力(或压强)及与作用面平行的切力(或切应力)。

在静止流体中任取一块流体(隔离体)作为研究对象，如图 1.3.1 所示。在隔离体表面 A 点取微小面积 ΔA，作用在 ΔA 上的力 ΔF，可以分解为法向力 ΔP 和切向力 ΔT，则作用在单位面积上的平均法向力为 $\dfrac{\Delta P}{\Delta A}$，平均切向力为 $\dfrac{\Delta T}{\Delta A}$。

由于作用在流体上的表面力为连续函数，故微小面积 ΔA 上的某一点的应力，可以通过平均值的极限求得。

压强

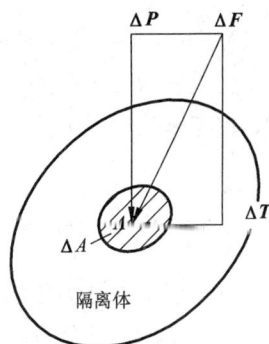

图 1.3.1　表面力

$$p = \frac{\mathrm{d}P}{\mathrm{d}A} = \lim_{\Delta A \to 0} \frac{\Delta P}{\Delta A} \tag{1.3.1}$$

切应力

$$\boldsymbol{\tau} = \frac{\mathrm{d}\boldsymbol{T}}{\mathrm{d}A} = \lim_{\Delta A \to 0} \frac{\Delta \boldsymbol{T}}{\Delta A} \tag{1.3.2}$$

表面力的单位：总作用力为 N、kN；应力为 Pa（N/m²）、kPa。

1.3.2　质量力

质量力是指以隔距离作用方式施加在流体的每个质点上，并与受作用的流体质量成正比的力。对于均质流体，必然与流体体积成比例，所以又称为体积力。

流体力学中常出现的质量力是重力；若取坐标系为非惯性力系，根据达朗贝尔原理建立力的平衡方程时计入的惯性力也为质量力。

质量力的大小亦可采用总作用力或单位质量力两种方法来度量。

单位质量力是作用在单位质量流体上的质量力。如隔离体中的流体是均质的，其质量为 m，总质量力为 $\boldsymbol{F}$，则单位质量力 $\boldsymbol{f}$ 为

$$\boldsymbol{f} = \frac{\boldsymbol{F}}{m} \tag{1.3.3}$$

总质量力在各坐标轴上的分量为 F_x，F_y，F_z，则单位质量力在相应坐标轴上的分量为 f_x, f_y, f_z。

$$\boldsymbol{F} = \{F_x, F_y, F_z\}$$
$$\boldsymbol{f} = \{f_x, f_y, f_z\} = \left\{\frac{F_x}{m}, \frac{F_y}{m}, \frac{F_z}{m}\right\} \tag{1.3.4}$$

单位质量力的量纲是 LT^{-2}，SI 单位：m/s²，与加速度的量纲和单位相同。

【例1.3.1】　密闭容器中盛有液体，静止放置在地球上时液体所受的单位质量力为多少？若密闭容器从空中自由下落，其单位质量力又为多少？

【解】　（1）当液体静止时

所受质量力只有重力，$\boldsymbol{F} = \boldsymbol{G} = m\boldsymbol{g}$，方向与重力加速度方向相同。

单位质量力：$\boldsymbol{f} = \frac{m\boldsymbol{g}}{m} = \boldsymbol{g}$，方向同上。

（2）当从空中自由下落时

所受质量力除重力外，还有惯性力 $F_I = -m\boldsymbol{g}$，方向与重力加速度方向相反。总质量力 $\boldsymbol{F} = 0$，相应单位质量力 $\boldsymbol{f} = 0$。

本章小结

本章概述了流体力学的研究对象、研究方法及流体的主要物理力学性质，须掌握的重点主要是一个定律、三个假设（或模型）、一种独特的受力分析方法。

1.一个定律

牛顿内摩擦定律　　　　　$\tau = \mu \dfrac{\mathrm{d}u}{\mathrm{d}y} = \mu \dfrac{\mathrm{d}\theta}{\mathrm{d}t}$

2.三个假设（或模型）

（1）连续介质假设：假想流体是由密集质点构成，充满其所占据空间、内部毫无空隙的

连续体。

（2）理想流体假设：不考虑流体的粘性，$\mu = 0$。

（3）不可压缩流体假设：忽略流体的压缩性，体积保持不变，均质流体密度也不变。

上述三种假设中，只有理想流体假设与实际情况相差较大。

3. 一种独特的受力分析方法

流体力学研究中将作用在流体上的力，按其作用方式分为表面力、质量力。流体力学中常出现的质量力是重力、惯性力。

思考题

1.1　试从力学分析的角度，比较流体与固体、液体与气体抵抗外力能力的差别。

1.2　什么是连续介质模型？引入此模型的可能性与必要性是什么？

1.3　结合库伦定律、剪切虎克定律，分析对比流体内摩擦力与固体摩擦力的不同之处。

1.4　动力粘度 μ 与运动粘度 ν 是否均可作为流体粘性大小的量度？

1.5　流体粘度均随温度的升高而降低吗？为什么？

1.7　研究流体运动时，为什么要引入理想流体模型？

习题

1.1　当空气温度从 0℃ 增加至 20℃ 时，运动粘度 ν 增加 15%，密度 ρ 减少 10%，问此时动力粘度 μ 增加多少？

1.2　如图所示粘度计由内外两个圆筒组成，两筒间距 $\delta = 3\ \text{mm}$，内盛待测液体，内筒半径 $r = 20\ \text{cm}$，高 $h = 40\ \text{cm}$，固定不动。当外筒以角速度 $\omega = 10\ \text{rad/s}$ 旋转时，内筒受到液体粘滞内摩擦力的作用，对内筒中心轴产生力矩 $M = 4.9\ \text{Nm}$。试计算该液体的动力粘度 μ 值。假设内筒底部与外筒底部之间的间距较大，底部比侧壁所受的液体粘滞摩擦力要小得多，可忽略不计（提示：两筒侧壁间隙间流速呈直线分布）。

1.3　图示为压力表校正器。容器内充满压缩系数为 $\kappa = 4.75 \times 10^{-10}\ \text{m}^2/\text{N}$ 的油液，压强为 $10^5\ \text{Pa}$ 时，油液的体积为 200 mL。现用手轮丝杆给活塞加压，活塞直径为 $d = 1\ \text{cm}$，丝杆螺

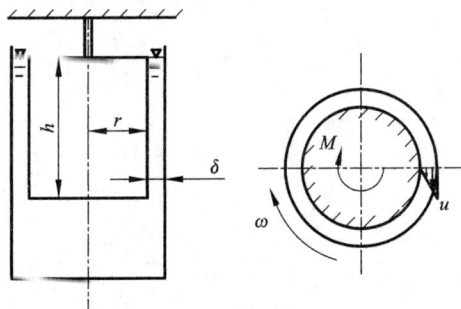

题 1.2 图　旋转粘度计

距为 2 mm，当压强升高至 20 MPa 时，问需将手轮摇多少转？

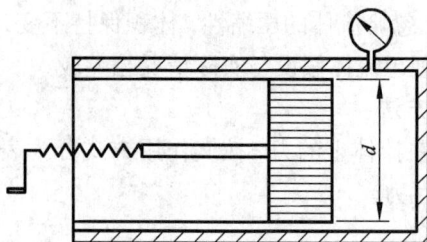

题 1.3 图

1.4   如图所示的盛水容器以等角速度 ω 绕中心轴 z 旋转，试写出位于 $A(x, y, z)$ 处单位质量水体所受的质量力？

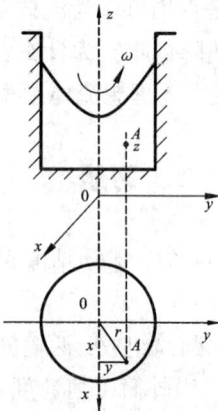

题 1.4 图

第 2 章

流体静力学

　　流体静力学研究流体在静止(平衡)状态下的力学规律及其实际应用。

　　所谓静止是一个相对的概念,一种是流体相对地球无运动,这是通常所说的静止(又称绝对平衡)状态;另一种是流体虽然相对地球有运动,但相对参考坐标系(比如容器)无运动,或流体质点之间无相对运动,称为流体的相对静止(相对平衡)。

　　静止状态下,流体质点之间没有相对运动,流体的粘性显现不出来,所以内摩擦切应力 $\tau = 0$,作用在流体上的表面应力只有压应力(压强)p。此时,实际流体与理想流体没有差别。

2.1　静止流体的应力特性

2.1.1　应力的垂直性

　　静止流体的应力的方向总是垂直并指向受压面。

　　用反证法证明:在图 2.1.1 所示的静止流体中,以任取截面 $m-m$ 将其切割为 I、II 两部分,取 II 部分为隔离体。I 对 II 的作用由 $m-m$ 面上的连续分布的等效作用力代替。

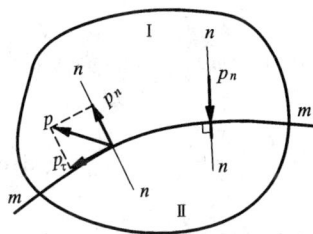

图 2.1.1　应力的垂直性

　　在 $m-m$ 面上,如果 p 的作用线与受压面的法线方向 $n-n$ 不同,就可分解为法向应力 p_n 和切向应力 p_τ,由于流体静止时粘滞性不起作用,不能承受剪切变形,如果切向应力 p_τ 存在,将使流体发生相对运动而流动,与原定静止状态不相符;若法向应力 p_n 为拉应力,则与流体不能承受拉力的特性不符。

　　因此,静止流体的应力方向只能垂直并指向受压面,即沿作用面的内法线方向。也即静止流体中只存在压应力——压强。

2.1.2　应力的各向等值性

　　静止流体中任意点的静压强的大小由该点的位置决定,与作用面的方位无关。即在静止流体内部任意点上各方向的流体静压强大小相等。

　　证明:在静止流体中以任意某点 O 为顶,取一微小直角四面体 $OABC$,以 O 为原点设立如图 2.1.2 所示坐标系, 正交的三个边长分别为 $\mathrm{d}x$、$\mathrm{d}y$、$\mathrm{d}z$, 倾斜面的方向任意。若令 p_x、p_y、p_z 和 p_n 分别表示三个坐标面及斜面上的平均压强, 则作用在微小四面体各表面上的总压力分别为

$$\mathrm{d}P_x = p_x \frac{1}{2}\mathrm{d}y\mathrm{d}z$$

$$\mathrm{d}P_y = p_y \frac{1}{2}\mathrm{d}x\mathrm{d}z$$

$$\mathrm{d}P_z = p_z \frac{1}{2}\mathrm{d}x\mathrm{d}y$$

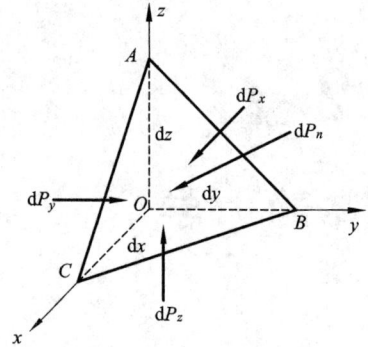

图 2.1.2 微小四面体受力分析

$\mathrm{d}P_n = p_n\mathrm{d}A$ ($\mathrm{d}A$ 为倾斜面 $\triangle ABC$ 的面积)

作用在微小四面体上的力还有质量力, 设单位质量力在 x, y, z 轴上的分力为 f_x, f_y, f_z, 四面体体积为 $\frac{1}{6}\mathrm{d}x\mathrm{d}y\mathrm{d}z$, 其相应质量为 $\frac{1}{6}\rho\mathrm{d}x\mathrm{d}y\mathrm{d}z$, 则质量力 F_m 在各轴的分力为

$$F_{mx} = \frac{1}{6}\rho\mathrm{d}x\mathrm{d}y\mathrm{d}z \cdot f_x$$

$$F_{my} = \frac{1}{6}\rho\mathrm{d}x\mathrm{d}y\mathrm{d}z \cdot f_y$$

$$F_{mz} = \frac{1}{6}\rho\mathrm{d}x\mathrm{d}y\mathrm{d}z \cdot f_z$$

微小四面体静止, 由理论力学中的平衡理论可得其外力沿各轴平衡。

$$\mathrm{d}P_x - \mathrm{d}P_n\cos(\widehat{nx}) + F_{mx} = 0$$
$$\mathrm{d}P_y - \mathrm{d}P_n\cos(\widehat{ny}) + F_{my} = 0$$
$$\mathrm{d}P_z - \mathrm{d}P_n\cos(\widehat{nz}) + F_{mz} = 0$$

式中 $(\widehat{nx})$、$(\widehat{ny})$、$(\widehat{nz})$ 为倾斜面 ABC 的外法线 n 与 x、y、z 轴正向的夹角。列 x 方向的平衡方程

$$p_x \frac{1}{2}\mathrm{d}y\mathrm{d}z - p_n\mathrm{d}A\cos(\widehat{nx}) + \frac{1}{6}\rho\mathrm{d}x\mathrm{d}y\mathrm{d}z \cdot f_x = 0$$

由于 $\mathrm{d}A\cos(\widehat{nx}) = \frac{1}{2}\mathrm{d}y\mathrm{d}z$, 代入上式得

$$p_x - p_n + \frac{1}{3}f_x\rho\mathrm{d}x = 0$$

当微小四面体无限缩小至顶点 O 时, $\mathrm{d}x \to 0$, 则 $p_x = p_n$; 同理可得 $p_y = p_n$, $p_z = p_n$。于是

$$p_x = p_y = p_z = p_n$$

上式表明, 静止流体中沿各个方向作用于同一点的静压强是等值的。也表明流体静压强只是位置坐标的连续函数, 而与受压面的方位无关, 即

$$p = p(x, y, z) \qquad\qquad (2.1.1)$$

2.2　流体平衡微分方程及其积分

2.2.1　流体平衡微分方程

　　如图 2.2.1 所示, 在静止流体中任取一个微小矩形六面体, 令各边长为 dx、dy、dz, 并与相应直角坐标轴平行, 中心点 $C(x, y, z)$。该六面体流体微团在质量力和表面力的作用下, 处于平衡(静止)状态。以 x 方向为例。

　　表面力: 静止流体中微小六面体所受的表面力, 只有周围流体作用在其表面上的流体静压力。x 方向的表面力只有作用在前后两个面 $abcd$ 和 $a'b'c'd'$ 面上的静压力。设 C 点的流体静压强为 $p(x, y, z)$ 简称 p。以 A、B 分别表示 $abcd$ 和 $a'b'c'd'$ 两个面上的中心点, 压强在 x 方向上的变化率为 $\dfrac{\partial p}{\partial x}$, 则 A、B 处的压强分别为

$$p_A = p + \frac{1}{2}\frac{\partial p}{\partial x}dx$$

$$p_B = p - \frac{1}{2}\frac{\partial p}{\partial x}dx$$

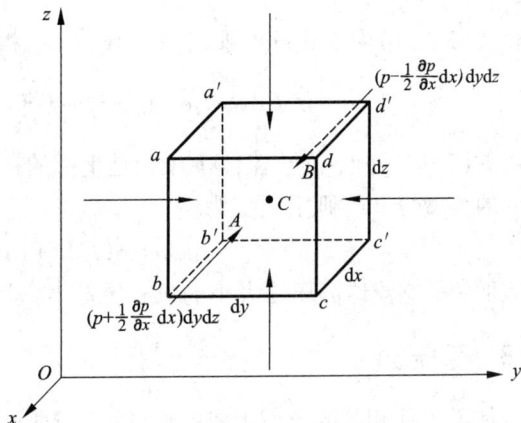

图 2.2.1　平衡微元四面体

　　受压面是微小平面, p_A、p_B 可代表作用在 $abcd$ 和 $a'b'c'd'$ 面上的平均压强, 前后两微小平面上的流体总压力为

$$P_{abcd} = (p + \frac{1}{2}\frac{\partial p}{\partial x}dx)\,dydz$$

$$P_{a'b'c'd'} = (p - \frac{1}{2}\frac{\partial p}{\partial x}dx)\,dydz$$

　　质量力: 设作用在微小六面体上的单位质量力在 x 轴上的分力为 f_x, 流体密度为 ρ, 则沿 x 方向的质量力为

$$F_{mx} = \rho f_x dxdydz$$

　　列写 x 方向的力的平衡方程 $\sum F_x = 0$, 得

$$-P_{abcd} + P_{a'b'c'd'} + F_{mx} = 0$$

即　　　　　$$-(p + \frac{1}{2}\frac{\partial p}{\partial x}dx)\,dydz + (p - \frac{1}{2}\frac{\partial p}{\partial x}dx)\,dydz + \rho f_x dxdydz = 0$$

简化后得

$$\left.\begin{array}{l} f_x - \dfrac{1}{\rho}\,\dfrac{\partial p}{\partial x} = 0 \\[2mm] f_y - \dfrac{1}{\rho}\,\dfrac{\partial p}{\partial y} = 0 \\[2mm] f_z - \dfrac{1}{\rho}\,\dfrac{\partial p}{\partial z} = 0 \end{array}\right\} \tag{2.2.1}$$

同理

上式表明：静止流体中，单位质量流体所受的表面力与质量力相互平衡，称为流体平衡微分方程。它由欧拉于 1775 年导出，故亦称欧拉平衡微分方程。

2.2.2　平衡微分方程的全微分式

将式(2.2.1)中三式分别乘以 dx、dy、dz 后相加，可得

$$\rho(f_x dx + f_y dy + f_z dz) - \left(\frac{\partial p}{\partial x}dx + \frac{\partial p}{\partial y}dy + \frac{\partial p}{\partial z}dz\right) = 0$$

由式(2.1.1)知，静止流体中压强是坐标的连续函数 $p = p(x, y, z)$，故上式中第二项是压强 p 的全微分 dp，则上式变为

$$dp = \rho(f_x dx + f_y dy + f_z dz) \tag{2.2.2}$$

表明：影响流体静压强大小的只有质量力，上式称为欧拉平衡微分方程的全微分式。

2.2.3　等压面

流体中压强相等的点所组成的面(平面或曲面)称为等压面。等压面上 $p = \text{const}$，$dp = 0$，密度 $\rho \neq 0$，代入式(2.2.2)，得等压面的微分方程式

$$f_x dx + f_y dy + f_z dz = 0 \tag{2.2.3}$$

等压面的性质：等压面与质量力垂直。

证明：在等压面上任取一微小矢量 ds，ds 在直角坐标系中投影为 dx，dy，dz，而 f_x, f_y, f_z 是单位质量力 f 的三个投影，则两矢量的数量积(即单位质量力所作的微功)为

$$\boldsymbol{f} \cdot d\boldsymbol{s} = f_x dx + f_y dy + f_z dz = 0$$

两个不为零的矢量的数量积等于零，只有在两矢量相互垂直时才成立，而 ds 为等压面上的任意矢量，所以质量力与等压面垂直。

重力场(即质量力只有重力)中的等压面与重力加速度方向垂直：在局部范围内，重力加速度方向铅直向下，等压面是由 $z = \text{const}$ 所代表的水平面簇(如湖面)；但从大范围而言，重力加速度方向指向地心，等压面应是与重力加速度方向垂直的曲面簇(如海面)。工程实际中，重力作用下的等压面一般可视为水平面。如，液体与大气接触的自由表面是等压面，也是水平面。但当流体受到除重力之外的其他质量力同时作用时，其自由表面尽管还是等压面，却不一定是水平面，此时等压面与质量力的合力垂直。

2.3　重力作用下的流体平衡

自然界中最常见的质量力是重力，工程实际中流体受到的质量力一般也只有重力。重力场中的平衡流体是流体静力学的主要研究对象。

2.3.1 流体静力学基本方程的压强形式及其推论

1. 基本方程

某密闭容器中盛有静止的气、液两种流体，如图 2.3.1。
设立直角坐标系 $O(x)yz$，自由液面的位置高度为 z_0，压强
为 p_0。

在重力场中，均质的、不可压缩的平衡流体受到的单位
质量力分量为

$$f_x = 0, f_y = 0, f_z = -g$$

代入式(2.2.2)，得

$$\mathrm{d}p = \rho(f_x \mathrm{d}x + f_y \mathrm{d}y + f_z \mathrm{d}z) = -\rho g \mathrm{d}z$$

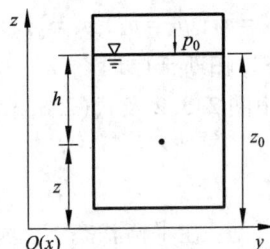

图 2.3.1 容器中任一点的压强

积分得

$$p = -\rho g z + C' \tag{2.3.1}$$

式中积分常数 C' 可由液体自由表面上的边界条件：$z = z_0$，$p = p_0$ 来确定

$$C' = p_0 + \rho g z_0$$

将 C' 值代入式(2.3.1)，得

$$p = p_0 + \rho g(z_0 - z) = p_0 + \rho g h \tag{2.3.2}$$

式中：$z_0 - z = h$ 为液体中某点在自由表面下的淹没深度。

上式表明：静止液体内任意点的静压强由两部分组成：一部分是自由表面上的气体压强
p_0；另一部分是 $\rho g h$，相当于单位面积铅直液柱的重量。式(2.3.2)称为以压强形式表示的液
体静力学基本方程。

2. 推论

由液体静力学基本方程 $p = p_0 + \rho g h$，可得出如下推论：

(1) 连通器原理

如图 2.3.2 中，A、B 两点的静压强

$$p_A = p_0 + \rho g h_A$$

$$p_B = p_0 + \rho g h_B$$

两点的压强差

$$p_B - p_A = \rho g(h_B - h_A) = \rho g h \tag{2.3.3}$$

当 $h = 0$ 时，两点压强相等，水平面就是等压面，这就是连通器原理。

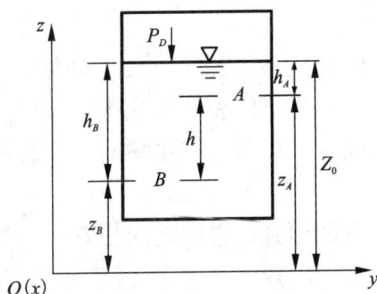

图 2.3.2 连通器原理

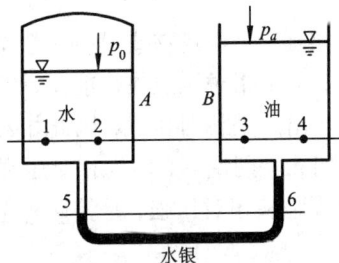

图 2.3.3 连通器

注意：连通器原理必须满足三个前提：①静止液体；②同种液体；③连通容器。

如图 2.3.3 为装有三种液体的连通容器，其中 1、2、3、4 四点同高，5、6 两点同高，可写出：$p_1 = p_2$，$p_3 = p_4$，$p_5 = p_6$，但 A、B 为两个被其他液体隔断了的不连通容器，故 $p_1 \neq p_3$。

（2）帕斯卡原理

由图 2.3.2 及式（2.3.3），可得

$$p_B = p_A + \rho gh$$

或

$$p_A = p_B - \rho gh$$

可见：在平衡状态下，流体内（包括边界上）任意一点压强的变化，会等值地传递到流体中其他各点，这就是著名的帕斯卡原理。

（3）静压强的大小与液体体积无关

如图 2.3.4，三种容器盛有相同的液体，显然各容器的容积不同，内部的液体重量也不同，但只要深度 h 相等，由式（2.3.2）知，各容器底部的压强相同。

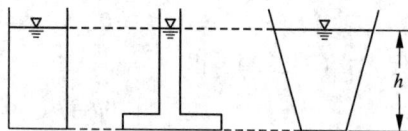

图 2.3.4　静压强的大小与液体体积无关

2.3.2　气体压强的计算

式（2.3.2）是在均质液体的条件下得出的，当不考虑压缩性时，该式也适用于气体。由于气体的密度很小，在高差不很大时铅直气柱产生的压强很小，可以忽略，式（2.3.2）简化为

$$p = p_0 \tag{2.3.4}$$

工程中一般将气体压强视为各处相等，例如储气罐。但对于高程变化很大，如计算大气层压强的分布，就必须考虑大气密度随高度的变化，另外建立标准大气压的分布。

2.3.3　压强的度量

1. 大气压强、绝对压强及相对压强

地球表面大气重量所产生的压强称为大气压强，以 p_a 表示。大气压强在不同地区、不同季节、不同气象条件下，数值不固定，所以又称当地大气压强。

以设想的完全没有大气分子存在的绝对真空（或称完全真空）为起点来计算的压强，称为绝对压强，以 p' 表示。

以当地大气压强为起点计算的压强称为相对压强，以 p 表示。

计算液体静压强时，当液体的自由液面与大气相通时，公式（2.3.2）变为

$$p = p_a + \rho gh \tag{2.3.5}$$

工程实际中，建筑物或设备一般都处在当地大气压的作用下，大气压强 p_a 处处存在，并自相平衡，采用相对压强往往能使计算简化。工程上使用的测压仪表在大气压强作用下读数都为零，测出的是相对压强，因此相对压强又称表压强或计示压强。本书中有关压强的文字和计算，如无特别说明，均为相对压强。

绝对压强和相对压强，是按两种不同的起量基准计算的压强，它们之间相差一个当地大气压强值

$$p = p' - p_a \tag{2.3.6}$$

绝对压强 p' 总是正值，而相对压强 p 则可正可负。

2. 真空及真空值

当某点的绝对压强小于或等于大气压强时，称该点处于真空状态，真空的大小以真空值 p_v 表示。任一点的真空值是当地大气压强 p_a 与该点的绝对压强 p' 的差值

$$p_v = p_a - p' \tag{2.3.7}$$

值得注意的是，物理学中的真空概念与流体力学中的有所不同，流体力学的真空是指 $p' \leqslant p_a$ 的一个区域，此时相对压强 $p \leqslant 0$，所以真空又称负压。而物理学的真空仅指 $p_v = 0$ 的一个绝对真空状态。

3. 几种压强及真空值的相互关系

对比式(2.3.6)和(2.3.7)，作出几种压强之间的关系图 2.3.5。

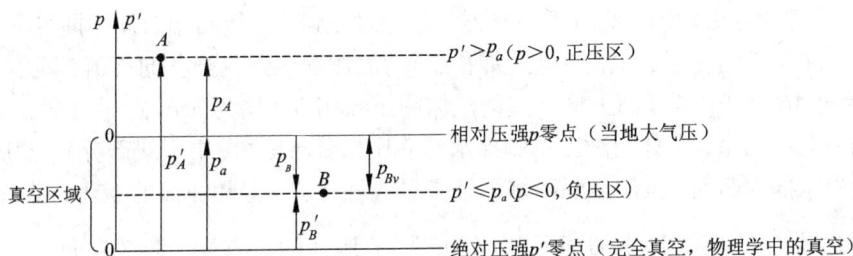

图 2.3.5　几种压强及真空值的相互关系

可见：当绝对压强高出当地大气压强($p' > p_a$)时(如图中 A 点)，相对压强为正($p > 0$，称为正压)；绝对压强低于当地大气压强时($p' < p_a$，B 点)，相对压强为负($p < 0$，称为负压)；而真空值($p_v = p_a - p'$)是随着绝对压强的减小而增大的，当 $p' = 0$ 时达到最大，即 $p_{v\max} = p_a$；当 $p' = p_a$ 时 $p_{v\min} = 0$。因此，真空值恒为正，且 $p_v = -p$，也可写为 $p_v = |p|$。

2.3.4　液体静压强分布图

由液体静力学基本方程 $p = p_0 + \rho g h$ 可知，静止液体中，任一点的压强大小 p 与其所处的淹没深度 h 成正比。液体静压强分布图是描述静压强沿受压面分布规律的几何图示，是在受压面承压的一侧，以一定比例尺的矢量线段，表示压强的大小及方向的图形。

【例 2.3.1】　如图 2.3.6，平板闸门左侧挡水，画出闸门上的静水压强分布图。

【解】　因静水压强 p 与淹没深度 h 成线性关系，所以只要找出闸门上的两点，画出其压强大小，线端的连线即为闸门上的静水压强分布线，用箭头表示压强的方向。

选取水面上的 A 点，水深为零；水底的 B 点，水深为 h。

先考虑闸门左侧挡水，A 点：相对压强 $p = 0$，绝对压强为 $p' = p_a$；B 点：相对压强 $p = \rho g h$，绝对压强为 $p' = p_a + \rho g h$。画出左侧 A、B 点的压强见

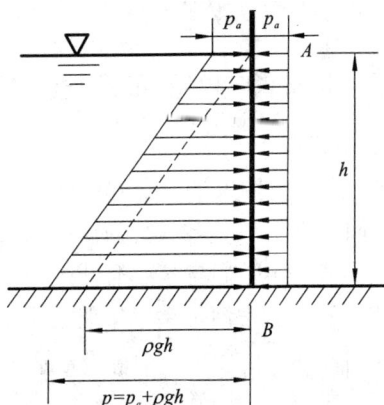

图 2.3.6　例 2.3.1 题图

图 2.3.6，两点线端(左侧)的连线即为整个闸门左侧的静水压强分布线；线段另一端的箭头表示压强的方向，注意压强的垂直性，线段要与闸门 AB 正交；标注端点压强的大小。图中实线部分为绝对压强分布，虚线部分为相对压强分布。

闸门右侧：尽管没有挡水，但仍受大气压强作用，整个右侧相对压强 $p=0$，绝对压强为 $p'=p_a$，分布见图 2.3.6 闸门右侧。

闸门左、右侧同受大气压强作用，大小相等，方向相反，叠加后闸门上的液体静压强分布图即为虚线所示的相对压强分布图，见图 2.3.6。如前所述，建筑物一般都处在当地大气压的作用下，大气压强 p_a 处处存在并自相平衡，所以工程中一般只画相对压强分布图。本书中有关画静压强分布图的例(习)题，如无特别说明，均只要画出相对压强分布图即可。

【例 2.3.2】画出图 2.3.7 中标有字母的受压面上的液体静压强图。

【解】　同上题方法画图，此时不必要再考虑绝对压强，直接画相对压强即可。

(a)图中注意不同受压面上同一点(如 B 点)的流体静压强应当各向等值，图中 B 处的圆弧虚线表示面 AB 受压与 BC 面上同一点的流体静压强相等，均为 $\rho g h_1$；

(b)图为双向挡水，先分别画出单侧挡水的静压强分布图(图中虚线部分)，然后再叠加；

(c)图受压面为曲面，虽然压强随水深还是呈线性变化，但随曲面的变化为曲线，为便于作图，可多选若干个点(如图中加画了 $\frac{1}{2}h$ 处)。注意压强的垂直性，即各有向线段均应沿着受压曲面的内法线方向。

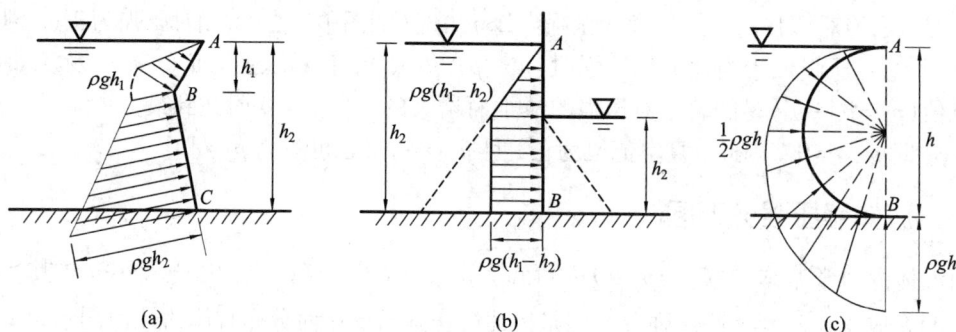

图 2.3.7　例 2.3.2 题图

2.3.5　流体静力学基本方程的能量(水头)形式

1. 测压管

测压管：可用来测量容器内液体压强的透明细管，一端接到容器壁上，另一端开(闭)口朝上。如图 2.3.8，容器中盛有密度为 ρ 的静止液体，在与测点 A、B 水平的容器壁上各连接一根测压管，测压管与容器都开敞通大气，液面上均为大气压强。由于液体静压强的作用，接通测压管后管中液体会沿细管上升，根据连通器原理，管中液面应升至与容器液面齐平，液柱上升高度为 $h=\dfrac{p}{\rho g}$。可见，测压管中的液柱高度可以反映测点的压强大小。

2. 流体静力学基本方程的能量(或水头)形式

以单位体积液体的重量 ρg 除式(2.3.1)，整理得

$$z + \frac{p}{\rho g} = C \qquad\qquad (2.3.8)$$

上式是以能量(或水头)形式表示的流体的静力学基本方程，其中 C 为由边界条件确定的积分常数 $C = \dfrac{C'}{\rho g}$。

2. 能量(或水头)意义

如图 2.3.8，z 为某测点相对于某一基准面(图中为 Oxy 面)的高差，可以直接量测，称为位置高度或位置水头；可写为 $z = \dfrac{mgz}{mg}$，代表单位重量流体相对于某一基准面的位置势能，简称单位位能。$\dfrac{p}{\rho g}$ 是测压管中的液柱高度 h，可以通过测压管来量测，称为测压管高度(或压强水头)；也可写为 $h = \dfrac{mgh}{mg}$，代表单位重量液体所具

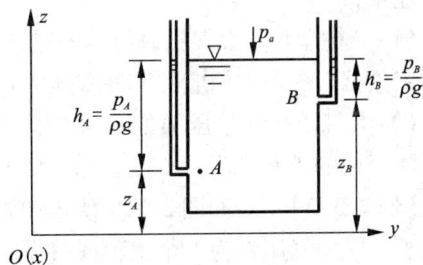

图 2.3.8　测压管水头

有的压强势能，简称单位压能。两项之和 $z + \dfrac{p}{\rho g}$ 为测压管液面相对于基准面的高差，称为测压管水头(或静压水头)；代表单位重量流体的所具有的总势能(位置势能与压强势能之和)。

方程 $z + \dfrac{p}{\rho g} = C$ 的能量意义是：重力作用下平衡流体中各点单位重量流体所具有的总势能(包括位能和压能)是相等的，即 $z_A + \dfrac{p_A}{\rho g} = z_B + \dfrac{p_B}{\rho g}$，也即势能守恒，这是能量守恒定律在流体静力学中的具体体现。

方程 $z + \dfrac{p}{\rho g} = C$ 的水头意义是：重力作用下平衡流体中各点的测压管水头为一常数，也即各支测压管液面应当齐平，如图 2.3.8 所示。水头是流体力学中经常提到的概念，是一个几何长度。

2.3.6　压强的度量单位

流体力学中常用到压强的度量单位有如下三种：

1. 应力单位

是压强的定义单位，即单位面积上所承受的压力，其 SI 单位为帕斯卡($1\ \text{Pa} = 1\ \text{N/m}^2$)，或千帕($1\ \text{kPa} = 1\ \text{kN/m}^2$)。若压强很大，常采用兆帕($1\ \text{MPa} = 10^6\ \text{N/m}^2$)。

2. 液柱单位

由于压强与液柱高度有 $h = \dfrac{p}{\rho g}$ 关系，所以可以用液柱高度来度量压强的大小，常用单位有米水柱(mH_2O)、毫米汞柱(mmHg)等。

3. 大气压单位

压强的大小还可以用大气压的倍数来度量。因大气压随当地高程和气温变化而变动，作为度量单位必须给它以确定值。国际上规定一个标准大气压是北纬45°海平面上15℃时测定的数值。

$$1 \text{ 个标准大气压（atm）} = 1.01325 \times 10^5 \text{ Pa} = 760 \text{ mmHg}$$

工程上为计算方便，常采用工程大气压作为压强的单位。即

$$1 \text{ 个工程大气压（at）} = 9.8 \times 10^3 \text{ Pa} = 10 \text{ mH}_2\text{O} = 735 \text{ mmHg}$$

注意：

（1）液柱单位、大气压单位均不是 SI 中压强的法定计量单位。但考虑到国内外现有的实验测定数据、图表和相应的液柱式压力计等的实际使用情况，在此加以阐述；

（2）大气压是计量压强的一种单位，其值固定；而大气压强是指某地大气产生的压强，其值随当地的地势和温度而变。故"大气压"与"大气压强"为两个不同的概念，切勿相混。

【例 2.3.3】 在如图 2.3.9 所示装置中已知标高 $\nabla_1 = 9$ m，$\nabla_2 = 8$ m，$\nabla_3 = 7$ m，$\nabla_4 = 10$ m，外界大气压强为 1 个工程大气压，装置中液体均为水，试求 1，2，3，4 各点的绝对压强、相对压强（以液柱高表示）及 M_2、M_4 两个压强表的表压强或真空值读数。

【解】 由图可看出，水面 1 处与外界大气相连通，故

$$p_1' = p_a = 98 \text{ kPa}, \quad p_1 = 0 \text{ mH}_2\text{O}$$

1 与 2 容器底部连通，根据液体静力学基本方程

$$p = p_0 + \rho g h$$

$$p_2' = p_1' + \rho g (\nabla_1 - \nabla_2)$$

$$= 98 \times 10^3 \text{Pa} + 1000 \times 9.8 \times (9 - 8) \text{ Pa}$$

$$= 1.078 \times 10^5 \text{ Pa}$$

$$p_2 = \rho g (\nabla_1 - \nabla_2) = (9 - 8) \text{mH}_2\text{O} = 1 \text{ mH}_2\text{O}$$

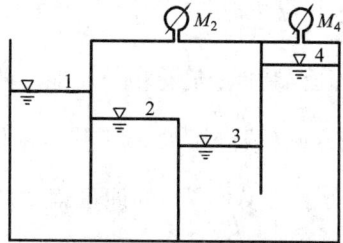

图 2.3.9　例 2.3.1 题图

装置中 2、3 处顶部空气连通，则有

$$p_3' = p_2' = 1.078 \times 10^5 \text{ Pa}$$

$$p_3 = p_2 = 1 \text{ mH}_2\text{O}$$

M_2 的表压强　　　　　　　$p_2 = 9.8 \times 10^3 \text{ Pa} = 9.8 \text{ kPa}$

3、4 两点底部连通，有

$$p_4' = p_3' - \rho g (\nabla_4 - \nabla_3) = 1.078 \times 10^5 \text{Pa} - 1000 \times 9.8 \times 10^3 \times (10 - 7) \text{Pa}$$

$$= 7.84 \times 10^4 \text{ Pa}$$

$$p_4 = p_3 - \rho g (\nabla_4 - \nabla_3) = 1 \text{ mH}_2\text{O} - (10 - 7) \text{mH}_2\text{O} = -2 \text{ mH}_2\text{O}$$

表 M_4 可直接测得真空值：$p_{v4} = -p_4 = 19.6 \text{ kPa}$

2.4　液柱式测压计

测量流体静压强大小在工程实际中是非常普遍的要求，目前测压仪器主要有三种：金属式、电测式和液柱式。本节仅介绍基于液体静力学基本方程与等压面原理设计的液柱式测压计，其构造简单，方便可靠，测量精度高，但量程小，一般用于低压实验场所。

2.4.1　测压管

仪器已于 2.3.5 中介绍。用测压管测压,测点的相对压强一般不超过 0.2 at(即 0.2 个工程大气压),此时测压管高度不超过 2 mH₂O,压强再大,不便测读。为避免毛细管作用引起液柱高度变化,测压管直径不能太小,一般为 10 mm 左右。

【例 2.4.1】　图 2.4.1 所示三个容器及测压管液面高度,问这三个容器液面上的气体压强 p_0 与大气压强 p_a 的关系?

【解】　图中各支测压管均开口通大气,液面压强为大气压强;由连通器原理画出各图中的等压面为 $a—a$、$b—b$、$c—c$。由液体静力学基本方程 $p = p_0 + \rho g h$ 知

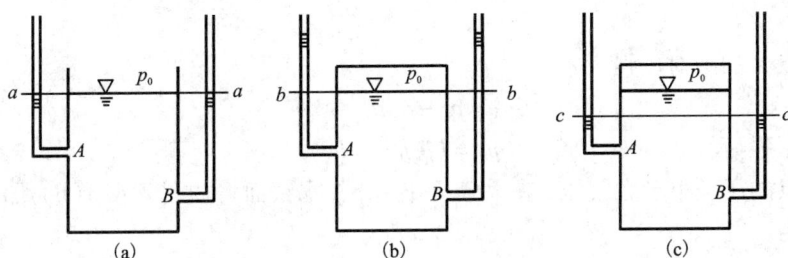

图 2.4.1　例 2.4.1 图

(a)容器开敞通大气,$p_0' = p_a$,$p_0 = 0$;(b)容器密闭,$p_0' > p_a$,$p_0 > 0$;(c)容器密闭,$p_0' < p_a$,$p_0 < 0$。

当容器内压强小于大气压强时,需将测压管开口朝下,且下端应插入液体中,如图 2.4.2,称为真空计或倒式测压管。容器中 B 处压强为

$$p_B' = p_a - \rho g h_v$$

或

$$p_B = -\rho g h_v$$

式中:h_v 为以液柱高度表示真空大小的真空高度,简称真空度,$h_v = \dfrac{p_v}{\rho g}$。

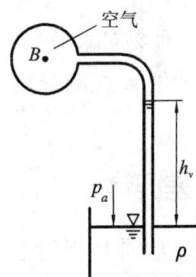

图 2.4.2　真空计

2.4.2　U 形测压管

当容器中流体压强较大,测压液柱高度太大读数不便时,可将测压管弯成 U 形,并在 U 形管中装入密度较大的介质如水银,且 U 形管底部应低于连接点,如图 2.4.3,称为 U 形测压管。

在图 2.4.3(a)中,1、2 为等压面上的两点,所以 $p_1 = p_2$,而对 U 形管的左边

$$p_1' = p_A' + \rho g h_1$$

对 U 形管的右边

$$p_2' = p_a + \rho_p g h_2$$

于是

$$p_A' + \rho g h_1 = p_a + \rho_p g h_2$$

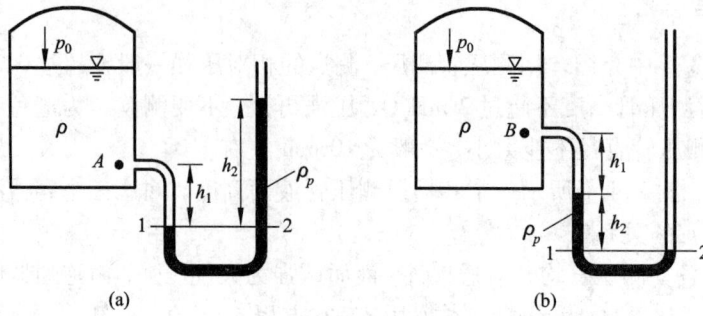

图 2.4.3　U 形测压管

则待测点 A 的绝对压强为

$$p'_A = p_a + \rho_p g h_2 - \rho g h_1$$

其相对压强为

$$p_A = (\rho_p h_2 - \rho h_1) g$$

若待测点的压强小于大气压，在大气压作用下，水银面将如图 2.4.3(b)所示，则测点 B 的绝对压强为

$$p'_B = p_a - (\rho_p h_2 + \rho h_1) g$$

其真空值为

$$p_{vB} = (\rho_p h_2 + \rho h_1) g = - p_B$$

值得说明的是：虽然 U 形水银测压管可测量较大的压强，也有很长的量测历史，但由于水银有毒，且易挥发而污染环境，对人体有害，故目前实验室已不准采用水银作为测验液体，而以某些密度较大的介质来代替。本教材中，为计算方便，仍使用水银作为测压管中的工作液体。

2.4.3　差压计

差压计常用 U 形管制成，用于测量两点间的压强差。根据压差的大小，U 形管中可装入空气或各种不同密度的液体，可正放也可倒置。

图 2.4.4(a)的倒 U 形空气差压计，1—1 为等压面，可列出如下关系

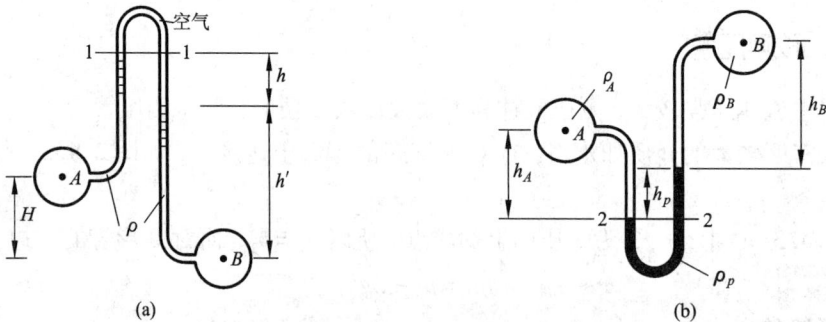

图 2.4.4　差压计

$$p_A - \rho g(h + h' - H) = p_B - \rho g h'$$

所以
$$p_A - p_B = \rho g(h - H)$$

可见, 只要测出两待测点的位置高差 H 及 U 形管中液面高差 h 即可计算出两点的压差。

当所测压差较大时, 可采用图 2.4.4(b) 所示的水银 U 形差压计, 2—2 为等压面。

$$p_A + \rho_A g h_A = p_B + \rho_B g h_B + \rho_p g h_p$$

故
$$p_A - p_B = \rho_B g h_B + \rho_p g h_p - \rho_A g h_A$$

若 A、B 处为同种液体, 即 $\rho_A = \rho_B = \rho$, 则

$$p_A - p_B = \rho g(h_B - h_A) + \rho_p g h_p$$

若 A、B 处为同种液体, 且位置同高, 即 $h_A = h_B + h_p$, 则

$$p_A - p_B = (\rho_p - \rho) g h_p \rho$$

说明两测点压差等于密度差与水银柱高差的乘积。

若 A、B 处为同种气体, 忽略空气密度, 则

$$p_A - p_B = \rho_p g h$$

说明两测点压差就等于水银柱高差所产生的压强。

2.4.5 复式压力计(多管测压计)

复式压力计(或复式压差计)是由几个 U 形
管组合而成, 如图 2.4.5 所示。当所测压强(或
压差)较大时, 可采用这种测压计。如图 2.4.5
中球形容器 A 内是气体, U 形管上端也充以气
体, 此时气体重量影响可以忽略, 则容器中 A 处
的绝对压强为

$$p_A = p_a + \rho_p g(h_1 + h_2)$$

如果容器中所装为液体, U 形管上端也充满
同种液体, 则容器中心 A 点的绝对压强为

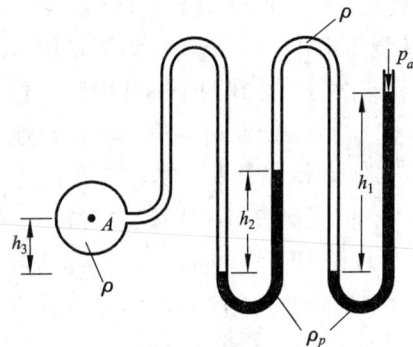

图 2.4.5 复式压力计

$$p_A = p_a + \rho_p g h_1 - \rho g h_2 + \rho_p g h_2 - \rho g h_3$$
$$= p_a + \rho_p g(h_1 + h_2) - \rho g(h_2 + h_3)$$

所测的压强(或压差)若较大, 可在右边多连接几支 U 形管。

2.4.6 微压计

当所测压强或压强差较小时, 可使用微压计。如工程中某些气流压强或压差数值很小,
只有几毫米水柱, 若用上述测压计, 易产生较大误差。因此, 为提高测量精度, 常采用倾斜
管微压计。

如图 2.4.6 所示, 容器断面面积为 A_1, 内盛密度为 ρ 的液体, 其侧壁装有可调节倾角 α
的断面面积为 A_2 的测压管。设容器内初始液面为 0—0, 当容器内液体受待测气体压强 $p(>
p_a)$ 作用而液面下降 Δh 时, 倾斜管内流体上升 L 斜长, 垂直上升高度为

$$h = L\sin\alpha$$
$$p' = p_a + \rho g(\Delta h + L\sin\alpha)$$

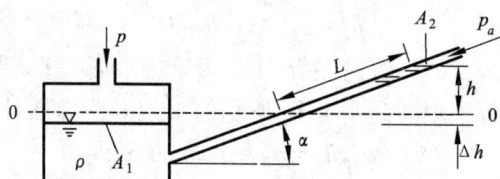

图 2.4.6 倾斜管微压计

从初始液面算起，上下变动的液体体积相等，则 $A_1 \Delta h = A_2 L$，也即是 $\Delta h = \dfrac{A_2}{A_1} L$，代入上式，得待测气体的相对压强为

$$p = \rho g L \left(\sin\alpha + \frac{A_2}{A_1} \right)$$

若 $A_2 \ll A_1$，则

$$p = \rho g L \sin\alpha$$

可见，α 越小，L 就越大（当然 α 不可能太小，否则倾斜管内液面读数不准确）。

【例 2.4.2】 图 2.4.7 为测量压差的双杯式微压计。在两个圆杯中装入相同液体——油，密度 $\rho_1 = 900 \ \text{kg/m}^3$，连接双杯的 U 形管中装有水，密度 $\rho_2 = 1000 \ \text{kg/m}^3$。已知 U 形管直径 $d = 4$ mm，杯直径 $D = 40$ mm。当 $p_1 = p_2$ 时，U 形管中水面平齐，读数 $h = 0$，若读数 $h = 100$ mm，求压强差 $p_1 - p_2$。

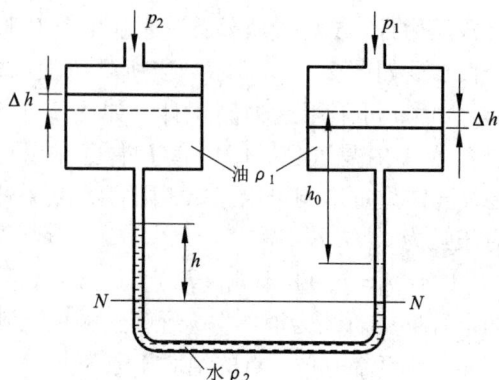

图 2.4.7 例 2.4.2 题图

【解】 当 $p_1 = p_2$ 时，设两圆杯的油液面与 U 形管的水面高差为 h_0；当 $p_1 > p_2$ 时，左圆杯的油液面上升 Δh，右圆杯的油液面下降 Δh。由 N—N 等压面可知

$$p_2 + \rho_1 g (h_0 + \Delta h - h/2) + \rho_2 g h = p_1 + \rho_1 g (h_0 - \Delta h + h/2) \tag{1}$$

由于 U 形管与圆杯中升降的液体体积相等，可得

$$\frac{\pi D^2}{4} \Delta h = \frac{\pi d^2}{4} h$$

即

$$\Delta h = \left(\frac{d}{D} \right)^2 h$$

代入（1）式得

$$p_1 - p_2 = \rho_2 g h + \rho_1 g (2\Delta h - h) = \rho_2 g h - \rho_1 g h \left[1 - (d/D)^2 \right]$$

代入数据，得

$$p_1 - p_2 = 106.8 \ \text{Pa}$$

换算成水柱，则

$$h = \frac{p_1 - p_2}{\rho_2 g} = \frac{106.8}{1000 \times 9.8} \text{ mH}_2\text{O} = 0.011 \text{ mH}_2\text{O} = 11 \text{ mmH}_2\text{O}$$

可见：实际待测压差 $p_1 - p_2$ 只有 11 mm 水柱，使用双杯式微压计却可得到 100 mm 的读数，这充分显示了微压计的放大效果。

2.5　作用在平面上的流体静压力

工程上常常需要计算桥墩、油箱、水坝、闸门等建筑物上所受到的流体静压力。对于气体，忽略其密度，压强处处相等，所以总压力的大小等于压强与受压面面积的乘积；而对于液体，由于不同高度处压强不等，计算总压力需考虑压强的分布。本节将讨论如何确定液体作用在平面上的总压力，包括大小、方向和作用点。

液体作用在平面上的静压力有解析法与图算法，分别介绍如下。

2.5.1　解析法

1. 总压力的大小及方向

如图 2.5.1 所示，任意形状平面 AB 面积为 A，与水平液面成 α 角倾斜放置在静止液体中，并将液体拦截在左侧。设立坐标系，使平面位于 xOy 面上，平面的延伸面与自由液面的交线为 Ox 轴。将平面绕 y 轴旋转 90° 角，从而显示出平面的几何形状。

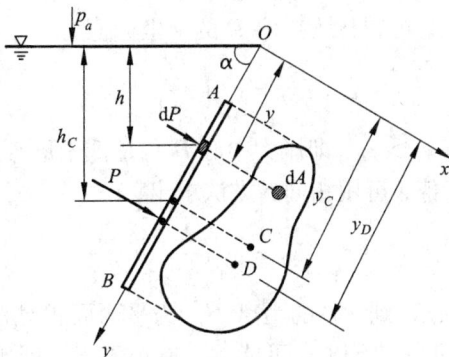

图 2.5.1　平面上的总压力

在平面 AB 上过任意点取微小面积 dA，其形心处的淹没深度为 h，则形心处的压强为
$$p = p_a + \rho g h$$
此 dA 面上的总压力为
$$dP = (p_a + \rho g h)\,dA$$
由图可知，平面 AB 左、右两侧都承受大气压强 p_a 的作用，其影响互相抵消，所以
$$dP = \rho g h\,dA = \rho g y \sin\alpha\,dA$$
将上式对整个受压面积 A 积分，可得作用在平面上的总压力为
$$P = \int_A \rho g y \sin\alpha\,dA = \rho g \sin\alpha \int_A y\,dA$$

由材料力学知,式中 $\int_A y\mathrm{d}A$ 表示平面 AB 对 x 轴的静面矩,其大小为 $y_c A$,y_c 是平面 AB 的形心 C 到 x 轴的距离。因此总压力可写为

$$P = \rho g\sin\alpha y_c A = \rho g h_c A = p_c A \tag{2.5.1}$$

式中 h_c 为平面 AB 形心 C 处的淹没深度。

式(2.5.1)表明:静止液体作用在任意形状平面上的总压力 P 等于平面形心处压强 p_c 与平面面积 A 的乘积,其大小与平面倾角无关。由于受压面是平面,由压强的垂直性可知,各微小面积所受的液体静压力是平行力系,所以总的作用方向沿平面 AB 的内法线方向,即垂直指向受压平面。

2. 压力中心(合力作用点)

利用理论力学的合力矩定理:合力对任一轴的矩等于各分力对同一轴的矩之和,可求出压力中心的位置。

设压力中心为 D 点,其坐标值为 x_D、y_D。先讨论 y_D,据理论力学可得

$$Py_D = \int_A \rho g h y \mathrm{d}A = \int_A \rho g y^2 \sin\alpha \mathrm{d}A = \rho g\sin\alpha \int_A y^2 \mathrm{d}A$$

由材料力学知,$I_x = \int_A y^2 \mathrm{d}A$,称为平面面积对 x 轴的面积惯性矩。由于通常使用的是通过形心轴的惯性矩 I_c,利用材料力学中的平行移轴定理来进行换算,得 $I_x = I_{Cx} + y_c^2 A$。代入上式,得

$$Py_D = \rho g\sin\alpha(I_{Cx} + y_c^2 A)$$

再将 $P = \rho g\sin\alpha y_c A$ 代入,可得压力中心 D 的 y 坐标值为

$$y_D = y_c + \frac{I_{Cx}}{y_c A} \tag{2.5.2}$$

由于 I_{Cx} 恒为正,故恒有 $y_D > y_c$,即压力中心 D 总是低于形心点 C。

压力中心 D 点的 x 坐标值,可用相同的方法求出,得

$$x_D = x_c + \frac{I_{Cxy}}{y_c A} \tag{2.5.3}$$

式中 x_c 为平面 AB 的形心 C 到 y 轴的距离,I_{Cxy} 为平面面积对平行于 x、y 轴的形心轴的惯性积。由于惯性积 I_{Cxy} 可正可负,所以 x_D 可能大于或小于 x_c,即压力中心 D 可能位于形心 C 的左边或右边。

在实际工程中受压平面常为轴对称平面(此轴与 y 轴平行),如矩形、梯形、圆形等,则压力 P 的作用点必然位于此对称轴上,即 $x_D = x_c$;若受压面为非对称平面,则还应求出 x_D,以确定压力中心 D 点的位置。

为便于计算,现将工程上常用的几何平面图形的图形面积 A、形心位置 y_c、惯性矩 I_{Cx} 及列于表 2.5.1 中,供参考。

表 2.5.1　几种常见对称平面图形的 A、y_C 及 I_{Cx} 值

几何图形名称	图形形状及有关尺寸	面积 A	形心坐标 y_C	惯性矩 I_{Cx}
矩　形		bh	$\dfrac{h}{2}$	$\dfrac{bh^3}{12}$
三角形		$\dfrac{bh}{2}$	$\dfrac{2h}{3}$	$\dfrac{bh^3}{36}$
梯　形		$\dfrac{h(a+b)}{2}$	$\dfrac{h(a+2b)}{3(a+b)}$	$\dfrac{h^3(a^2+4ab+b^2)}{36(a+b)}$
圆　形		πr^2	r	$\dfrac{\pi r^4}{4}$
半圆形		$\dfrac{\pi r^2}{2}$	$\dfrac{4r}{3\pi}$	$\dfrac{(9\pi^2-64)r^4}{72\pi}$
椭　圆		πab	a	$\dfrac{\pi a^3 b}{4}$

【例 2.5.1】 如图 2.5.2 所示，在蓄水池垂直挡水墙上的泄水孔处，装有尺寸为 $b \times h = 1\ \text{m} \times 0.5\ \text{m}$ 的矩形闸门，闸门上 A 点用铰链与挡水墙相连，A 点距液面高度 $h_0 = 2\ \text{m}$，开启闸门的锁链连接于闸门下缘 B 点，并与水面成 45°角。忽略闸门自重及铰链的摩擦力，求开启闸门所需的最小拉力 T。

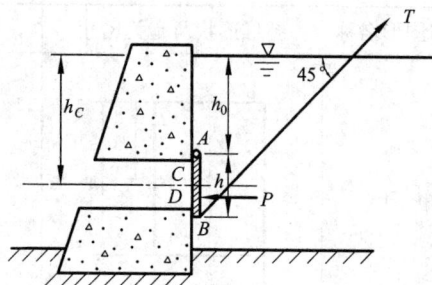

图 2.5.2 例 2.5.1 题图

【解】 如图，闸门形心水深

$$h_C = h_0 + \frac{h}{2} = \left(2 + \frac{0.5}{2}\right)\text{m} = 2.25\ \text{m}$$

由式(2.5.1)计算闸门所受的静水总压力

$$P = \rho g h_C A = 1000 \times 9.8 \times 2.25 \times 1 \times 0.5\ \text{N} = 11.025\ \text{kN}$$

由式(2.5.2)及表 2.5.1 得压力中心 D 的位置

$$y_D = y_C + \frac{I_{Cx}}{y_C A} = 2.25\ \text{m} + \frac{\frac{1}{12} \times 1 \times 0.5^3}{2.25 \times 1 \times 0.5}\text{m} = 2.26\ \text{m}$$

对铰链 A 列力矩平衡关系式 $\sum M_A = 0$，得

$$T\cos 45° \times h = P \times (y_D - h_0)$$

$$T = \frac{P(y_D - h_0)}{h\cos 45°} = \frac{11.025 \times (2.26 - 2)}{0.5 \times \frac{\sqrt{2}}{2}}\text{kN} = 8.11\ \text{kN}$$

即当 $T \geq 8.11\ \text{kN}$ 时，闸门被开启。

2.5.2 图算法

工程中的平板闸门、水池边壁等多为上、下边与液面平行的矩形受压平面，对于这些特殊的受压平面，图算法能够很简捷地求得流体静压力的大小和位置，并且便于直观地进行受压结构的受力分析。

由于矩形受压平面有一对边平行于液面，因此受压面上与此边平行的任意一条直线上各点水深相等，流体静压强相同，沿该边长方向各单位宽度平面上的流体静压强分布图相同。静止液体总压力等于平面上各微元静压力的总和，等于压强分布图的面积 A_p 乘以平行于液面那条矩形边的边长 b(通常称为受压平面的宽度)，即

$$P = A_p b \tag{2.5.4}$$

静止液体总压力的作用线通过压强分布图的形心，垂直地指向受压面，作用线与受压面的交点就是总压力的作用点。由于矩形为对称图形，故压力中心 D 必位于沿宽度 b 方向的对称轴上。

举例来说如图 2.5.3(a)所示，矩形平面 $SRQT$ 长为 l、宽为 b，有一对边平行于水面，倾斜放置与水平面夹角为 α，左面挡水，上、下边的淹没深度分别为 h_1，h_2。绘出平面上的静水压强分布图 $SS'R'R$，与水面平行的边长 TS 方向(即矩形平面宽度 b 方向)的静水压强分布图均相同，立体如图 2.5.3(b)。静水总压力则相当于这样一块均质液体(即以压强分布图 $SS'R'R$ 为底，高度为矩形宽 b 的柱体 $SS'R'RQQ'T'T$)压在受压矩形平面上，静水总压力

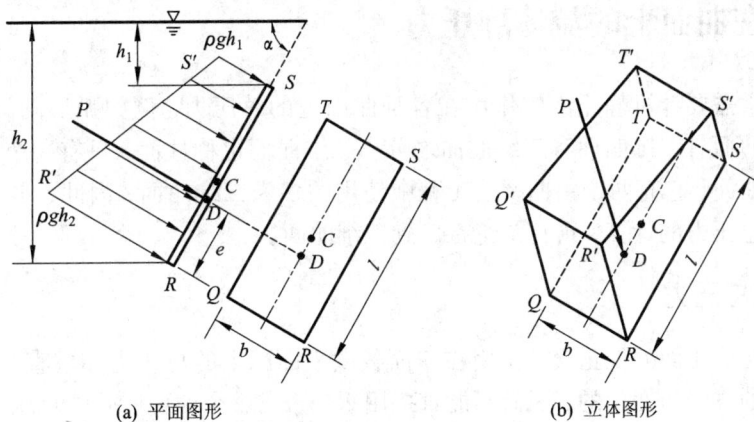

(a) 平面图形　　　　　　　　　　(b) 立体图形

图 2.5.3　图算法

$$P = A_p b = \frac{1}{2}\rho g(h_1 + h_2)lb$$

总压力的作用线一定通过该柱体的重心(反映在平面上即为静压强分布图的形心),垂直地指向受压面,压力中心 D 必定通过宽度 b 方向的对称轴。合力作用线距底边的距离 e,可通过查表 2.5.1 求得。

【例 2.5.2】　同【例 2.5.1】,用图算法计算。

【解】　绘出压强分布图如图 2.5.4,由式(2.5.4)得流体静压力的大小为

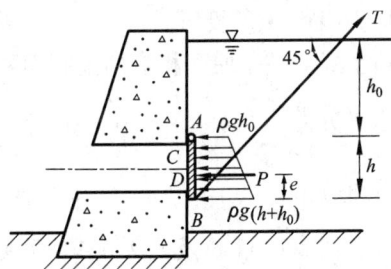

图 2.5.4　例 2.5.2 题图

$$P = A_p b = \frac{1}{2}\rho g(2h_0 + h)hb$$

$$= \frac{1}{2} \times 1 \times 9.8 \times (2 \times 2 + 0.5) \times 0.5 \times 1 \ \text{kN}$$

$$= 11.025 \ \text{kN}$$

由式(2.5.2)及表 2.5.1 计算压力中心 D 距 B 点的距离

$$e = \frac{h(3h_0 + h)}{3(2h_0 + h)}$$

$$= \frac{0.5 \times (3 \times 2 + 0.5)}{3 \times (2 \times 2 + 0.5)}\text{m}$$

$$= 0.24 \ \text{m}$$

对铰链 A 列力矩平衡关系式　$\sum M_A = 0$

$$T \times \cos 45° h = P \times (h - e)$$

则

$$T = \frac{P(h - e)}{h\cos 45°} = \frac{11.025 \times (0.5 - 0.24)}{0.5 \times \frac{\sqrt{2}}{2}}\text{kN} = 8.11 \ \text{kN}$$

由上可见,解析法和图算法两种方法所得结果相同。

2.6 作用在曲面上的流体静压力

工程上常常需要计算静止液体作用在各种曲面上的总压力，例如弧形闸门、水管壁面、球形容器等。曲面有二维曲面和三维曲面之分。二维曲面也称柱面，只有一个主曲率；三维曲面也称空间曲面，它有两个主曲率。工程中使用的多为二维曲面，因此，本节主要讨论二维曲面上液体总压力的计算，再将结论推广到三维曲面。

2.6.1 曲面总压力

由于压强与受压面处处正交，作用在曲面各微小面积上的总压力亦垂直于对应的微面，曲面上各微面的方向是变化的，因而不能直接用积分来求整个曲面所受的总压力。

如图 2.6.1(a)所示，在空间坐标系 $Oxyz$ 中有二维曲面 $ABCD$，柱面长为 L，一侧受到静止液体作用。该曲面在 xOz 平面上的投影如图 2.6.1(b)所示，在此投影面上取微小面积 $\mathrm{d}A$，可以近似视为平面，其形心的淹没深度为 h，则 $\mathrm{d}A$ 面上所受到的流体静压力为

$$\mathrm{d}P = \rho g h \mathrm{d}A$$

该力垂直指向微小面积 $\mathrm{d}A$，假设它与水平方向夹角为 α，则可将 $\mathrm{d}P$ 分解为水平分力 $\mathrm{d}P_x$ 及垂直分力 $\mathrm{d}P_z$，如图 2.6.1(c)所示，大小分别为

$$\mathrm{d}P_x = \mathrm{d}P\cos\alpha = \rho g h \mathrm{d}A\cos\alpha = \rho g h \mathrm{d}A_x$$

$$\mathrm{d}P_z = \mathrm{d}P\sin\alpha = \rho g h \mathrm{d}A\sin\alpha = \rho g h \mathrm{d}A_z$$

式中：$\mathrm{d}A_x$ 是 $\mathrm{d}A$ 在与 x 轴垂直的铅垂面(即 yOz 面)上的投影；$\mathrm{d}A_z$ 是 $\mathrm{d}A$ 在与 z 轴垂直的水平面(即 xOy 面)上的投影。

将上式对整个曲面相应的投影面积积分，可得此曲面所受液体总压力 P 的

水平分力
$$P_x = \int_{A_x} \rho g h \mathrm{d}A_x = \rho g \int_{A_x} h \mathrm{d}A_x \qquad (2.6.1)$$

垂直分力
$$P_z = \int_{A_z} \rho g h \mathrm{d}A_z = \rho g \int_{A_z} h \mathrm{d}A_z \qquad (2.6.2)$$

综合图 2.6.1(a)及式 2.6.1。可见，$h\mathrm{d}A_x$ 为微小投影面积 $\mathrm{d}A_x$ 对 y 轴的面积惯性矩，结合 2.5.1 知，水平分力 P_x 可依据平面上的液体总压力公式求解

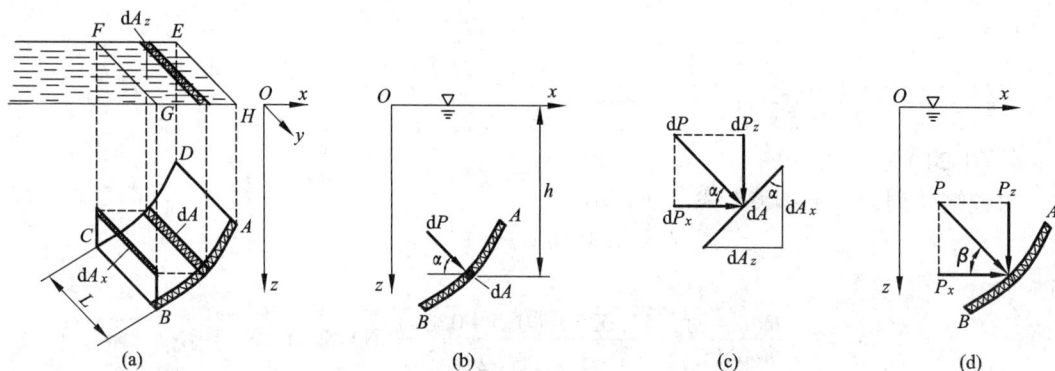

图 2.6.1 二维曲面总压力

$$P_x = \rho g h_{xC} A_x \tag{2.6.3}$$

式中，h_{xC} 为曲面的铅垂投影面 A_x 的形心在自由液面下的淹没深度。上式说明：曲面上静止液体总压力的水平分力 P_x 等于该曲面向铅垂方向的投影平面 A_x 上的总压力。

结合图 2.6.1(a) 和式 2.6.2 可见，$h dA_z$ 是底面为 dA_z、高度为 h 的微小柱体体积，而 $\int_{A_z} h dA_z$ 则代表整个曲面向自由液面（或其延伸面）投影的投影柱体体积，称为压力体，即图 2.6.1(a) 中 $ABCDEFGH$ 体积，以 V 表示，所以

$$P_z = \rho g \int_{A_z} h dA_z = \rho g V \tag{2.6.4}$$

上式表明：曲面上静止液体总压力的垂直分力 P_z 大小相当于压力体内液体的重量，作用线通过压力体的重心。

因此，液体作用在二维曲面上的总压力为

$$P = \sqrt{P_x^2 + P_z^2} \tag{2.6.5}$$

总压力的作用方向与 x 轴成 β 角，如图 2.6.1(d)，且

$$\beta = \arctan \frac{P_z}{P_x} \tag{2.6.6}$$

2.6.2　总压力的作用点

由于二维曲面上各微小 dP 为汇交（柱心）力系，其总压力作用线必通过柱心。作用点可按如下方法确定：作出 P_x 及 P_z 的作用线，得交点，过此交点以倾斜角 β 作总压力 P 的作用线，它与曲面 $ABCD$ 相交的点，即为总压力的作用点。

2.6.3　压力体的确定及 P_z 的方向

压力体是一个非常重要的概念，它直接影响到总压力的垂直分力 P_z 的大小，由式(2.6.4)可知压力体本身只是一个积分表达式所确定的纯几何体，与压力体内是否有液体无关。

如图 2.6.2，当 AB 曲面在不同侧受到相同深度的同种液体作用时，其对应的压力体相等（图中阴影部分），垂直分力数值相等，但方向相反。(a)图中压力体与产生压力的液体（又称作用液体）处于受压曲面 AB 的同侧，压力体内有直接作用于曲面的液体，称为实压力体，P_z 方向向下；(b)图中压力体与作用液体分处受压曲面 AB 的异侧，压力体内无作用液体，称为虚压力

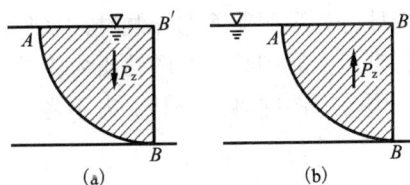

图 2.6.2　压力体与 P_z 方向

体，P_z 方向向上。因此，垂直分力 P_z 的方向可根据作用液体与压力体是在受压曲面的同侧还是异侧来确定。无论压力体为虚或实，均相当于有一与压力体同体积的均质液体作用在受压曲面上，P_z 的作用线应通过压力体的重心，即平面图形的形心。

由上可见，所谓压力体内液体重量并不一定就是压力体内实际具有的液体重量，它只是为计算流体静压力的垂直分力大小而引入的一个数值当量。

以上讨论的压力体是当液面为自由表面的情况，此时液面上相对压强为零；如果液面上相对压强不为零（绝对压强不为大气压强），则压力体不能以液面为顶，因为压力体的积分表达式中 $\rho g h$ 是指作用在 dA_z 面上的压强，包括液面上高于或低于外界大气压强的压强差值。如图 2.6.3，(a) 图中液面上压强 $p_0 > p_a$，压力体顶面应取在液面以上；(b) 图中液面上 $p_0 < p_a$，压力体顶面应取在液面以下。

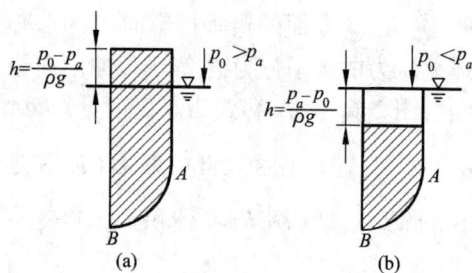

图 2.6.3 液面相对压强不为零的压力体

综上所述，压力体是一个以受压曲面为底面，以自由液面或其延伸面为顶面，以经过曲面周边的铅垂面为侧面所围成的封闭柱体的体积。

【例 2.6.1】 作出下列标有字母的曲面上的压力体，并指明铅垂分力 P_z 的方向。

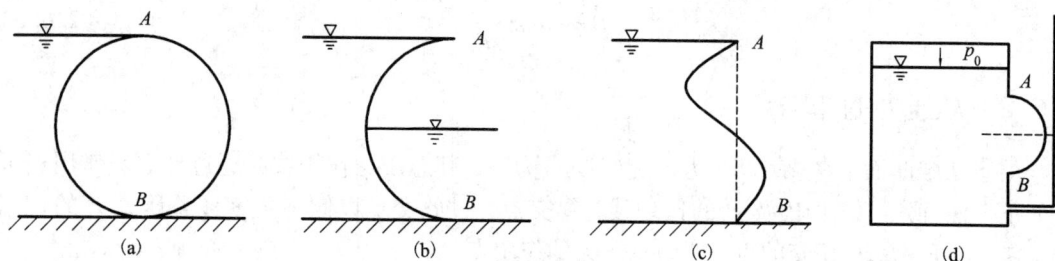

图 2.6.4 例 2.6.1 题图

【解】 因压力体是轴线垂直于纸面的柱体，故只需绘出平面图形即可。具体绘制压力体图时，注意压力体应由下列界限所围成：①受压曲面（线）本身；②自由液面或其延伸面；③从受压曲线的两端向自由液面或其延伸面所作的垂线。

当产生压力的液体与压力体处于受压曲面的同侧时，为实压力体，P_z 向下；当作用液体与压力体分处受压曲面的异侧时，为虚压力体，P_z 向上。

根据以上原则绘出各图的压力体见图 2.6.5，图 (b) 为双侧挡水，同上节中双侧挡水的液体静压强分布图的画法一样，先不考虑另一侧挡水，画出单侧挡水的压力体，然后再叠加合成。

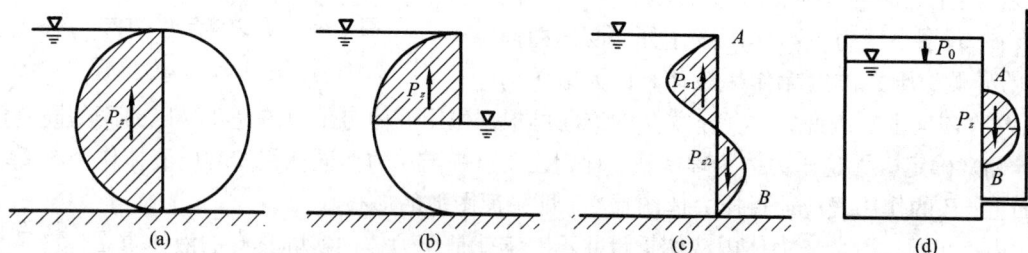

图 2.6.5 例 2.6.1 题结果图

【例 2.6.2】　如图 2.6.6 所示,弧形闸门可绕铰链 O 旋转,用以蓄(泄)水。已知中心角 $\alpha = 45°$,宽度 $b = 1$ m(垂直于纸面),水深 $H = 3$ m,求水作用于此闸门上的静水总压力 P 的大小和方向。

【解】　由图知

$$r = \frac{H}{\sin\alpha} = \frac{3}{\sin45°}\text{m} = 4.24 \text{ m}$$

$$P_x = \rho g h_{xC} A_x$$

$$= 1000 \times 9.8 \times \frac{3}{2} \times (3 \times 1) \text{N} = 44.1 \text{ kN}$$

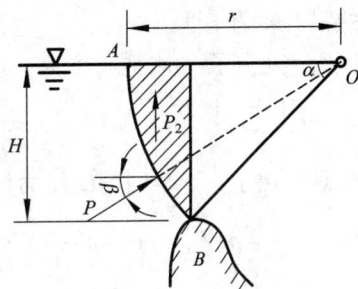

图 2.6.6　例 2.6.2 题图

作出 AB 曲面上的压力体如图 2.6.6 中阴影部分。

$$P_z = \rho g V$$

$$= \rho g \left[\frac{r(1 - \cos\alpha) + r}{2} \times H - \frac{\alpha}{360°} \times \pi r^2 \right] \times b$$

$$= 1 \times 9.8 \times \left[\frac{4.24 \times (1 - \cos45°) + 4.24}{2} \times 3 - \frac{45°}{360°} \times \pi \times 4.24^2 \right] \times 1 \text{ kN}$$

$$= 11.37 \text{ kN}$$

总压力　　　　　$P = \sqrt{P_x^2 + P_z^2} = \sqrt{44.1^2 + 11.37^2}\text{kN} = 45.54 \text{ kN}$

总压力 P 的作用线与水平方向的夹角为

$$\beta = \arctan\frac{P_z}{P_x} = \arctan\frac{11.37}{44.1} = 14°27'$$

总压力 P 作用点在扇形闸门上,作用线必通过闸门的铰链 O,与水平面夹角为 $14°27'$。

【例 2.6.3】　如图 2.6.7 所示圆柱形压力水罐,由上下两个半圆筒用螺栓拼合而成。圆筒半径 $R = 0.5$ m,长 $l = 2$ m,罐上压力表 M 读数 $p = 29.4$ kPa。试求:(1)两端平面盖板所受静水压力;(2)上下半圆筒所受静水总压力;(3)若螺栓材料的允许应力 $[\sigma] = 5$ MPa,验证连接上下圆筒的螺栓能否承受由水压产生的拉力。螺栓直径 $d = 10$ mm,间距 $e = 50$ cm。

【解】　(1)两端盖板均为平面,每个盖板所受静水压力为

$$P = p_C A = (p + \rho g R) \pi R^2$$

$$= (29.4 + 9.8 \times 0.5) \times 3.14 \times 0.5^2 \text{ kN}$$

$$= 26.93 \text{ kN}$$

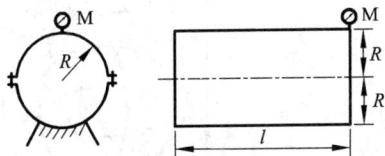

图 2.6.7　例 2.6.3 题图

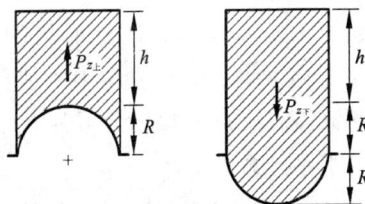

图 2.6.8　例 2.6.3 题压力体结果图

（2）由于上、下半圆筒均为左右对称的半圆柱面，所受静水总压力的水平分力相互抵消，剩下的只有垂直分力。

压力表处压强的水柱高度为

$$h = \frac{p}{\rho g} = \frac{29.4}{9.8} \text{ mH}_2\text{O} = 3 \text{ mH}_2\text{O}$$

分别作出上、下半圆筒的压力体如图2.6.8所示。

则

$$P_{z上} = \rho g V_{上} = \rho g \left[(h+R) \times 2R - \frac{1}{2}\pi R^2 \right] \times l$$

$$= 9.8 \times \left[(3+0.5) \times 2 \times 0.5 - \frac{1}{2}\pi \times 0.5^2 \right] \times 2 \text{ kN}$$

$$= 60.90 \text{ kN}$$

$$P_{z下} = \rho g V_{下} = \rho g \left[(h+R) \times 2R + \frac{1}{2}\pi R^2 \right] \times l$$

$$= 9.8 \times \left[(3+0.5) \times 2 \times 0.5 + \frac{1}{2}\pi \times 0.5^2 \right] \times 2 \text{ kN}$$

$$= 76.30 \text{ kN}$$

（3）水罐上螺栓总个数为

$$n = 2\left(\frac{l}{e} + 1 \right) = 2 \times \left(\frac{2}{0.5} + 1 \right) = 10 \text{ 个}$$

螺栓所能承受的最大拉力为

$$F_{允} = n \cdot \frac{\pi}{4} d^2 \cdot [\sigma] = 10 \times \frac{\pi}{4} \times 0.01^2 \times 5 \text{ kN} = 3927 \text{ kN}$$

连接上下半圆筒的螺栓所受总拉力为

$$F = P_{z上} = 60.90 \text{ kN} < F_{允}$$

因此连接上、下圆筒的螺栓能够承受由罐内水压产生的拉力。

在本题中，可知 $P_{z上} < P_{z下}$，为何验证压力水罐的连接螺栓能否承受住拉力时，使用的是 $P_{z上}$，而不是 $P_{z下}$，请读者自行思考。

2.6.5　作用在三维曲面上的流体总压力

1. 潜体与浮体

物体完全浸没在液体中时，称为潜体；一部分浸没在液体中，另一部分露在自由表面上时，称为浮体。浮体或潜体表面上受到的流体作用的合力，称为浮力。

如图2.6.9所示，任意形状的封闭三维曲面（潜体），浸没于液体中，设立图中所示直角坐标系，曲面上所受的液体总压力 P 可以分解为 P_x、P_y 和 P_z。

2. 水平分力 P_x、P_y

设想以平行于 Ox 轴的水平线，沿潜体表面平行移动一周，切点轨迹 $EBFD$ 分封闭曲面为左、右两部分，这两部分潜体的表面在垂直平面 yOz 上的投影面积相

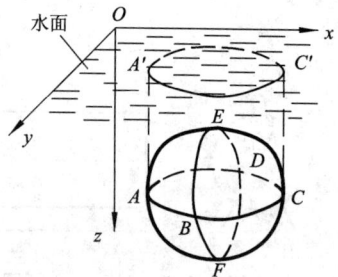

图2.6.9　潜体浮力

等，它们位于液面下同一深度处，总压力的水平分力大小相等，方向相反，合成后 $P_x = 0$；同理，$P_y = 0$。也就是说，作用在潜体表面上的液体总压力的水平分力为零。

3. 垂直分力 P_z

以平行于 Oz 轴的铅垂线，沿潜体表面平行移动一周，切点轨迹 $ABCD$ 分封闭曲面为上、下两部分，这两部分潜体的表面在水平面 xOy 上的投影面积相等，可由式（2.6.4）计算。作用在上半个曲面 $ABCDE$ 上的垂直分力 $P_{z\perp}$ 为

$$P_{z\perp} = \rho g V_{AECC'A'} \qquad （方向垂直向下）$$

作用在下半部分曲面 $ABCDF$ 上的垂直分力 $P_{z\top}$ 为

$$P_{z\top} = \rho g V_{AFCC'A'} \qquad （方向垂直向上）$$

则作用在整个潜体上的垂直总压力 P_z 为

$$P_z = P_{z\perp} - P_{z\top} = -\rho g V$$

式中，V 为潜体体积，负号表示 P_z 的方向与 Oz 轴方向相反。

对于部分浸没在液体中的浮体，将液面以下部分看成是封闭曲面，同潜体一样

$$P_x = 0, \quad P_y = 0, \quad P_z = -\rho g V \tag{2.6.7}$$

上式为液体作用于三维曲面上的总压力计算公式。表示：潜体（或浮体）上的总压力，只有垂直向上的浮力，大小等于它所排开的同体积液体重量，作用线通过潜体的几何中心。这就是著名的阿基米德（Archimedes）原理。

当曲面内部盛有液体时，液体总压力的大小不变，合力方向垂直向下。

【**例 2.6.4**】　有一密度计质量为 0.0306 kg，其底球直径 $D = 3$ cm，管外径 $d = 1.5$ cm，如图 2.6.10。现将密度计放入密度 $\rho_1 = 720$ kg/m³ 的油中，求密度计浸没油中的深度 h_1。若将此密度计放入煤油中，测得浸没深度 $h_2 = 15$ cm，求煤油的密度。

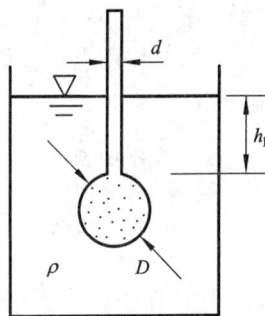

图 2.6.10　密度计

【**解**】　密度计放入油中所受到的浮力等于密度计自重，则有

$$P_{z1} = \rho_1 g \left(\frac{\pi}{4} d^2 h_1 + \frac{1}{6}\pi D^3 \right) = G = 0.0306 \times 9.8 = 0.3 \text{ N}$$

代入数据得

$$h_1 = \frac{0.3 - 720 \times 9.8 \times \frac{\pi}{6} \times 0.03^3}{720 \times 9.8 \times \frac{\pi}{4} \times 0.015^2} \text{ m} = 0.16 \text{ m} = 16 \text{ cm}$$

当密度计放入煤油中时，所受浮力也等于密度计自重，即

$$P_{z2} = \rho_2 g \left(\frac{\pi}{4} d^2 h_2 + \frac{1}{6}\pi D^3 \right) = 0.3 \text{ N}$$

所以　　　　$$\rho_2 = \frac{0.3}{9.8 \times \left(\frac{\pi}{4} \times 0.015^2 \times 0.15 + \frac{\pi}{6} \times 0.03^3 \right)} \text{ kg/m}^3 = 753.6 \text{ kg/m}^3$$

本章小结

本章以流体静压强、静压力为中心，介绍了流体静力学的基本概念。主要内容有：

(1)静止流体不能承受切力和拉力，其表面力只有压应力——压强。压强具有各向等值性。

(2)流体平衡微分方程式(2.2.1)及其全微分(2.2.2)是流体平衡的基本方程，是推导其他流体静力学方程的基础。

(3)流体静压强的基本方程有两种形式：压强形式(公式2.3.2)与能量(水头)形式(公式2.3.8)。注意表达式中各项及其合项以及整个公式的物理意义。

(4)压强由于起算基准不同，分为绝对压强和相对压强，衡量真空大小用真空值，三者之间的换算关系为

$$p = p' - p_a$$
$$p_v = p_a - p' = -p$$

(5)求解作用在平面上的液体静压力，有图算法与解析法，注意图算法的适用条件。

图算法　　大小：　　　　　　　$P = A_p b$

　　　　　　作用点：过受压平面的对称轴，过液体静压强分布图的形心。

解析法　　大小：　　　　　　$P = p_C A = \rho g h_C A$

　　　　　　作用点：
$$y_D = y_C + \frac{I_{Cx}}{y_C A}$$

$$x_D = x_C + \frac{I_{Cxy}}{y_C A}$$

(6)作用在曲面上的液体静压力，采用先分解后合成的方法计算，注意压力体的正确绘制。

水平分力：将受压曲面向铅垂方向投影，等于铅垂投影平面 A_x 上的总压力。

$$P_x = \rho g h_{xC} A_x$$

垂直分力：大小相当于压力体内液体的重量。

$$P_z = \rho g V$$

总压力：　　　　　　　　　$P = \sqrt{P_x^2 + P_z^2}$

注意：压力体的组成与虚实。

压力体应由下列3部分围成：①受压曲面本身；②自由液面或其延伸面；③从受压曲线的端点向自由液面或其延伸面所作的垂线。

以受压曲面为界，压力体与液体同侧压力体为实，P_z 向下；异侧为虚，P_z 向上。

(7)本章讲述的连通器原理、帕斯卡定理、阿基米德原理等在工程和生活中都有重要的应用。

思考题

2.1　试述静止流体的应力特性。

2.2　液体静力学基本方程 $z + \dfrac{p}{\rho g} = C$ 各项及其合项、方程的物理意义是什么?

2.3　绝对压强、相对压强和真空值是怎样定义的? 相互之间如何换算?

2.4　怎样绘制液体静压强分布图?

2.5　何谓压力体? 怎样绘制? 可否用压力体内是否实有液体来判断压力体的虚实?

2.6　当液体表面的压强不等于大气压强时,作用在平面或曲面上的总压力如何计算?

2.7　如图,容器中盛有密度不同的两种液体,问测压管 1 及测压管 2 液面是否和容器中液面(0 − 0 面)平齐? 哪个液面较高? 哪些液面平齐? 为什么?

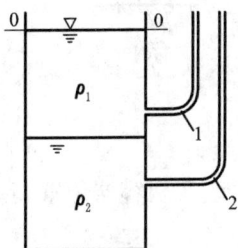

思考题 2.7 图

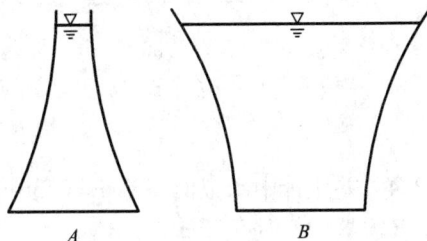

思考题 2.8 图

2.8　如图底面积相同的盛水容器 A 和 B,盛水的深度相同,问两个底面上所受的静水总压力是否相同? 若容器自重不计,将两个容器放在秤盘上,秤得的重量是否相同? 为什么静水总压力的垂直分力与水重不相等?

2.9　在一盛满液体的容器壁上装置一个均质的圆柱,其半径为 r,由于圆柱始终有一半浸没在液体中,所以该半圆柱一直受到一向上的浮力,该浮力是否会使圆柱不停地绕 O 轴转动? 为什么?

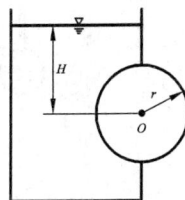

思考题 2.9 图

习题

2.1　已知某地大气压强为 95 kN/m²,求(1)绝对压强为 227 kN/m² 时的相对压强为多少工程大气压? (2)绝对压强为 70 kN/m² 时的真空度为多少米水柱高?

2.2　如图所示水压机,$a = 25$ cm,$b = 75$ cm,$d = 8$ cm。当 $T = 20$ kN,$G = 1000$ kN 时处于平衡状态。试求大活塞的直径 D(不计活塞高差及重量)。

2.3　画出图中 AB 面上的液体静压强分布图。

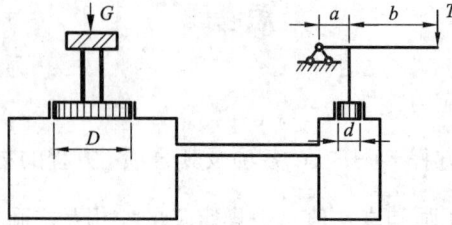

题 2.2 图

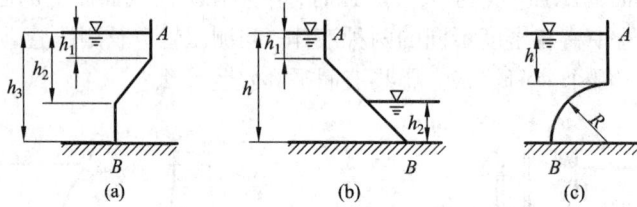

题 2.3 图

2.4　差压计中水银面高差 $h = 0.36$ m，其他液体为水。A、B 两容器位置高差为 1 m。试求 A、B 容器中心处压差 $p_A - p_B$ 值。

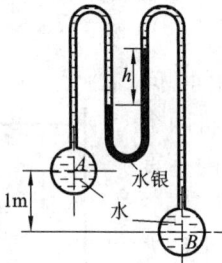

题 2.4 图

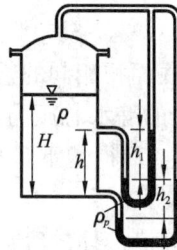

题 2.5 图

2.5　如图灭火器内装有液体，从水银差压计上读得 $h_1 = 26.5$ mm，$h_2 = 40$ mm，$h = 100$ mm，试求灭火器中液体的密度 ρ 及装液高度 H。

2.6　如图为一供水系统。已知 $p_1 = 14$ at（工程大气压），$p_2 = 0.4$ at，$z_1 = z_2 = 0.5$ m，$z_3 = 2.3$ m，当闸门关闭时，求点 A、B、C、D 处的压强水头。

2.7　如图，矩形闸门宽度为 $B = 1.5$ m，上缘 A 处设有固定铰轴，已知 $L_1 = 2$ m，$L = 2.5$ m，忽略闸门自重，求开启闸门所需的提升力 T。

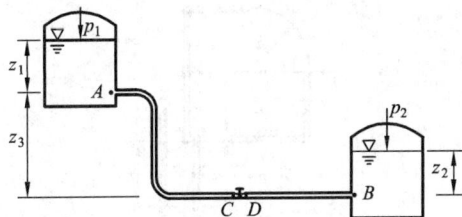

题 2.6 图

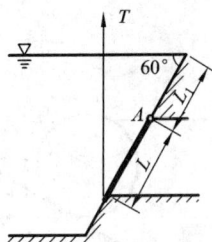

题 2.7 图

2.8　图示矩形平板闸门 AB 倾角 $\alpha = 60°$，可绕铰链 O 转动。当左侧水深 $h_1 = 2$ m、右侧水深 $h_2 = 0.4$ m 时，闸门将自动顺时针旋转开启放水。试求铰链 O 至水闸下端 B 的距离 x（闸门自重不计）。

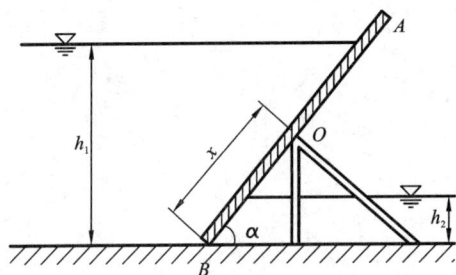

题 2.8 图

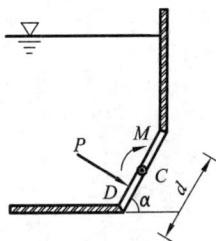

题 2.9 图

2.9　如题图所示，在水箱底部 $\alpha = 60°$ 的斜平面上，装有一个直径 $d = 0.5$ m 的圆形泄水阀，阀的转动轴通过其中心 C 且垂直于纸面，为了使水箱内的水不经阀门外泄，试问在阀的转动轴上需施加多大的锁紧力矩 M？

2.10　绘出图中各个曲面上的压力体，并标示出曲面所受的垂直分力的作用方向。

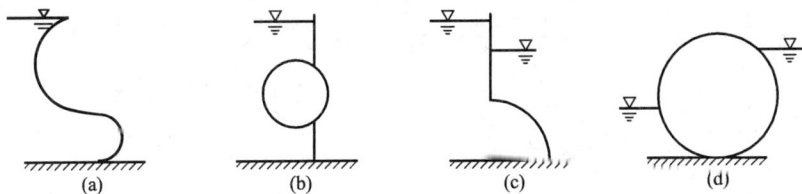

(a)　　　(b)　　　(c)　　　(d)

题 2.10 图

2.11　如图所示为一直径 $D = 4$ m 的圆柱，在与水平成 $\alpha = 30°$ 角的倾斜面上挡水，水面与圆柱面上 B 点齐平。试求作用在 1 m 长圆柱上的静水总压力。

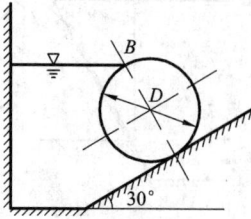

题 2.11 图

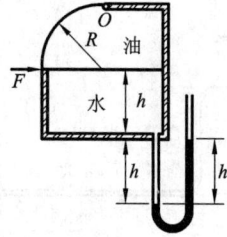

题 2.12 图

2.12 如图所示密闭容器内装有油(比重为 0.8)和水两层液体,在油层中有一个弧形闸门,其半径 $R = 0.2$ m,容器垂直于纸面的宽度 $B = 0.4$ m,油、水层厚度均为 $h = 0.2$ m。汞比压计中的液柱高也为 $h = 0.2$ m,弧形闸门的铰链在 O 点,试求封闭闸门所需的力 F 为多少?

第3章

流体动力学基础

　　上一章讨论了有关流体静力学的基本理论及其应用。但是在自然界和实际工程中,更常见的是运动着的流体,如潺潺溪水、浩荡江河、悠悠明渠等。流动性是流体最基本的特征,静止只是流体的一种特殊存在形式。因此,研究流体的运动规律及其在实际工程中的应用,就有更普遍和更重要的意义。

　　流体运动是一种连续介质的流动,质点间存在着复杂的相对运动,虽然它们之间有某种内在联系,有共同的运动趋势,但各质点的运动情况不尽相同。因此,严格来说任何实际流体的运动都是在三维空间内发生和发展的。表征流体运动特性的物理量叫运动要素,如流速 v、动压强 p(这是为了区别于处于静止状态时的压强,在以后的阐述中简称压强)和流量 Q 等。流体动力学的基本任务就是研究各运动要素随时间和空间变化的规律,建立运动要素之间的基本方程,并用这些方程来解决工程中提出的实际问题。

3.1　流体运动的描述

　　流动时,流体的运动要素一般都随着时间和位置变化,而流体又是由为数众多的质点所组成的连续介质,不像固体那样有明确的个体,怎样来描述整个流体的运动规律呢? 解决这个问题一般有两种方法:拉格朗日法和欧拉法。

3.1.1　拉格朗日法

　　拉格朗日法从整个流体运动是无数个质点运动的总和出发,以个别流体质点作为研究对象,再将每个质点的运动综合起来,获得整个流体的运动规律。

　　拉格朗日法为了识别所观察的流体质点,用起始时刻 $t = t_0$ 占有的空间坐标 (a, b, c) 作为该质点的标记,它的位移是起始坐标和时间变量的连续函数,如图 3.1.1 所示。

$$\left.\begin{aligned} x &= x(a, b, c, t) \\ y &= y(a, b, c, t) \\ z &= z(a, b, c, t) \end{aligned}\right\} \tag{3.1.1}$$

　　上式是个别质点的轨迹方程,式中:a, b, c, t 称为拉格朗日变数。将式(3.1.1)对时间求偏导数,在求导过程中 a, b, c 视为常数,便得到该质点的速度式(3.1.2)和加速度式(3.1.3)。

$$u_x = \frac{\partial x}{\partial t} = \frac{\partial x(a, b, c, t)}{\partial t} \\ u_y = \frac{\partial y}{\partial t} = \frac{\partial y(a, b, c, t)}{\partial t} \\ u_z = \frac{\partial z}{\partial t} = \frac{\partial z(a, b, c, t)}{\partial t} \Bigg\} \qquad (3.1.2)$$

$$a_x = \frac{\partial u_x}{\partial t} = \frac{\partial^2 x}{\partial t^2} \\ a_y = \frac{\partial u_y}{\partial t} = \frac{\partial^2 y}{\partial t^2} \\ a_z = \frac{\partial u_z}{\partial t} = \frac{\partial^2 z}{\partial t^2} \Bigg\} \qquad (3.1.3)$$

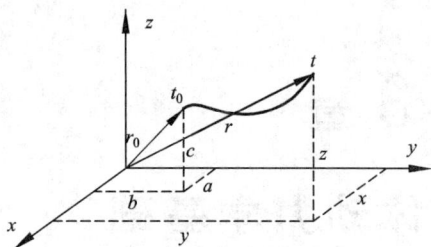

图 3.1.1　拉格朗日法

拉格朗日法实质上是应用理论力学中的质点动力学方法来研究流体的运动,其优点是物理概念清晰,直观性强,理论上能直接得出各质点的运动轨迹及其运动参数在运动过程中的变化,但缺点是由于流体质点的相对位置在运动过程中不像固体质点那样固定,运动轨迹复杂,存在数学处理上的不可能性(或求解困难)和工程实际中的不必要性(无需知道个别质点的运动情况,只需了解整体运动的趋势),因此,这种方法在流体力学中很少采用。

3.1.2　欧拉法

欧拉法以流体运动所经过的空间点作为观察对象,观察同一时刻各固定空间点上流体质点的运动,综合不同时刻所有空间点的情况,构成整个流体的运动。若将拉格朗日法比作"跟踪"法,则欧拉法属于"布哨"法。通过在各固定空间点布哨,观察不同流体质点通过某一固定哨位运动要素的时变过程,综合各哨位情况来全面了解整个流动的时空变化规律。欧拉法广泛应用于描述流体运动,例如天气预报,就是由分布在各地的气象台(站)在规定的同一时刻进行观测,并把观测到的气象资料汇总,绘制成该时刻的天气图,据此作出预报,这样的方法实际上就是欧拉法。

1. 欧拉法描述的质点运动加速度

数学上,将各空间点每一时刻都对应着某个确定物理量的空间区域,定义为该物理量的场。如某一瞬时各空间点上皆有具有一定流速的流体质点经过,在该瞬时被流体占据的各空间点的流速矢量的集合,便构成了流速矢量场,简称流场。采用欧拉法时,在每一瞬时 t 的流速场可以表示为

$$u_x = u_x(x, y, z, t) \\ u_y = u_y(x, y, z, t) \\ u_z = u_z(x, y, z, t) \Bigg\} \qquad (3.1.4)$$

式中:坐标 x、y、z 和时间变量 t 称为欧拉变量。

质点运动过程中,不同的质点先后经过某固定空间点所产生的该空间点上的加速度称为时变加速度(或当地加速度)。如图3.1.2,若水箱水位 H 随时间变化,水管内各固定点(如图中的 A、B、C)上的流速将随时间变化,从而形成时变加速度。

由于同一个质点的位置变化造成的流速变化,产生的加速度就是位变加速度(或迁移加

速度）。如图 3.1.2 中若水箱水位 H 稳定不变，出水管内各点流速不随时间变化，但因管道直径沿流程变化，C 点的流速会大于 B 点的流速，质点自 B 流至 C 的过程中产生加速度，叫做位变加速度。若水箱水位 H 同时还随时间变化，则从 B 至 C 既存在时变加速度又存在位变加速度。

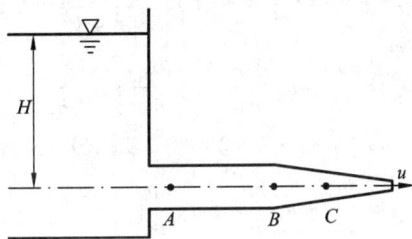

图 3.1.2　管道出流

采用欧拉法后，质点的加速度包括时变加速度与位变加速度两部分，质点的加速度是速度对时间的全导数，而速度对时间的偏导数只是质点加速度中的时变加速度部分。

可见，加速度场是流速场对时间 t 的全导数。在进行求导运算时，速度表达式（3.1.4）中的自变量 x、y、z 就是质点运动轨迹经过的空间点坐标，不能视作常数，而是时间的函数：$x = x(t)$、$y = y(t)$、$z = z(t)$，所以加速度应按复合函数求导法则求导。例如，x 方向上的加速度分量为

$$a_x = \frac{\mathrm{d}u_x}{\mathrm{d}t} = \frac{\partial u_x}{\partial t} + \frac{\partial u_x}{\partial x}\frac{\mathrm{d}x}{\mathrm{d}t} + \frac{\partial u_x}{\partial y}\frac{\mathrm{d}y}{\mathrm{d}t} + \frac{\partial u_x}{\partial z}\frac{\mathrm{d}z}{\mathrm{d}t}$$

其中 $\dfrac{\mathrm{d}x}{\mathrm{d}t}$、$\dfrac{\mathrm{d}y}{\mathrm{d}t}$、$\dfrac{\mathrm{d}z}{\mathrm{d}t}$ 是流体质点位置坐标 (x, y, z) 的时间变化率，应当等于质点的运动速度，即

$$\frac{\mathrm{d}x}{\mathrm{d}t} = u_x, \quad \frac{\mathrm{d}y}{\mathrm{d}t} = u_y, \quad \frac{\mathrm{d}z}{\mathrm{d}t} = u_z$$

故有

$$\left.\begin{aligned}
a_x &= \frac{\partial u_x}{\partial t} + u_x\frac{\partial u_x}{\partial x} + u_y\frac{\partial u_x}{\partial y} + u_z\frac{\partial u_x}{\partial z} \\
a_y &= \frac{\partial u_y}{\partial t} + u_x\frac{\partial u_y}{\partial x} + u_y\frac{\partial u_y}{\partial y} + u_z\frac{\partial u_y}{\partial z} \\
a_z &= \frac{\partial u_z}{\partial t} + u_x\frac{\partial u_z}{\partial x} + u_y\frac{\partial u_z}{\partial y} + u_z\frac{\partial u_z}{\partial z}
\end{aligned}\right\}$$ (3.1.5)

上式中右端第一项的意义为某点速度随时间 t 变化而产生的加速度，即时变加速度；右端后三项的意义是由于坐标改变引起的速度对时间的变化率，即位变加速度。

实际工程中，我们一般只需要弄清楚在某些空间位置上流体的运动情况，而并不去追究流体质点的运动轨迹（即从哪里来，向何处去），更无须知道是什么流体质点通过这些空间位置。比如有压管流中，只要知道管道中不同位置的流速、动压强等就能满足工程设计的需要。所以在流体力学研究中常采用欧拉法。

【例 3.1.1】　如图 3.1.3 所示，流体质点以速度 $u = 3\sqrt{x^2 + y^2}$ 沿直线 AB 运动，已知 A、B 的坐标为 $A(0, 0)$、$B(8, 6)$。求质点在 B 的加速度。

【解】　速度在 x、y 轴方向的分量为

$$u_x = u\cos\alpha = 3\sqrt{x^2 + y^2}\,\frac{x}{\sqrt{x^2 + y^2}} = 3x$$

$$u_y = u\sin\alpha = 3\ \sqrt{x^2 + y^2}\ \frac{y}{\sqrt{x^2 + y^2}} = 3y$$

$$a_x = \frac{\partial u_x}{\partial t} + u_x \frac{\partial u_x}{\partial x} + u_y \frac{\partial u_x}{\partial y} + u_z \frac{\partial u_x}{\partial z}$$

$$= 0 + 3x \cdot 3 + 3y \cdot 0 = 9x = 9 \times 8 \text{ m/s}^2 = 72 \text{ m/s}^2$$

$$a_y = \frac{\partial u_y}{\partial t} + u_x \frac{\partial u_y}{\partial x} + u_y \frac{\partial u_y}{\partial y}$$

$$= 0 + 3x \cdot 0 + 3y \cdot 3 = 9y = 9 \times 6 \text{ m/s}^2 = 54 \text{ m/s}^2$$

$$a_z = 0$$

质点的加速度

$$a = \sqrt{a_x^2 + a_y^2} = \sqrt{72^2 + 54^2} \text{ m/s}^2 = 90 \text{ m/s}^2$$

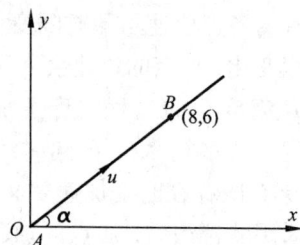

图 3.1.3 例 3.1.1 图

3.2 欧拉法的若干基本概念

3.2.1 恒定流与非恒定流

用欧拉法描述流体运动时，一般情况下，将各种运动要素都表示为空间坐标和时间的连续函数。

在流场中任何空间点上所有的运动要素都不随时间变化的流动称为恒定流。反之是非恒定流。也就是说，在恒定流的情况下，任一空间点上，无论哪个流体质点通过，其运动要素都是不变的，各运动要素仅仅是空间坐标的函数，而与时间无关。对于恒定流，流场方程为

$$\left.\begin{array}{l} u = u(x,\ y,\ z) \\ p = p(x,\ y,\ z) \\ \rho = \rho(x,\ y,\ z) \end{array}\right\} \tag{3.2.1}$$

如图 3.1.2，当水箱水面恒定时，出水管道中水流为恒定流，各个运动要素都不随时间变化；当水箱水面上升或下降时，出水管道中水流为非恒定流。

严格来说，自然界和实际工程中的流体运动，极少是真正的恒定流，但我们遇到的大多数情况，又可以近似地当作恒定流处理。如过流断面面积不变的长直渠道和水管中，若引水流量一定，可视为恒定流；即使一年中可能有几度洪枯涨落的河流，在水位、流量稳定的不太长的观测时段内，也可以近似地按恒定流处理。

3.2.2 迹线与流线

迹线是某一流体质点在运动过程中，不同时刻所流经的空间点的连线。即流体质点运动的轨迹线。

流线是表示某一瞬时流动方向的曲线，该曲线上所有各点的流速矢量均与曲线相切。如图 3.2.1 所示。若绘出流场中同一瞬时的所有流线，那么该瞬时的流动状态就一目了然了。

流线理论上能用几何方法绘出，绘制方法是：设在某时刻 t_1，流场中有一点 A_1，该点的流速向量为 u_1（见图 3.2.2），在这个向量上取与 A_1 相距为 Δl_1 的点 A_2；在同一时刻，A_2 点的流速向量设为 u_2，在向量 u_2 上取与 A_2 点相距为 Δl_2 的点 A_3；若该时刻 A_3 点的流速向量为 u_3，

在向量 u_3 上再取与 A_3 相距为 Δl_3 的点 A_4，…，如此继续，可以得出一条折线 $A_1A_2A_3A_4\cdots$，若让所取的各点距离 Δl 趋近于零，则折线变成一条曲线，这条曲线就是 t_1 时刻通过空间点 A_1 的一条流线。同样，可以作出 t_1 时刻通过其他各点的流线，这样的一簇流线就反映了 t_1 时刻流场内的流动图像，称为流谱。如果液流为恒定流，则各个时刻的流谱不变；如果液流为非恒定流，当时刻变为 t_2 时，又可以重新得到在 t_2 时刻的一簇新的流线。时间改变了，反映流场流动图像的流谱流线也就改变了。所以对于非恒定流，流线只有瞬时意义。

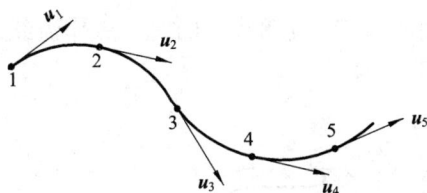

图 3.2.1　某时刻流线图　　　　　　　　图 3.2.2　流线的绘制

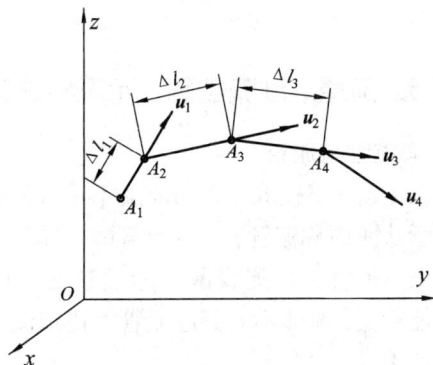

流线具有以下几个基本特性：

（1）恒定流时，流线的形状和位置不随时间而改变。

因为整个流场内各点的流速向量均不随时间而改变，显然，不同时刻流线的形状和位置也是固定不变的。

（2）恒定流时流体质点运动的迹线与流线相重合。

如图 3.2.1，假定 1，2，3，4，…近似地代表一条流线，在时刻 t_1 有一个质点从 1 点开始运动，经过 Δt_1 时间后达到 2 点；虽然时刻变成了 $t_1 + \Delta t_1$，但因恒定流的流线形状和位置均不改变，此时 2 点的流速仍与 t_1 时刻相同，仍然为 u_2 方向，于是质点从 2 点出发沿 u_2 方向运动，再经过 Δt_2 又到达 3；在到达 3 后又沿 3 点处的流速 u_3 方向运动；如此继续下去，质点所走的轨迹完全与流线重合。

相反，若液流为非恒定流，不同的时刻，各点的流速方向与原来不同，此时迹线一般与流线不相重合。

（3）除特殊点外，流线不能相交，不发生转折。

如果流线相交或转折，那么交（折）点处有两条切线，显然，一个流体质点在同一时刻只能有一个流动方向，所以流线一般是不能相交的。流线只在一些特殊点相交或转折，如速度等于零的点（如图 3.2.3 中的 A 点），通常称为驻点；速度无穷大的点（图 3.2.4、3.2.5 中的 O 点），通常称为奇点；以及流线相切点（图 3.2.3 中的 B 点）。

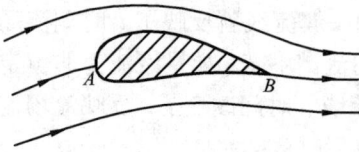

图 3.2.3 驻点和相切点

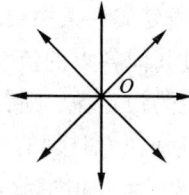

图 3.2.4 奇点(源)

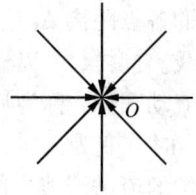

图 3.2.5 奇点(汇)

3.2.3 流管、过流断面、元流和总流

1. 流管与流束

在流场中,任取一条与流线不重合的微小的封闭曲线 C,过曲线上的每一点作流线,构成的管状曲面称流管,充满流管的流体称为流束,如图 3.2.6。

虽然流管是由流线围成的虚管道,但由于流线不能相交,流体不能穿越流管。恒定流流管、流束形状不变。

2. 过流断面

在流束上作出的与所有流线垂直的横断面称为过流断面(或过水断面)。如图 3.2.6 中的 1 – 1 与 2 – 2 过流断面。如果流线相互平行,则过流断面为平面,否则为曲面。

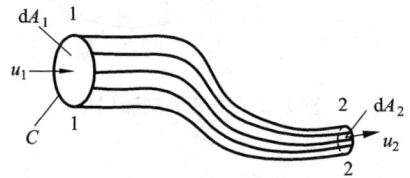

图 3.2.6 流管、流束

3. 元流和总流

元流是过流断面无限小的流束,其几何特征与它的极限——流线相同。由于过流断面无限小,元流断面上各点的运动参数如 z(位置高度)、u(流速)、p(压强)均视为相同。

总流是过流断面为有限大的流束,可视为由无数元流构成。过流断面上各点的运动参素一般不相同。任何一个实际流动都有一定规模的边界,如水在管道、河道中的流动,所以实际流动都是总流。

3.2.4 流量和断面平均流速

1. 流量

单位时间内通过流束某一过流断面的流体体积称为该过流断面的体积流量,简称为流量,以符号 Q 表示。流量的单位是 m^3/s,工程上也常用 L/s(升/秒)为单位。对于可压缩流体,常采用质量流量 Q_m 来表示单位时间内通过过流断面的流体质量。质量流量的单位是 kg/s,$Q_m = \rho Q$。

由于元流过流断面 dA 上各点的流速 u 相等,则元流的流量

$$dQ = udA \tag{3.2.2}$$

通过总流断面 A 的流量 Q 等于所有元流流量之和

$$Q = \int_A dQ = \int_A udA \tag{3.2.3}$$

2. 断面平均流速

总流过流断面上各点的流速 u 一般各不相同，如图 3.2.7 所示圆形管道，管壁附近流速较小，管轴处流速最大，取其平均值 v 作为总流的断面平均流速。

$$v = \frac{Q}{A} = \frac{\int_A u \mathrm{d}A}{A} \qquad (3.2.4)$$

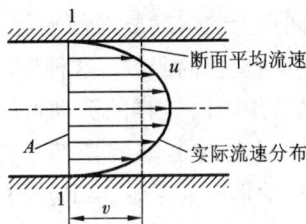

图 3.2.7　总流流速分布、断面平均流速

显然，断面平均流速 v 是总流所独有的一个假想流速。引入这个概念，可以使液流

运动的分析得到简化，给今后的定量计算带来很大的便利。但应注意断面平均流速 v 并不代表断面各点的实际流速，只是由此算出的流量与真实的流量相等，以后若碰到含流速的量，如动能、动量等就会引起误差，必须修正。

【例 3.2.1】　已知半径为 r_0 的圆管中，过流断面上的流速分布为 $u = u_{max}\left(\dfrac{y}{r_0}\right)^{\frac{1}{7}}$，式中 u_{max} 是断面中心点的最大流速，y 为距管壁的距离（图 3.2.8）。试求：（1）管中通过的流量和断面平均流速；（2）过流断面上流速等于平均流速的点距管壁的距离。

【解】　（1）在过流断面 $r = r_0 - y$ 处，取环形微元，面积 $\mathrm{d}A = 2\pi r \mathrm{d}r$，微元面上各点的流速可视为相等。流量

$$Q = \int_A u \mathrm{d}A = \int_{r_0}^{0} u_{max}\left(\frac{y}{r_0}\right)^{\frac{1}{7}} 2\pi(r_0 - y)\mathrm{d}(r_0 - y)$$

$$= \frac{2\pi u_{max}\int_0^{r_0}(r_0 - y)y^{\frac{1}{7}}\mathrm{d}y}{r_0^{\frac{1}{7}}} = \frac{49}{60}\pi r_0^2 u_{max}$$

断面平均流速

$$v = \frac{Q}{A} = \frac{49}{60}u_{max}$$

（2）依题意，令

$$u_{max}\left(\frac{y}{r_0}\right)^{\frac{1}{7}} = \frac{49}{60}u_{max}$$

$$\left(\frac{y}{r_0}\right) = \left(\frac{49}{60}\right)^7 = 0.242$$

$$y = 0.242 r_0$$

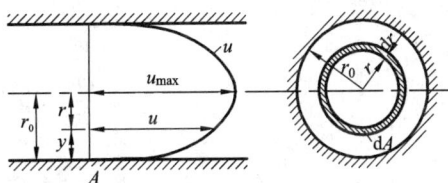

图 3.2.8　例 3.2.1 题图

即距管壁距离大约 $1/4\, r_0$ 处，实际流速等于断面平均流速。

3.2.5　流动的分类

1. 按影响流动的空间自变量分类

按影响流动的空间自变量分类，可将流动分为一元流、二元流与三元流。

以空间为标准，若各空间点上的运动要素（压强 p 除外）只与一个空间自变量（如流程坐标 l）有关，这种流动称为一元（维）流。如元流就是只与流程坐标 $\mathrm{d}l$ 有关的一元流。对于总

流，若把过流断面上各点的流速用平均流速代替，这时的总流也可视为一元流。

若各空间点上的运动要素都平行于某一平面，且在该平面的垂直方向无变化，则运动要素只是两个空间坐标的函数，这种流动称为二元(维)流。如图3.2.9，液流绕过很长的圆柱体，忽略两端的影响，这样的流动可简化为二元流动。

若各空间点上的运动要素与三个空间自变量有关，这种流动称为三元(维)流。如图3.2.10，一矩形断面渠道，当宽度由 b_1 突然扩大到 b_2，在扩散后的相当范围内，流体中任意点的流速，不仅与断面的流程坐标 l 有关，还和该点在断面上的坐标 y、z 有关。

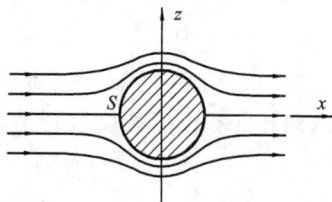

图3.2.9　二元圆柱绕流　　　　　　　图3.2.10　明渠三元流

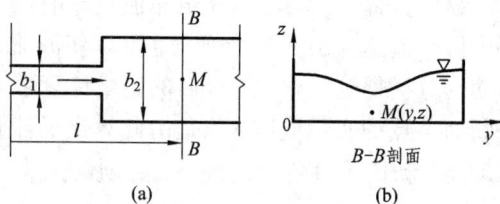

严格说来，任何实际流动都是三元流。但若用三元流来分析，需要考虑运动要素在三个空间坐标方向的变化，问题十分复杂，数学分析困难。流体力学中常采用简化的方法，引入断面平均流速的概念，将总流视为一元流，用一元流动分析法来研究实际流体运动的规律。但实际流动中过流断面上各点流速不等，用断面平均流速代替实际流速所产生的误差要加以修正，修正系数可由试验求得。实践证明：土木、交通、水利等工程中的一般流体力学问题，将流动看作是一元流或二元流处理是可以满足生产需要的。

2. 按流体质点的位变加速度是否为零分类(或按流线的形状分类)

当流体质点运动的位变加速度等于零时，即

$$\left.\begin{array}{l} u_x \dfrac{\partial u_x}{\partial x} + u_y \dfrac{\partial u_x}{\partial y} + u_z \dfrac{\partial u_x}{\partial z} = 0 \\[2mm] u_x \dfrac{\partial u_y}{\partial x} + u_y \dfrac{\partial u_y}{\partial y} + u_z \dfrac{\partial u_y}{\partial z} = 0 \\[2mm] u_x \dfrac{\partial u_z}{\partial x} + u_y \dfrac{\partial u_z}{\partial y} + u_z \dfrac{\partial u_z}{\partial z} = 0 \end{array}\right\}$$

这样的流动是均匀流，反之是非均匀流。

从流线的形状看，当流线为相互平行的直线时，该流动称为均匀流；若流线不是相互平行的直线，则为非均匀流。如图3.2.11，无论水箱水面是否恒定，(a)图中等直径直管中的流动为均匀流，(b)图中变直径管(异径管)中为非均匀流；水箱水面不变时；(a)图管中为恒定均匀流，(b)图管中为恒定非均匀流；水箱水面上升或下降时；(a)图管中为非恒定均匀流，(b)图管中为非恒定非均匀流。

【例3.2.2】　已知流速场 $u_x = xy^3$，$u_y = -\dfrac{1}{3}y^3$，$u_z = xy$，试求该流动：(1)是几元流动？(2)是恒定流还是非恒定流？(3)是均匀流还是非均匀流？

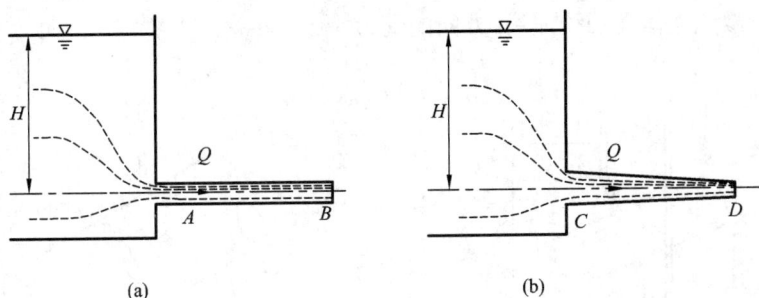

图 3.2.11　均匀流与非均匀流

【解】　(1)根据题目给定的已知条件知,各空间点上的运动要素只与两个空间自变量(x,y)有关,故为二元流动。

(2)由题意可知,流场中的速度分量都不随时间而变化,时变加速度$\dfrac{\partial u_x}{\partial t}=0$,$\dfrac{\partial u_y}{\partial t}=0$,

$\dfrac{\partial u_z}{\partial t}=0$,故为恒定流。

(3)迁移加速度

$$\begin{cases} u_x\dfrac{\partial u_x}{\partial x}+u_y\dfrac{\partial u_x}{\partial y}+u_z\dfrac{\partial u_x}{\partial z}=xy^6-xy^5\neq 0 \\[2mm] u_x\dfrac{\partial u_y}{\partial x}+u_y\dfrac{\partial u_y}{\partial y}+u_z\dfrac{\partial u_y}{\partial z}=\dfrac{1}{3}y^5\neq 0 \\[2mm] u_x\dfrac{\partial u_z}{\partial x}+u_y\dfrac{\partial u_z}{\partial y}+u_z\dfrac{\partial u_z}{\partial z}=xy^4-\dfrac{1}{3}xy^3\neq 0 \end{cases}$$

可见液流为非均匀流。

综合以上分析,该流动为恒定非均匀二元流。

3.2.6　均匀流特性

1.均匀流的特性

(1)过流断面为平面,其形状、尺寸沿流程不变;

(2)同一流线上不同点的流速相等,从而各过流断面上的流速分布相同,断面平均流速相等;

(3)过流断面上的流体动压强分布规律与静压强分布规律相同,即在同一过流断面上各点的测压管水头为一常数。

前面两条特性容易理解,怎样理解第三条特性的含义呢? 如图 3.2.12,在均匀管流中,任意选择两过流断面 1 − 1 和 2 − 2,在断面的上、下两侧各装一根测压管,则同静止流体一样,同一过流断面上不同位置的测压管液面必然上升到同一高度,即$z+\dfrac{p}{\rho g}=C$。现简单证明如下。

在均匀流过流断面上取一底面积为 dA、高为 dh 的微元柱体,其轴线 $n-n$ 与流线正交,

并与铅垂线成夹角 α，见图 3.2.13。柱体两端面形心点的坐标、压强分别为 z、p 及 $(z+\mathrm{d}z)$、$(p+\mathrm{d}p)$。分析微元柱体在轴线 $n-n$ 方向的受力。

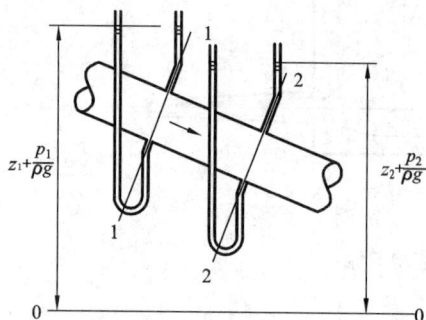

图 3.2.12　均匀流断面动压强分布规律　　　　图 3.2.13　均匀流微元柱体受力分析

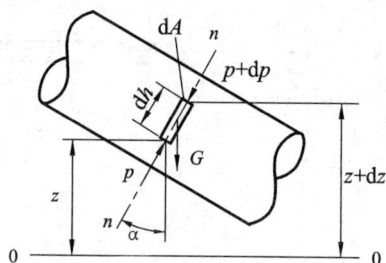

表面力：微元柱体端面压力有 $p\mathrm{d}A$ 和 $(p+\mathrm{d}p)\mathrm{d}A$；侧面流体动压力与 $n-n$ 正交；流体流动内摩擦剪切力也与 $n-n$ 正交，在 $n-n$ 方向均无投影。

质量力：柱体自重在 $n-n$ 方向的分力

$$G\cos\alpha = \rho g\mathrm{d}A\mathrm{d}h\cos\alpha = \rho g\mathrm{d}A\mathrm{d}z$$

均匀流中，与流线正交的 $n-n$ 方向无加速度，即无惯性力存在，外力沿 $n-n$ 平衡，作用在微元柱体轴线 $n-n$ 上的合力等于零

$$(p+\mathrm{d}p)\mathrm{d}A - p\mathrm{d}A + \rho g\mathrm{d}A\mathrm{d}z = 0$$

$$\rho g\mathrm{d}z + \mathrm{d}p = 0$$

积分得
$$z + \frac{p}{\rho g} = C$$

与流体静力学基本方程式(2.3.8)相同。上式表明：均匀流同一过流断面上的流体动压强分布规律与静压强相同，因而过流断面上任一点的动压强或断面上的动压力都可以按照流体静力学公式来计算。

值得提醒的是：均匀流过流断面上动压强分布规律与静压强相同的特性，只在同一过流断面上成立。如图 3.2.12，断面 1-1、2-2 上各自不同位置的测压管液面上升的高程相同，但不同过流断面上测压管液面上升的高程不相同，对 1-1 断面，$(z+\dfrac{p}{\rho g})_1 = C_1$，对 2-2 断面，$(z+\dfrac{p}{\rho g})_2 = C_2$。

2. 渐变流和急变流

按照流体质点位变加速度的大小，亦即流线不平行或弯曲的程度，可将非均匀流进一步分为渐变流和急变流。

当流体质点的位变加速度很小，或流线接近于平行直线时称为渐变流（或缓变流）。渐变流的极限就是均匀流。

由于渐变流的流线近似于平行直线，其特性与均匀流近似，计算中可直接采用。

值得说明的是关于均匀流或渐变流同一过流断面上动压强遵循静压强分布规律的结论，

必须是对于有固体边界约束的流动才适用。如
图 3.2.14，由等直径管道末端流入空气的液流，在
刚刚流出管道时，周围已没有任何固壁的约束，全是
大气，此时流线仍是(或接近于)平行直线，可视为
均匀流(或渐变流)，但该流股周界均与大气接触，
各点的压强均为大气压强，同一过流断面上动压强
并不服从静压强的分布规律。实际上，经实验证实，
管道或射流出口断面的流体动压强非常接近于大气
压强，相对压强可以认为等于零。

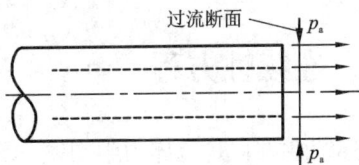

图 3.2.14　管流出口渐变流

　　若流线之间夹角很大或者流线的曲率半径很小，这种流动称为急变流。

　　渐变流与急变流是两个不严格的、但具有工程实际意义的概念，它们之间没有明显的、
确定的界限。一个实际流动，如果其流线之间夹角很小，或流线曲率半径很大，可将其视为
渐变流。但究竟夹角要小到什么程度，曲率半径要大到什么程度才能视为渐变流，没有定量
标准，主要看对于一个具体问题所要求的精度。例如对于图 3.2.15 所示的闸孔出流，收缩断
面 $c-c$ 上的流动也常常作为渐变流来对待。

　　流动是否可看作渐变流与流动的边界有密切的关系，当边界为近似于平行的直线时，流
动往往是渐变流或均匀流，如图 3.2.16 中在断面 1 与 2、3 与 4 之间的流动；管道转弯、断面
扩大或收缩以及明渠中由于建筑物的存在使流线发生急剧变化处的流动都是急变流，如
图 3.2.15 中闸门前后的 1 与 c 之间、图 3.2.16 中 2 与 3、4 与 5 之间的流动。

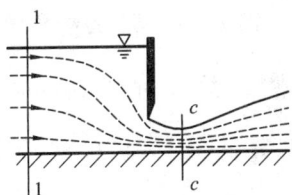

图 3.2.15　闸孔出流

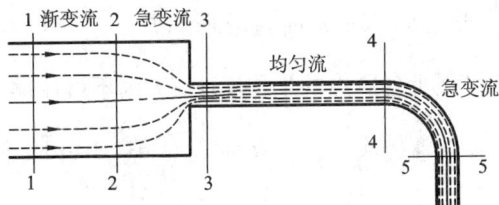

图 3.2.16　均匀流、渐变流、急变流

　　如果流线的不平行或弯曲程度太
大，为典型的急变流，过流断面上垂直
于流线方向存在着离心惯性力，离心惯
性力指向的方向，流体动压强加大，压
强分布不遵循静压强分布规律。

　　如图 3.2.17 所示管道，若在均匀流
断面 1-1 及急变流断面 2-2 的上、下
两侧各安一根测压管，可观察到断面
1-1 上各支测压管的液面上升高度一
致，而断面 2-2 上各支测压管液面则不
一样高，右侧明显高于左侧。这表明均

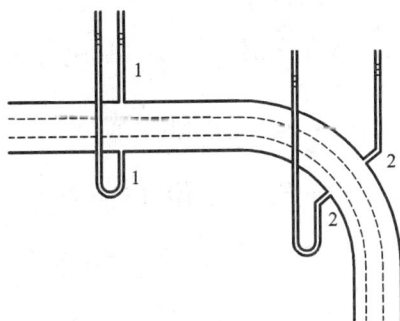

图 3.2.17　不同断面上的流体动压强

匀流(渐变流)与急变流断面上的流体动压强分布不一致。

3.3 连续性方程

连续性方程是流体力学中基本方程之一，是质量守恒定律的流体力学表达式。

3.3.1 连续性微分方程

微元控制体是在流场中划定的微小空间区域，其形状、位置均固定不变，而流体可以不受影响地通过。

如同图2.2.1一样，在流场中任取一个微小矩形六面体为控制体，令各边长为dx、dy、dz，并与相应坐标轴平行，中心点$C(x, y, z)$的速度为$u(x, y, z)$，其分量为u_x、u_y、u_z，如图3.3.1所示。

分析在dt时间内，沿Ox方向流入和流出控制体的流体质量。先看前面($abcd$面)，中心点A的坐标与C相差微小量$\frac{1}{2}dx$，A点沿Ox方向的速度以泰勒级数的前两项表示$u_{Ax} = u_x + \frac{1}{2}\frac{\partial u_x}{\partial x}dx$，因为$abcd$面是微小平面，$u_{Ax}$可以视为

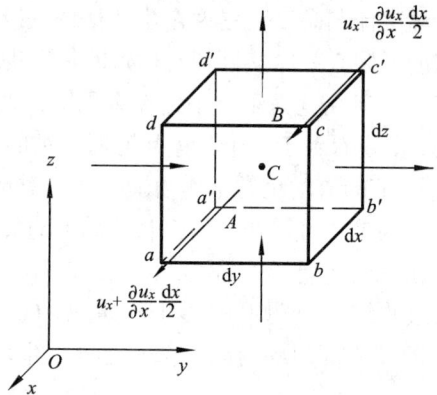

图3.3.1 微元控制体

该平面上各质点的平均流速，又因不可压缩流体密度ρ为常数，故dt时间内由$abcd$面流出控制体的流体质量为$\rho(u_x + \frac{1}{2}\frac{\partial u_x}{\partial x}dx)dydzdt$；同理后面($a'b'c'd'$面)中心点$B$的坐标与$C$相差微小量$-\frac{1}{2}dx$，$u_{Bx} = u_x - \frac{1}{2}\frac{\partial u_x}{\partial x}dx$，$dt$时间内由该平面流入控制体的流体质量为$\rho(u_x - \frac{1}{2}\frac{\partial u_x}{\partial x})dydzdt$。可知在$dt$时间段，控制体内来自$Ox$方向的质量增加量为

$$\Delta m_1 = \rho(u_x - \frac{1}{2}\frac{\partial u_x}{\partial x}dx)dydzdt - \rho(u_x + \frac{1}{2}\frac{\partial u_x}{\partial x}dx)dydzdt$$

$$= -\rho\frac{\partial u_x}{\partial x}dxdydzdt$$

同理，dt时间段，控制体内来自Oy、Oz方向的质量增加量分别为

$$\Delta m_2 = -\rho\frac{\partial u_y}{\partial y}dxdydzdt$$

$$\Delta m_3 = -\rho\frac{\partial u_z}{\partial z}dxdydzdt$$

因为流体是不可压缩的连续介质，根据质量守恒原理，微元控制体内流体质量保持不变，流入的流体质量必须等于流出的质量，控制体内质量的增加量总和为零

$$\Delta m_1 + \Delta m_2 + \Delta m_3 = -\rho \left(\frac{\partial u_x}{\partial x} + \frac{\partial u_y}{\partial y} + \frac{\partial u_z}{\partial z} \right) \mathrm{d}x\mathrm{d}y\mathrm{d}z\mathrm{d}t = 0$$

得到
$$\frac{\partial u_x}{\partial x} + \frac{\partial u_y}{\partial y} + \frac{\partial u_z}{\partial z} = 0 \tag{3.3.1}$$

式(3.3.1)为不可压缩流体的连续性微分方程,是质量守恒定律的流体力学表达式(微分形式),是控制流体运动的基本方程之一,任何可能出现的不可压缩流体运动,必须满足该方程。方程不涉及作用力,是一运动学方程,理想流体或实际流体都适用。

【例 3.3.1】 试判别下式表示的不可压缩流体运动实际能否出现? k 为大于零的常数。

$$\begin{cases} u_x = kx \\ u_y = -ky \\ u_z = 0 \end{cases}$$

【解】
$$\frac{\partial u_x}{\partial x} + \frac{\partial u_y}{\partial y} + \frac{\partial u_z}{\partial z} = k - k + 0 = 0$$

满足连续性微分方程(3.3.1),该流动能出现。

3.3.2 恒定总流的连续性方程

恒定总流的连续性方程,既可以由连续性微分方程(3.3.1)对所取的总流控制体积分得到,也可直接用总流分析的方法求出。后者物理概念清楚,易于理解。下面就用总流分析方法推导恒定总流的连续性方程。

如图 3.3.2,在恒定总流中,任取一段总流,其进口断面 1 – 1 的面积为 A_1,出口断面 2 – 2 的面积为 A_2。流段 1 – 1 至 2 – 2 内的总流,可视为无数元流的集合,我们先分析其中任一元流:设元流进、出口断面的面积、流速及流体密度分别为 $\mathrm{d}A_1$、u_1、ρ_1 及 $\mathrm{d}A_2$、u_2、ρ_2。

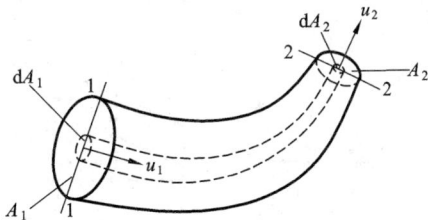

图 3.3.2 连续性方程

恒定流时,元流的形状、位置不随时间而改变,且没有流体穿过流管侧壁流入或流出,根据质量守恒定律可知:在 $\mathrm{d}t$ 时段内从断面 1 – 1 流入的流体质量与从断面 2 – 2 流出的流体质量应相等

$$u_1 \mathrm{d}A_1 \mathrm{d}t \rho_1 - u_2 \mathrm{d}A_2 \mathrm{d}t \rho_2$$

由于我们所研究的是不可压缩的连续介质,$\rho_1 = \rho_2$,则

即
$$\left. \begin{array}{l} u_1 \mathrm{d}A_1 = u_2 \mathrm{d}A_2 \\ \mathrm{d}Q_1 = \mathrm{d}Q_2 \end{array} \right\} \tag{3.3.2}$$

这就是恒定流条件下不可压缩元流的连续性方程。将上式对总流过流断面积分

$$\int_{A_1} \mathrm{d}Q_1 = \int_{A_2} \mathrm{d}Q_2$$

即
$$\int_{A_1} u_1 \mathrm{d}A_1 = \int_{A_2} u_2 \mathrm{d}A_2$$

代入 §3.2.4 中介绍的断面平均流速的概念, 得

$$\left.\begin{array}{r} A_1 v_1 = A_2 v_2 \\ Q_1 = Q_2 = Q \end{array}\right\} \tag{3.3.3}$$

式中 v_1、v_2 分别表示总流断面 $1-1$ 与 $2-2$ 上的平均流速。上式表明在不可压缩流体恒定总流中, 各断面所通过的流量相等, 这就是不可压缩流体恒定总流的连续性方程。式(3.3.3)也可写为

$$\frac{v_1}{v_2} = \frac{A_2}{A_1} \tag{3.3.4}$$

即在不可压缩流体恒定总流中, 任意两个过流断面, 其平均流速 v 与断面面积 A 成反比, 断面大的地方流速小, 断面小的地方流速大。也就是说流线密集的地方流速大、流线稀疏的地方流速小, 如图 3.3.3 所示。

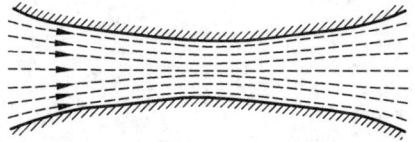

图 3.3.3 流线的特性

连续性方程的实质是质量守恒, 只有流量沿程不变, 才能满足质量守恒原则。当上游断面与下游断面之间有流量汇入或分出时(如图 3.3.4), 应当对总流连续性方程进行修正

$$\left.\begin{array}{l} 分流: Q_1 = Q_2 + Q_3 \\ 汇流: Q_1 + Q_2 = Q_3 \end{array}\right\} \tag{3.3.5}$$

对于可压缩流体, 其质量流量 $Q_m = \rho Q$ 沿程不变, 但因流体密度 ρ 一般沿流线方向随压强或温度而变, 所以, 可压缩流体的体积流量 Q 是沿程变化的。

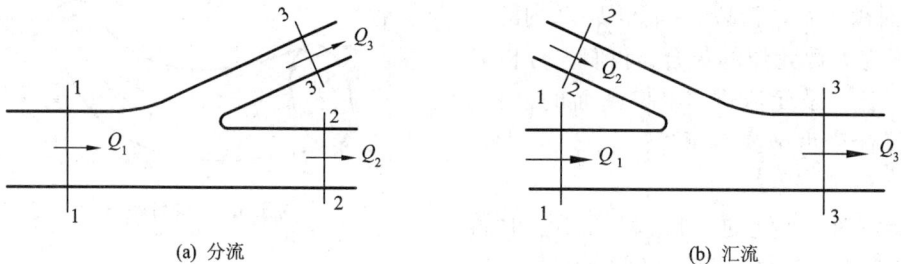

(a) 分流　　　　　　　　　　　(b) 汇流

图 3.3.4 有分(汇)流情况

【例 3.3.2】 如图 3.3.4(b)所示汇流叉管, 已知流量 $Q_1 = 1.8 \text{ m}^3/\text{s}$, $Q_3 = 3.5 \text{ m}^3/\text{s}$, 过流断面 $2-2$ 的面积 $A_2 = 0.2 \text{ m}^2$, 求断面 $2-2$ 的平均流速。

【解】 根据分叉管道流动的连续性方程:

$$Q_1 + Q_2 = Q_3$$

$$Q_2 = Q_3 - Q_1 = 1.7 \ m^3/s$$

$$Q_2 = v_2 A_2$$

$$v_2 = \frac{Q_2}{A_2} = \frac{1.7}{0.2} \text{ m/s} = 8.5 \text{ m/s}$$

3.4　流体运动微分方程

连续性方程是控制流体运动的运动学方程，还需建立控制流体运动的动力学方程。

3.4.1　理想流体运动微分方程

1. 理想流体的动压强

在推导理想流体运动微分方程之前，先对理想流体运动时的应力状态加以讨论。因为流体无粘性，运动时内部流层间不出现切应力，只有压应力，即动压强。动压强的大小与作用面的方位无关，是空间坐标和时间变量的函数，即 $p = p(x, y, z, t)$。

2. 理想流体运动微分方程

在运动的理想流体中，取微小的平行六面体，正交的三个边长为 dx, dy, dz，分别平行于 Ox, Oy, Oz 坐标轴，如图 3.4.1 所示。这里所取的微小平行六面体是流体微元(即质点)，不同于上一节为推导连续性微分方程，在流场中划定的微小六面体空间。设六面体的中心为 $C(x, y, z)$，速度为 $u(u_x, u_y, u_z)$，压强为 $p(x, y, z)$，先分析微小六面体 Ox 方向的受力和运动情况。

表面力：理想流体不存在切应力，只有压强，在 Ox 方向上，只有前、后两个面上有正压力。$abcd$ 受压面中心点的压强 $p_A = p + \dfrac{\partial p}{\partial x}\dfrac{dx}{2}$，$a'b'c'd'$ 受压面中心点的压强 $p_B = p - \dfrac{\partial p}{\partial x}\dfrac{dx}{2}$，则两受压面上的压力 $P_A = p_A dy dz$，$P_B = p_B dy dz$。

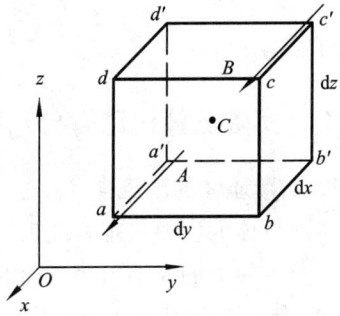

图 3.4.1　理想流体微元

质量力：设作用在微小六面体上 Ox 方向的单位质量力为 f_x，流体密度为 ρ，则沿 x 方向的质量力为 $F_x = f_x \rho dx dy dz$。

根据牛顿第二定律，作用于物体的力等于物体的质量与加速度的乘积。则

$$P_B - P_A + F_x = m \frac{du_x}{dt}$$

即

$$\left[\left(p - \frac{\partial p}{\partial x}\frac{dx}{2} \right) - \left(p + \frac{\partial p}{\partial x}\frac{dx}{2} \right) \right] dy dz + f_x \rho dx dy dz = \rho dx dy dz \frac{du_x}{dt}$$

化简，得

同理

$$\left. \begin{aligned} f_x - \frac{1}{\rho}\frac{\partial p}{\partial x} &= \frac{du_x}{dt} \\ f_y - \frac{1}{\rho}\frac{\partial p}{\partial y} &= \frac{du_y}{dt} \\ f_z - \frac{1}{\rho}\frac{\partial p}{\partial z} &= \frac{du_z}{dt} \end{aligned} \right\} \tag{3.4.1}$$

将右边的加速度项表示为欧拉法表达式

$$\begin{cases} f_x - \dfrac{1}{\rho}\dfrac{\partial p}{\partial x} = \dfrac{\partial u_x}{\partial t} + u_x\dfrac{\partial u_x}{\partial x} + u_y\dfrac{\partial u_x}{\partial y} + u_z\dfrac{\partial u_x}{\partial z} \\[2mm] f_y - \dfrac{1}{\rho}\dfrac{\partial p}{\partial y} = \dfrac{\partial u_y}{\partial t} + u_x\dfrac{\partial u_y}{\partial x} + u_y\dfrac{\partial u_y}{\partial y} + u_z\dfrac{\partial u_y}{\partial z} \\[2mm] f_z - \dfrac{1}{\rho}\dfrac{\partial p}{\partial z} = \dfrac{\partial u_z}{\partial t} + u_x\dfrac{\partial u_z}{\partial x} + u_y\dfrac{\partial u_z}{\partial y} + u_z\dfrac{\partial u_z}{\partial z} \end{cases} \tag{3.4.2}$$

式(3.4.1)和(3.4.2)即为理想流体运动微分方程，又称欧拉运动微分方程。是牛顿第二定律的流体力学表达式，因此是控制理想流体运动的基本方程。

1755 年欧拉在所著的《流体运动的基本原理》一书中建立了理想流体运动微分方程式(3.4.2)及连续性微分方程(3.3.1)。理想不可压缩流体运动通常含有速度 u_x、u_y、u_z 和压强 p 四个未知量，由式(3.3.1)及式(3.4.2)组成的基本方程组，满足未知量和方程式数目一致，运动方程可以求解。因此可以说，欧拉运动微分方程和连续性微分方程奠定了理想流体动力学的理论基础。

3.4.2 实际流体运动微分方程

1. 实际流体的动压强

实际流体的应力状态和理想流体不同，由于粘性作用，运动时流体内部存在切应力，同时任一点压应力的大小与作用面的方位有关，如以应力符号的第一个下角标表示作用面的法线方向，第二个下角标表示应力的作用方向，一般情况下，压应力 $p_{xx} \neq p_{yy} \neq p_{zz}$。进一步的研究表明，同一点任意三个正交面上的压应力之和不变，即

$$p_{xx} + p_{yy} + p_{zz} = p_{\varepsilon\varepsilon} + p_{\eta\eta} + p_{\zeta\zeta}$$

据此，在实际流体中，把某点三个正交面上的压应力的平均值定义为该点的动压强，仍以符号 p 表示，这样一来，实际流体的动压强也是空间坐标和时间变量的函数

$$p = \frac{1}{3}(p_{xx} + p_{yy} + p_{zz}) \tag{3.4.3}$$

$$p = p(x, y, z, t)$$

2. 实际流体的运动微分方程

采用类似推导理想流体运动微分方程的方法，考虑切应力的作用，根据牛顿第二定律，可以导出实际流体运动微分方程(推导过程从略)

$$\begin{cases} f_x - \dfrac{1}{\rho}\dfrac{\partial p}{\partial x} + \nu\nabla^2 u_x = \dfrac{\partial u_x}{\partial t} + u_x\dfrac{\partial u_x}{\partial x} + u_y\dfrac{\partial u_x}{\partial y} + u_z\dfrac{\partial u_x}{\partial z} \\[2mm] f_y - \dfrac{1}{\rho}\dfrac{\partial p}{\partial y} + \nu\nabla^2 u_y = \dfrac{\partial u_y}{\partial t} + u_x\dfrac{\partial u_y}{\partial x} + u_y\dfrac{\partial u_y}{\partial y} + u_z\dfrac{\partial u_y}{\partial z} \\[2mm] f_z - \dfrac{1}{\rho}\dfrac{\partial p}{\partial z} + \nu\nabla^2 u_z = \dfrac{\partial u_z}{\partial t} + u_x\dfrac{\partial u_z}{\partial x} + u_y\dfrac{\partial u_z}{\partial y} + u_z\dfrac{\partial u_z}{\partial z} \end{cases} \tag{3.4.4}$$

式中：ν 为流体的运动粘度，∇^2 为拉普拉斯(Laplace)算子符号

$$\nabla^2 = \frac{\partial^2}{\partial x^2} + \frac{\partial^2}{\partial y^2} + \frac{\partial^2}{\partial z^2}$$

例如：

$$\nabla^2 u_x = \frac{\partial^2 u_x}{\partial x^2} + \frac{\partial^2 u_x}{\partial y^2} + \frac{\partial^2 u_x}{\partial z^2}$$

自 1755 年欧拉提出理想流体运动微分方程以后,经过法国工程师纳维(Navier 1827)、英国数学家斯托克斯(Stokes 1845)等人近百年的研究,最终完成现在形式的实际流体运动微分方程式(3.4.4),又称纳维－斯托克斯方程,简写为 N－S 方程。

N－S 方程表示作用在单位质量流体上的质量力、表面力(压力和粘性力)和惯性力相平衡。由 N－S 方程(3.4.4)和连续性微分方程(3.3.1)组成的基本方程组,原则上可以求解速度场 u_x、u_y、u_z 和压强场 p。可以说实际流体的运动问题,都归结为对 N－S 方程研究和求解。

【例 3.4.1】　理想流体速度场 $u_x = ay$,$u_y = bx$,$u_z = 0$,a,b 为常数,质量力忽略不计,试求等压面方程。

【解】　本题为理想流体平面运动,由理想流体运动微分方程式(3.4.1),忽略质量力,有

$$-\frac{1}{\rho} \frac{\partial p}{\partial x} = u_y \frac{\partial u_x}{\partial y} = abx$$

$$-\frac{1}{\rho} \frac{\partial p}{\partial y} = u_x \frac{\partial u_y}{\partial x} = aby$$

将各式分别乘以 $\mathrm{d}x$,$\mathrm{d}y$,然后相加,得

$$-\frac{1}{\rho}\left(\frac{\partial p}{\partial x}\mathrm{d}x + \frac{\partial p}{\partial y}\mathrm{d}y\right) = ab(x\mathrm{d}x + y\mathrm{d}y)$$

以全微分 $\mathrm{d}p = \frac{\partial p}{\partial x}\mathrm{d}x + \frac{\partial p}{\partial y}\mathrm{d}y$ 代入上式,得

$$-\frac{1}{\rho}\mathrm{d}p = ab(x\mathrm{d}x + y\mathrm{d}y)$$

积分,得

$$p = -\rho ab \frac{x^2 + y^2}{2} + C'$$

令 $p =$ 常数,即得到等压面方程

$$x^2 + y^2 = C$$

可见:等压面是以坐标原点为中心的圆。

3.5　元流的伯努利方程

理想流体运动微分方程(3.4.1)只有特定条件下的积分,其中最著名的是伯努利(Bernoulli)积分。

3.5.1　理想流体运动微分方程的伯努利积分

将理想流体运动微分方程(3.4.1)各式分别乘以流线上微元线段的投影 $\mathrm{d}x$,$\mathrm{d}y$,$\mathrm{d}z$,然后相加,得

$$f_x\mathrm{d}x + f_y\mathrm{d}y + f_z\mathrm{d}z - \frac{1}{\rho}\left(\frac{\partial p}{\partial x}\mathrm{d}x + \frac{\partial p}{\partial y}\mathrm{d}y + \frac{\partial p}{\partial z}\mathrm{d}z\right) = \frac{\mathrm{d}u_x}{\mathrm{d}t}\mathrm{d}x + \frac{\mathrm{d}u_y}{\mathrm{d}t}\mathrm{d}y + \frac{\mathrm{d}u_z}{\mathrm{d}t}\mathrm{d}z \tag{a}$$

引入限定条件：

(1)作用在流体上的质量力只有重力，即

$$f_x = f_y = 0, f_z = -g$$

则
$$f_x \mathrm{d}x + f_y \mathrm{d}y + f_z \mathrm{d}z = -g\mathrm{d}z \tag{b}$$

(2)不可压缩流体，恒定流，即

$$\rho = 常数, p = p(x, y, z)$$

则
$$\frac{1}{\rho}\left(\frac{\partial p}{\partial x}\mathrm{d}x + \frac{\partial p}{\partial y}\mathrm{d}y + \frac{\partial p}{\partial z}\mathrm{d}z\right) = \frac{1}{\rho}\mathrm{d}p = \mathrm{d}\left(\frac{p}{\rho}\right) \tag{c}$$

(3)恒定流动，流线与迹线重合，故有

$$\mathrm{d}x = u_x \mathrm{d}t, \ \mathrm{d}y = u_y \mathrm{d}t, \ \mathrm{d}z = u_z \mathrm{d}t$$

则
$$\frac{\mathrm{d}u_x}{\mathrm{d}t}\mathrm{d}x + \frac{\mathrm{d}u_y}{\mathrm{d}t}\mathrm{d}y + \frac{\mathrm{d}u_z}{\mathrm{d}t}\mathrm{d}z = u_x \mathrm{d}u_x + u_y \mathrm{d}u_y + u_z \mathrm{d}u_z = \mathrm{d}\left(\frac{u_x{}^2 + u_y{}^2 + u_z{}^2}{2}\right) = \mathrm{d}\left(\frac{u^2}{2}\right) \tag{d}$$

将式(b)、(c)、(d)代入式(a)，得

$$-g\mathrm{d}z - \mathrm{d}\left(\frac{p}{\rho}\right) = \mathrm{d}\left(\frac{u^2}{2}\right)$$

积分，得

$$-gz - \frac{p}{\rho} - \frac{u^2}{2} = C'$$

$$z + \frac{p}{\rho g} + \frac{u^2}{2g} = C \tag{3.5.1}$$

或写成

$$z_1 + \frac{p_1}{\rho g} + \frac{u_1{}^2}{2g} = z_2 + \frac{p_2}{\rho g} + \frac{u_2{}^2}{2g} \tag{3.5.2}$$

上述理想流体运动微分方程沿流线的积分称为伯努利积分。所得公式(3.5.1)或(3.5.2)称为伯努利方程，是1738年由瑞士物理学家、数学家伯努利应用能量原理得出的，又称为能量方程。

由于元流的过流断面面积无限小，所以沿流线的伯努利方程就是元流的伯努利方程。推导方程所引入的限定条件，就是理想流体元流伯努利方程的应用条件，归纳起来有：理想流体、恒定流动、质量力只有重力、沿元流(流线)、不可压缩流体等。

3.5.2 伯努利方程的物理意义与几何意义

(1)物理意义(又称能量意义)

在§2.3中我们已了解了式(3.5.1)前两项的物理意义：流体中某一点所处的几何高度 z 代表单位重量流体相对于某基准面所具有的位能(重力势能)；$\frac{p}{\rho g}$ 代表单位重量流体所具有的压能(压强势能)；两者之和 $\left(z + \frac{p}{\rho g}\right)$ 代表单位重量流体所具有的总势能(位能+压能)。在运动的流体中，流体除具有势能之外，还有动能。若有某一质量为 m 的流体质点，其流速为 u，该质点所具有的动能为 $\frac{1}{2}mu^2$，该质点内单位重量流体所具有的动能为 $\frac{\frac{1}{2}mu^2}{mg} = \frac{u^2}{2g}$；可见 $\bigg(z +$

$\dfrac{p}{\rho g}+\dfrac{u^2}{2g}$)代表单位重量流体所具有的全部机械能,包括动能、压能与位能。公式(3.5.1)表明:理想流体恒定流情况下,沿元流(或流线)单位重量流体的机械能守恒。

(2)几何意义

同样,在§2.3中我们已经知道 z 是相对于某基准面的位置高度,称为位置水头;$\dfrac{p}{\rho g}$ 是压强水头;($z+\dfrac{p}{\rho g}$)称为测压管水头,以 H_p 表示。$\dfrac{u^2}{2g}$ 也具有长度的量纲,也可直观地用一段几何长度来表示,称为流速水头,亦即在不计射流自重和空气阻力情况下,流体以速度 u 垂直向上喷射到空气中时所能达到的高度。在流体力学中,习惯把($z+\dfrac{p}{\rho g}+\dfrac{u^2}{2g}$)称为总水头,以 H 表示。式(3.5.1)表明:理想流体恒定流情况下,沿元流各断面(或流线各点)总水头相等。

3.5.3 实际流体恒定元流的伯努利方程

由于实际流体均具有粘性,在流动过程中流体质点之间以及流体与边界之间将产生粘滞内摩擦力,克服摩擦力作功要消耗能量,流体的部分机械能将转换为热能而散失,因此,总机械能将沿程减少。对实际流体而言,恒定元流的能量方程应写为

$$z_1+\dfrac{p_1}{\rho g}+\dfrac{u_1^2}{2g}=z_2+\dfrac{p_2}{\rho g}+\dfrac{u_2^2}{2g}+h_w' \tag{3.5.3}$$

式中 h_w' 是元流单位重量流体从过流断面 1 – 1 流至断面 2 – 2 所损失的机械能,又称为元流的水头损失。

3.5.4 伯努利方程的图示

为了形象地反映流动中各种能量(水头)的变化规律,可以将伯努利方程用图形描绘出来。因为单位重量流体所具有的各种机械能都具有长度的量纲,于是可用水头为纵坐标,按一定的比例尺沿流程把过流断面的位置水头 z,压强水头 $\dfrac{p}{\rho g}$ 及流速水头 $\dfrac{u^2}{2g}$ 分别绘于图上(如图3.5.1所示),称为水头线图。若为总流,z、$\dfrac{p}{\rho g}$ 值一般选取过流断面形心点的大小来标绘。把各断面的测压管水头值($H_p=z+\dfrac{p}{\rho g}$)描出的点连接起来就可以得到一条测压管水头线(H_p 线,又称测管水头线);把各断面总水头值 $H=z+\dfrac{p}{\rho g}+\dfrac{u^2}{2g}$ 描出的点连接起来可以得到一条总水头线(H 线,又称能线)。任意两断面之间的总水头线的降低值,即为该两断面间水头损失 h_w。

由伯努利方程的物理意义不难得出,实际流体的总水头线必定是一条沿流程下降的线,因为总水头总是沿流程减小的,如图3.5.1(b);理想流体沿流程没有水头损失,总水头线为一水平线,如图3.5.1(a)。

无论理想流体还是实际流体,测压管水头线与总水头线之间总是相差一个流速水头值 $\dfrac{u^2}{2g}$,测压管水头线沿流程的变化取决于过流断面的流速,既可以沿流程上升又可以沿流程下降,甚至可能是一条水平线,如图3.5.1(a)、(b)。

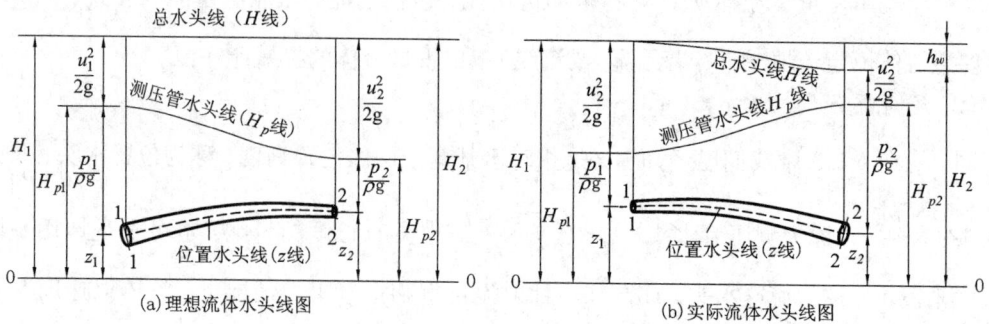

图 3.5.1　水头线图

水头线图形象、全面地描绘了三种能量(水头)沿流程的相互消长情况,是沿流程能量(水头)变化的几何图示,很有实用价值。

为了反映总水头线沿流程下降的快慢程度,引入水力坡度的概念:单位流程长度内的水头损失称为水力坡度,也称为总水头线坡度,以 J 表示。

$$J = \frac{\mathrm{d}h_w'}{\mathrm{d}l} = -\frac{\mathrm{d}H}{\mathrm{d}l} = -\frac{\mathrm{d}(z + \dfrac{p}{\rho g} + \dfrac{u^2}{2g})}{\mathrm{d}l} \tag{3.5.4}$$

取负号的目的是让总水头 H 沿流程降低时水力坡度 J 为正值。

对于理想流体,总机械能保持不变,总水头沿流线为一常数,所以 $J=0$;而对于实际流体,总机械能沿流程减小,总水头沿流线降低,所以 $J>0$。

同样的,单位流程长度内测压管水头 H_p 的减小量称为测压管坡度,以 J_p 表示。

$$J_p = -\frac{\mathrm{d}H_p}{\mathrm{d}l} = -\frac{\mathrm{d}(z + \dfrac{p}{\rho g})}{\mathrm{d}l} \tag{3.5.5}$$

仍然以测压管水头 H_p 沿流程降低时 J_p 值为正。

测压管水头线可能沿流程上升、下降或水平,所以 J_p 可以小于零、大于零,还可以等于零。

若为均匀流,沿流程流速不变,则总水头线与测压管水头线平行(H 线∥ H_p 线), $J_p = J$。

3.5.4　恒定元流伯努利方程的应用

在科学实验中,广泛采用一种根据元流能量方程设计的测量流体点流速的仪器,叫做毕托(Pitot,H,法国)管。

毕托管是一根很细的弯管,如图 3.5.2 所示,其迎流端开一小孔与一测压管相连,称为测速管;顺流侧面开一组小孔(或环形窄缝)与另一测压管相连,称为测压管,测压管与测速管组合在一起。当需要测量流体中某点流速时,将弯管前端置于该点并正对流动方向,读出这两根测压管的液面差,即可求得所测之点的流速。

现根据元流的能量方程,分析其原理如下。

如图 3.5.3,欲测量 A 点流速,先在该点放置一根两端开口,前端弯转 $90°$ 的细管,使前端管口正对流动方向,另一端垂直向上,此管对应毕托管中测速管。管中液柱受液流的顶冲，液面将上升到 h_1 高度，A 点液流受到弯管的阻挡，流速变为零(称为驻点或滞止点)，动能全部转换为压能；另在 A 点上游同一水平流线上取相距很近的 B 点，在 B 点所在的过流断面边壁上安放一根测压管(对应毕托管中测速管)，此管的液面将上升至 h_2 高度，根据均匀流(或渐变流)过流断面上动压强分布规律与静压强相同可知，B 点的测压管水头值为 h_2(以过 AB 的水平面为基准面)。因为 A 点与 B 点相距很近，B 点的压强、流速实际上等于 A 点在放置测速管以前的压强与流速。

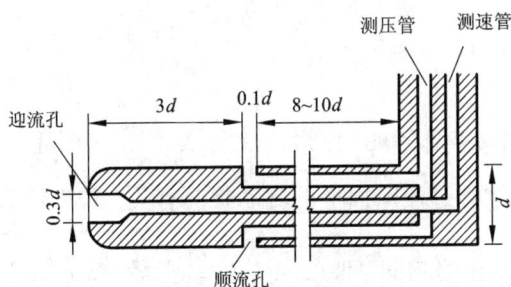

图 3.5.2　毕托管构造

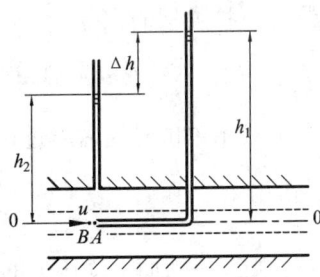

图 3.5.3　毕托管原理

应用理想流体元流的能量方程

$$z_B + \frac{p_B}{\rho g} + \frac{u_B^2}{2g} = z_A + \frac{p_A}{\rho g} + \frac{u_A^2}{2g}$$

即

$$h_2 + \frac{u^2}{2g} = h_1$$

$$u = \sqrt{2g(h_1 - h_2)} = \sqrt{2g\Delta h} \tag{3.5.6}$$

式中 Δh 为两根测压管的液面高差。由上式可见只要测出两测压管的液面高差，即可计算任意点流速 u。

考虑到毕托管装置中，实际流体从迎流孔流至顺流孔存在能量损失，同时毕托管放入液流中，多少会有对液流的扰动，需要对(3.5.6)式进行修正。

$$u = \mu \sqrt{2g\Delta h} \tag{3.5.7}$$

μ 称为毕托管的校正系数，一般 $\mu = 0.98 \sim 1.0$。从工厂买来的毕托管，说明书上就有 μ 值。若毕托管使用时间过长，μ 值需重新率定。

3.6　恒定总流的伯努利方程

3.6.1　实际流体恒定总流的伯努利方程

前一节推导了实际流体恒定元流的伯努利方程(3.5.3)，但在运用伯努利方程解决工程实际问题时，遇到的往往都是总流，如流体在管道、明渠中的流动。因此必须把元流的伯努利方程对总流过流断面积分，才能推广为总流的伯努利方程式。

1. 方程的推导

设元流的流量为 $\mathrm{d}Q$，单位时间内通过元流任一过流断面的流体重量为 $\rho g \mathrm{d}Q$，将式(3.5.

3)中各项均乘以$\rho g \mathrm{d}Q$，则单位时间内通过元流两过流断面间流体的能量关系是

$$(z_1 + \frac{p_1}{\rho g} + \frac{u_1^2}{2g})\rho g \mathrm{d}Q = (z_2 + \frac{p_2}{\rho g} + \frac{u_2^2}{2g})\rho g \mathrm{d}Q + h'_w \rho g \mathrm{d}Q$$

将连续性方程$\mathrm{d}Q = u_1 \mathrm{d}A_1 = u_2 \mathrm{d}A_2$代入上式，并对总流过流断面积分，得

$$\int_{A_1}(z_1 + \frac{p_1}{\rho g})\rho g u_1 \mathrm{d}A_1 + \int_{A_1}\frac{u_1^3}{2g}\rho g \mathrm{d}A_1 = \int_{A_2}(z_2 + \frac{p_2}{\rho g})\rho g u_2 \mathrm{d}A_2 + \int_{A_2}\frac{u_2^3}{2g}\rho g \mathrm{d}A_2 + \int_Q h'_w \rho g \mathrm{d}Q$$

$$(3.6.1)$$

上式含有三种类型的积分：

（1）关于$\int_A (z + \frac{p}{\rho g})\rho g u \mathrm{d}A$的积分

这类积分表示单位时间内通过过流断面A的流体总势能（包括位能与压能）。一般而言，总流过流断面上的测压管水头$(z + \frac{p}{\rho g})$的分布规律与过流断面上的流动状况有关，若为均匀流或渐变流，则同一断面上动压强的分布规律与静压强相同，即$(z + \frac{p}{\rho g})$ = 常数，因而积分是可能的。

$$\int_A (z + \frac{p}{\rho g})\rho g u \mathrm{d}A = (z + \frac{p}{\rho g})\rho g \int_A u \mathrm{d}A = (z + \frac{p}{\rho g})\rho g Q$$

（2）关于$\int_A \frac{u^3}{2g}\rho g \mathrm{d}A$的积分

这类积分表示单位时间内通过过流断面A的流体总动能。由于过流断面上的流速分布与流动内部结构和边界条件有关，一般难以确定。工程实际中为了计算方便，常用断面平均流速v来表示实际动能。设总流过流断面上各点的实际流速为u，断面平均流速为v，两者的差值为Δu（有正有负），如图3.6.1，$u = v + \Delta u$，则

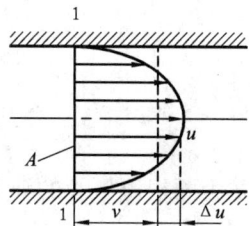

图 3.6.1

$$\int_A \frac{u^3}{2g}\rho g \mathrm{d}A = \frac{\rho g}{2g}\int_A (v + \Delta u)^3 \mathrm{d}A$$

$$= \frac{\rho g}{2g}\int_A (v^3 + 3v^2 \Delta u + 3v \Delta u^2 + \Delta u^3) \mathrm{d}A$$

$$= \frac{\rho g}{2g}(v^3 A + 3v^2 \int_A \Delta u \mathrm{d}A + 3v \int_A \Delta u^2 \mathrm{d}A + \int_A \Delta u^3 \mathrm{d}A)$$

根据平均值的数学性质：①$\int_A \Delta u \mathrm{d}A = 0$，$\int_A \Delta u^3 \mathrm{d}A = 0$；②$\Delta u^2$恒大于零。则上式可写为

$$\int_A \frac{u^3}{2g}\rho g \mathrm{d}A = \frac{\rho g}{2g}(v^3 A + 3v \int_A \Delta u^2 \mathrm{d}A) = \frac{\rho g}{2g}\alpha v^3 A = \frac{\alpha v^2}{2g}\rho g Q$$

式中α是用断面平均流速v代替实际点流速u而引入的动能修正系数，由上式得

$$\alpha = \frac{\int_A u^3 \mathrm{d}A}{v^3 A} = \frac{1}{A}\int_A (\frac{u}{v})^3 \mathrm{d}A$$

$$(3.6.2)$$

可见α值取决于总流过流断面上的流速分布，由以上分析可知，α恒大于或等于1。若过

流断面上实际流速为均匀分布，$u = v$，$\Delta u = 0$，$\alpha = 1$；若实际流速 u 分布愈不均匀，则 $\int_A \Delta u^2 dA$ 项愈大，α 愈大于 1。一般的管流或明渠流中，$\alpha = 1.05 \sim 1.10$，但有时可达到 2.0 或更大（详见 §4.4.3），工程计算中常见的流动通常近似取 $\alpha = 1$。

(3) 关于 $\int_Q h'_w \rho g dQ$ 的积分

这类积分表示单位时间内总流从过流断面 1 – 1 流至 2 – 2 的机械能损失。根据积分中值定理，可得

$$\int_Q h'_w \rho g dQ = h_w \rho g Q$$

式中：h_w 是过流断面上各微元单位重量流体所损失的能量 h'_w 的平均值。即单位重量流体在两过流断面间的平均机械能损失，也称为总流的水头损失。

将三种类型的积分结果代入式 (3.6.1)，各项同除以 $\rho g Q$ 后汇总得

$$z_1 + \frac{p_1}{\rho g} + \frac{\alpha_1 v_1^2}{2g} = z_2 + \frac{p_2}{\rho g} + \frac{\alpha_2 v_2^2}{2g} + h_w \qquad (3.6.3)$$

上式即为不可压缩实际流体恒定总流的伯努利方程，是能量守恒原理的总流表达式，又称为能量方程。它反映了总流中不同过流断面上的总水头、测压管水头和断面平均流速的变化规律及其相互关系，是流体动力学的核心方程，它与连续性方程一起联合运用，可以解决许多流体力学问题。

恒定总流的伯努利方程与恒定元流的伯努利方程相比，不同之处有二：一是以总流断面的平均流速 v 代替实际点流速 u（考虑动能修正系数 α），即用总流断面单位重量流体所具有的平均动能来表示动能项；二是用总流单位重量流体的平均能量损失 h_w 表示水头损失。

总流伯努利方程中各项以及方程的能量意义、几何意义与元流的伯努利方程相类似，需注意的是总流方程的"平均"意义。

2. 方程的应用条件

在将元流的伯努利方程推导为总流的伯努利方程时，积分中加入了一些限制条件，这些条件也成为总流伯努利方程的应用条件。

(1) 恒定流动；
(2) 流体不可压缩；
(3) 作用于流体上的质量力只有重力；
(4) 所选取的两个计算过流断面应符合渐变流或均匀流条件，但两计算断面之间允许存在急变流。如图 3.6.2 所示管嘴出流，只要把过流断面选在管嘴进口之前符合渐变流条件的断面 1 – 1 及进口之后流线基本平行的收缩断面 2 – 2，虽然在由水箱进入管嘴时发生明显的急变流，但对过流断面 1 – 1 及 2 – 2，仍然可以应用伯努利方程。

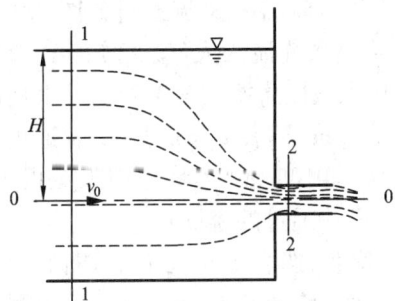

图 3.6.2　管嘴出流

下面举例说明恒定总流伯努利方程的应用。

【例 3.6.1】　如图 3.6.3 所示，用一根直径 $d = 150$ mm 的管道从水箱中引水。若水箱中水位保持恒定，从水箱液面至管道出口断面中心的高差 $H = 6$ m，总水头损失 $h_w = 3.5$ m 水

柱。试求管道的流量 Q。

【解】 这是一道运用恒定总流伯努利方程求解的例题。

$$z_1 + \frac{p_1}{\rho g} + \frac{\alpha_1 v_1^2}{2g} = z_2 + \frac{p_2}{\rho g} + \frac{\alpha_2 v_2^2}{2g} + h_w$$

应用总流伯努利方程首先应进行"三选"：选基准面、过流断面和计算点。可以任选一个水平面作为基准面，为便于计算，最好能使伯努利方程中某个断面的位置高度是零；过流断面必须满足均匀流（或渐变流）条件；计算点可选取过流断面上的任意点，因为均匀流同一过流断面上的任何点

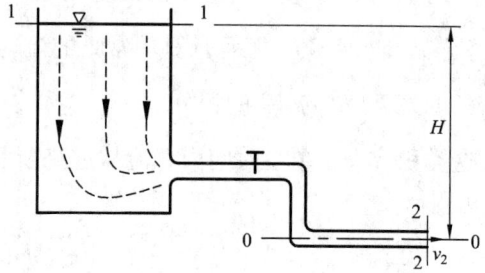

图 3.6.3 例 3.6.1 题图

$z + \dfrac{p}{\rho g} = C$,断面平均流速 v 处处相等。具体选择哪一点，以计算方便、未知量少为标准。

根据以上原则，本题选取过管道出口断面中心的水平面为基准面 $0-0$；水箱液面为 $1-1$ 过流断面，管道出口为 $2-2$ 过流断面；$1-1$ 断面的计算点取在水面上，$2-2$ 断面的计算点取在管轴线上。此时，p_1、p_2 均等于当地大气压，相对压强为零。

一般水箱过流断面 A_1 远远大于管道过流断面 A_2，由总流连续性方程可知：v_1 相对于 v_2 很小，可以忽略不计。对过流断面 $1-1$、$2-2$ 列写伯努利方程

$$H + 0 + 0 = 0 + 0 \frac{\alpha_2 v_2^2}{2g} + h_w$$

取 $\alpha_2 = 1.0$，则管道出口断面平均流速

$$v_2 = \sqrt{2g(H - h_w)} = \sqrt{2 \times 9.8 \times (6 - 3.5)} \, \text{m/s} = 7 \, \text{m/s}$$

管道内通过的流量

$$Q = v_2 A_2 = 7 \times \frac{\pi}{4} \times 0.15^2 \, \text{m}^3/\text{s} = 0.1237 \, \text{m}^3/\text{s} = 123.7 \, \text{L/s}$$

【例 3.6.2】 水流通过如图 3.6.4 所示管路系统流入大气，已知：U 形测压管中水银柱高差 $h_p = 0.25$ m，水柱高 $h_1 = 0.92$ m，管径 $d_1 = 0.1$ m，管道出口直径 $d_2 = 0.05$ m，不计管中水头损失。试求：管中通过的流量 Q。

【解】 选取通过管道出口断面形心的水平面为基准面 $0-0$；安装 U 形测压管的管道断面为 $1-1$，管道出口为 $2-2$ 过流断面（与基准面 $0-0$ 重合）；两断面的计算点均取在管轴线上。

首先计算过流断面 $1-1$ 中心点的

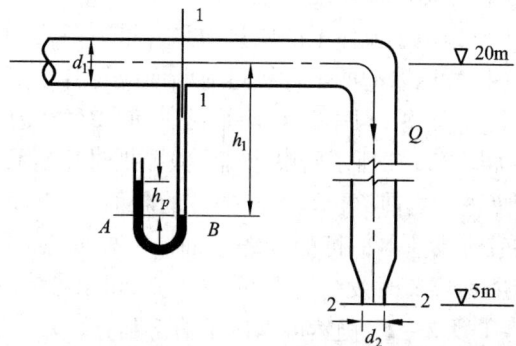

图 3.6.4 例 3.6.2 题图

压强。在 U 形测压管中，因为 $A-B$ 为等压面，所以

$$\frac{p_A}{\rho g} = \frac{p_B}{\rho g} = 0.25 \text{ m 水银柱}$$

$$= 0.25 \times 13.6 \text{ m 水柱}$$

$$= 3.4 \text{ m 水柱}$$

根据均匀流过流断面上动压强与静压强分布规律相同，采用流体静力学基本方程计算

$$\frac{p_1}{\rho g} = \frac{p_B}{\rho g} - h_1 = (3.4 - 0.92) \text{ m 水柱} = 2.48 \text{ m 水柱}$$

由连续性方程

$$v_1 \frac{\pi}{4} d_1^2 = v_2 \frac{\pi}{4} d_2^2$$

$$v_2 = \left(\frac{d_1}{d_2}\right)^2 v_1 = \left(\frac{0.1}{0.05}\right)^2 v_1 = 4v_1$$

设动能修正系数 $\alpha_1 = \alpha_2 = 1.0$，列写 $1-1$ 和 $2-2$ 过流断面的伯努利方程

$$(20-5) + 2.48 + \frac{v_1^2}{2g} = 0 + 0 + \frac{(4v_1)^2}{2g} + 0$$

解得

$$v_1 = 4.78 \text{ m/s}$$

$$Q = \frac{\pi}{4} \times 0.1^2 \times 4.78 \text{ m}^3/\text{s} = 0.0375 \text{ m}^3/\text{s} = 37.5 \text{ L/s}$$

3. 方程的应用——文丘里流量计

文丘里(Venturi，意大利)流量计是最常用的测量有压管道流量的仪器，它由渐缩段、喉管和渐扩段组成，如图 3.6.5 所示。欲测量某管段的流量，将文丘里流量计连接在该管段中，因喉管断面缩小，流速增大，动能增加，势能减小，安装在该断面的测压管液面就会低于安装在渐缩段进口断面前的测压管液面。实测两测压管液面高差，便可根据恒定总流的伯努利方程计算得到管道的流量。

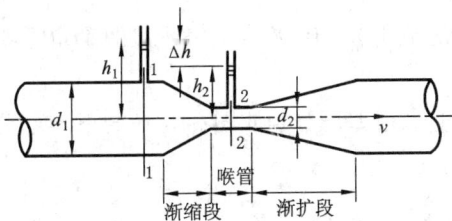

图 3.6.5 文丘里流量计

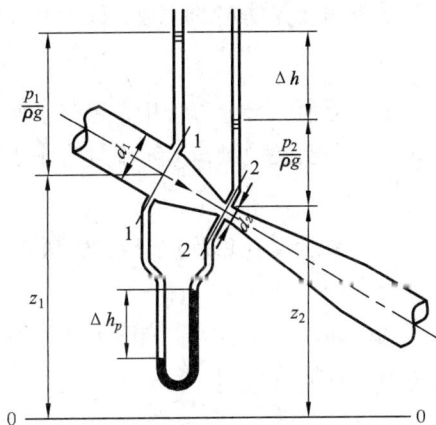

图 3.6.6 例 3.6.3 题图

【例 3.6.3】 如图 3.6.6，已知某倾斜管路直径为 d_1，喉管直径 d_2，实测两根测压管水头差 Δh(或水银差压计的水银面高差 Δh_p)，反映实际流量与不计能量损失的理论流量之比

的流量系数 μ，试求管道的实际流量 Q。

【解】 选取安装了测压管的 $1-1$ 及 $2-2$ 为过流断面，计算点均取在管轴线上，基准面 $0-0$ 置于任一水平面。对 $1-1$、$2-2$ 过流断面列写伯努利方程

$$z_1 + \frac{p_1}{\rho g} + \frac{\alpha_1 v_1^2}{2g} = z_2 + \frac{p_2}{\rho g} + \frac{\alpha_2 v_2^2}{2g} + h_w$$

假定动能修正系数 $\alpha_1 = \alpha_2 = 1.0$，由于渐缩段很短，水头损失暂时忽略不计，则

$$\left(z_1 + \frac{p_1}{\rho g}\right) - \left(z_2 + \frac{p_2}{\rho g}\right) = \Delta h = \frac{v_2^2 - v_1^2}{2g}$$

代入连续性方程

$$v_2 = v_1 \left(\frac{d_1}{d_2}\right)^2$$

得

$$\Delta h = \frac{v_1^2}{2g}\left(\frac{d_1^4}{d_2^4} - 1\right)$$

$$v_1 = \sqrt{\frac{2g\Delta h}{\left(\dfrac{d_1}{d_2}\right)^4 - 1}} = \varphi \ \sqrt{2g\Delta h}$$

式中 $\varphi = \sqrt{\dfrac{1}{\left(\dfrac{d_1}{d_2}\right)^4 - 1}} = \sqrt{\dfrac{d_2^4}{d_1^4 - d_2^4}}$，称为流速系数。

管道的理论流量(即理想流体的流量)

$$Q_1 = \frac{\pi}{4} d_1^2 \varphi \ \sqrt{2g\Delta h}$$

若令 $K = \varphi \dfrac{\pi}{4} d_1^2 \sqrt{2g} = \dfrac{\pi}{4} d_1^2 \sqrt{\dfrac{2g}{\left(\dfrac{d_1}{d_2}\right)^4 - 1}}$，可见 K 仅仅取决于文丘里管尺寸 d_1、d_2，是可以在流量量测前先确定的常数，称为文丘里管常数，则上式写为

$$Q = K \ \sqrt{\Delta h}$$

由于在上面的推导过程中，忽略了水头损失 h_w，而且假定 $\alpha_1 = \alpha_2 = 1.0$，这样会造成一定的误差。经实验观测，实际流量略小于理论流量，所以需要修正。实际流量为

$$Q = \mu K \ \sqrt{\Delta h} \tag{1}$$

式中 μ 称为文丘里管流量系数，$\mu < 1$，一般取值范围 $\mu = 0.95 \sim 0.98$。μ 的确定需要对仪器进行率定。

若两断面间压差过大，测读不便则可以直接装上水银差压计，如图 3.6.6 的下半部分所示。由差压计原理可知

$$\left(z_1 + \frac{p_1}{\rho g}\right) - \left(z_2 + \frac{p_2}{\rho g}\right) = \left(\frac{\rho_p}{\rho} - 1\right)\Delta h_p = 12.6\Delta h_p$$

式中 Δh_p 为水银差压计两支水银面的高差。此时管道通过的实际流量为

$$Q = \mu K \ \sqrt{12.6\Delta h_p} \tag{2}$$

上面推导的文丘里流量计的流量计算式(1)、(2)可作为公式采用。

3.6.2　总流伯努利方程的扩展应用

实际流体恒定总流的伯努利方程是应用最广的流体动力学基本方程。在应用中要注意方程的适用条件，对实际问题进行具体分析，灵活运用，切忌随意套用公式。下面结合三种情况进行扩展。

1. 两断面间有分流或汇流

总流的伯努利方程式(3.6.3)，是在两过流断面间无分流或汇流的条件下导出的，而实际的输水、供气管道及河、渠中沿程多有分流或汇流，这种情况公式(3.6.3)是否还能适用呢？事实上，对于两过流断面间有分支或汇合的流动，仍可对每一支水流建立伯努利方程，但要注意连续性方程作相应的变化。现证明如下。

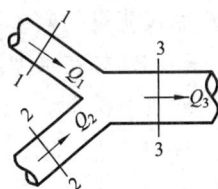

图 3.6.7　分支水流

总流伯努利方程中的各项都代表单位重量流体所具有的能量。如图 3.6.7 所示的汇流，根据能量守恒定律，在单位时间内从上游断面 1－1 和 2－2 输入的流体总能量，应当等于同时在下游断面 3－3 输出的总能量加上能量损失，即

$$\rho g Q_1 \left(z_1 + \frac{p_1}{\rho g} + \frac{\alpha_1 v_1^2}{2g} \right) + \rho g Q_2 \left(z_2 + \frac{p_2}{\rho g} + \frac{\alpha_2 v_2^2}{2g} \right)$$

$$= \rho g Q_3 \left(z_3 + \frac{p_3}{\rho g} + \frac{\alpha_3 v_3^2}{2g} \right) + \rho g Q_1 h_{w1-3} + \rho g Q_2 h_{w2-3}$$

将连续性方程 $Q_3 = Q_1 + Q_2$ 代入上式并整理得

$$\rho g Q_1 \left[\left(z_1 + \frac{p_1}{\rho g} + \frac{\alpha_1 v_1^2}{2g} \right) - \left(z_3 + \frac{p_3}{\rho g} + \frac{\alpha_3 v_3^2}{2g} \right) - h_{w1-3} \right]$$

$$+ \rho g Q_2 \left[\left(z_2 + \frac{p_2}{\rho g} + \frac{\alpha_2 v_2^2}{2g} \right) - \left(z_3 + \frac{p_3}{\rho g} + \frac{\alpha_3 v_3^2}{2g} \right) - h_{w2-3} \right] = 0$$

上式左端两大项的物理意义表示各支流输入的总能量与输出的总能量之差，因此，它不可能是一项为正，另一项为负(只能同为正或同为负)，同时 ρ、g、Q_1、Q_2 又均不为零，因此，要左端两项之和等于零，只可能各自分别为零。即

$$Q_1 \left(z_1 + \frac{p_1}{\rho g} + \frac{\alpha_1 v_1^2}{2g} \right) - \left(z_3 + \frac{p_3}{\rho g} + \frac{\alpha_3 v_3^2}{2g} \right) - h_{w1-3} = 0$$

$$Q_2 \left(z_2 + \frac{p_2}{\rho g} + \frac{\alpha_2 v_2^2}{2g} \right) - \left(z_3 + \frac{p_3}{\rho g} + \frac{\alpha_3 v_3^2}{2g} \right) - h_{w2-3} = 0$$

于是，对每一支流有

$$\left. \begin{array}{l} z_1 + \dfrac{p_1}{\rho g} + \dfrac{\alpha_1 v_1^2}{2g} = z_3 + \dfrac{p_3}{\rho g} + \dfrac{\alpha_3 v_3^2}{2g} + h_{w1-3} \\[3mm] z_2 + \dfrac{p_2}{\rho g} + \dfrac{\alpha_2 v_2^2}{2g} = z_3 + \dfrac{p_3}{\rho g} + \dfrac{\alpha_3 v_3^2}{2g} + h_{w2-3} \end{array} \right\} \qquad (3.6.4)$$

对于两断面间有汇流的情况，可作类似的分析，得出同样的结论。

2. 两断面间有机械能的输入或输出

总流的伯努利方程(3.6.3)是在两过流断面间除水头损失外，再无能量输入或输出的条件下导出来的。当两过流断面间有水泵(图3.6.8)、风机或水轮机(图3.6.9)等流体机械时，则存在机械能的输入或输出。这种情况，根据能量守恒定律，只要加入单位重量流体流经流体机械获得或失去的机械能，公式(3.6.3)便扩展为有能量输入或输出的伯努利方程。

$$z_1 + \frac{p_1}{\rho g} + \frac{\alpha_1 v_1^2}{2g} \pm H_t = z_2 + \frac{p_2}{\rho g} + \frac{\alpha_2 v_2^2}{2g} + h_w \qquad (3.6.5)$$

式中：H_t 为单位重量流体与流体机械所交换的机械能。当有能量输入流体内部（即流体获得能量）时，H_t 前面取"+"号，如抽水管路系统中设置的水泵，是通过电能带动水泵叶片转动向水流输入能量的典型例子；当从流体内部输出能量给流体机械（即流体失去能量）时，H_t 前面取"-"号，如在水力发电有压管路系统中安装的水轮机，是通过水轮机叶片旋转将水流能量输出的典型例子。

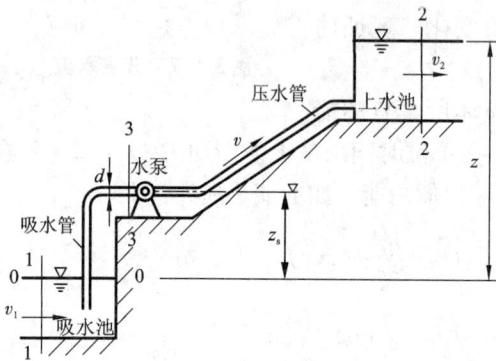

图 3.6.8 水泵——有外来能量输入的流动　　图 3.6.9 水轮机——有自身能量输出的流动

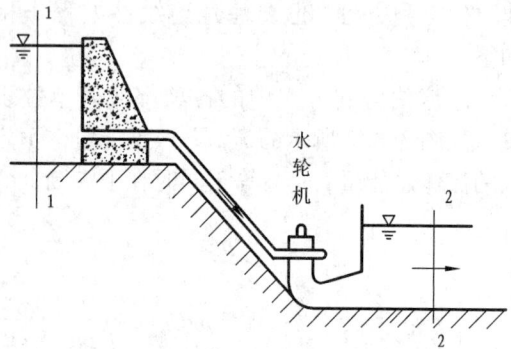

【例 3.6.4】 如图 3.6.8，离心式水泵从吸水池抽水至 $z = 15$ m 高处。已知吸水池水位 $\nabla_吸 = 66.3$ m，水泵抽水量 $Q = 30$ L/s，吸水管（水泵进口前的管道）和压水管（水泵出口后的管道）的直径相同 $d = 150$ mm，由吸水池水面到水泵进口的吸水管水头损失 $h_{w吸} = 1.0$ m 水柱，由水泵出口到上水池的压水管水头损失 $h_{w压} = 0.8$ m 水柱。(1)若水泵的效率 $\eta = 0.8$，求水泵的轴功率；(2)若水泵的允许真空度 $[h_v] = 5.0$ m，求水泵轴线的安装高程 $\nabla_安$。

【解】 (1)先求水泵的轴功率

基准面 0-0 选在吸水池水面；1-1、2-2 过流断面分别选在吸水池、上水池中与流速方向垂直且符合渐变流条件的断面上，计算点均取在水面上。

因水池的过流断面面积远大于压力水管的截面面积，故可认为水池中流速远小于管中流速，$v_1 = v_2 \approx 0$，水面上 $p_1 = p_2 = 0$，列写过流断面 1-1 与 2-2 间的伯努利方程

$$H_t = z + h_{w吸} + h_{w压}$$

可见，输入的外来能量（即水泵供给单位重量液体的能量）H_t 起两个作用：一是将液体提升几何给水高度 z，二是克服整个管路系统的水头损失 $h_w = h_{w吸} + h_{w压}$。

$$H_t = (15 + 1 + 0.8)\text{m} = 16.8 \text{ m 水柱}$$

液流流经水泵时，从水泵的动力装置获得了外加的机械能 H_t，相当于单位时间内把单位重量的水提升了 H_t 高度，H_t 称为水泵的扬程。水泵的有效功率为

$$N_\eta = \rho g Q H_t = 1.0 \times 9.8 \times 30 \times 10^{-3} \times 16.8 \text{ kW} = 4.94 \text{ kW}$$

水泵的轴功率

$$N = \frac{N_\eta}{\eta} = \frac{4.94}{0.8}\text{kW} = 6.17 \text{ kW}$$

（2）求水泵轴线的安装高程 $\nabla_安$

由连续性方程得管中流速

$$v = \frac{Q}{A} = \frac{4Q}{\pi d^2} = \frac{4 \times 30 \times 10^{-3}}{\pi \times 0.15^2}\text{m/s} = 1.70 \text{ m/s}$$

对吸水池断面 1 - 1 与水泵进口断面 3 - 3 列写伯努利方程

$$0 + \frac{p_a}{\rho g} + 0 = z_s + \frac{p_3'}{\rho g} + \frac{\alpha v^2}{2g} + h_{w吸} \tag{1}$$

$$z_s = \frac{p_a - p_3'}{\rho g} - \frac{\alpha v^2}{2g} - h_{w吸}$$

式中：$\dfrac{p_a - p_3'}{\rho g} = \dfrac{p_{v3}}{\rho g} = h_{v3}$，为水泵进口断面 3 - 3 处的真空度。

由上面的伯努利方程（1）知，水泵在工作时，吸水管内大部分地方形成真空，真空度理论上最大可达 10 m 汞柱，但实际上是有限制的，其原因是当压强降低至该温度下汽化压强以下时，水会汽化而产生大量气泡，气泡随着水流进入泵内高压部位受压缩而突然溃灭，周围的水体便以极大的速度向气泡溃灭点冲击，在该点造成高达数百个大气压以上的压强。这种集中在极小面积上的强大冲击力如果经常作用在水泵部件的表面，就会使部件很快损坏，这种现象称为汽蚀（或空蚀）。为防止汽蚀发生，真空度不能太大。

水泵的允许吸水真空度 $[h_v]$：是指为防止水泵内发生汽蚀而由水泵生产厂家经过实验确定的水泵进口的允许真空度，作为水泵的性能指标之一。

将题目给定的 $[h_v] = 5.0$ m 代入（1）式，变形得

$$z_s \leqslant [h_v] - \frac{\alpha v^2}{2g} - h_{w吸} = \left(5.0 - \frac{1.7^2}{2 \times 9.8} - 1.0\right)\text{m} = 3.85 \text{ m}$$

水泵轴线的安装高程

$$\nabla_安 = \nabla_吸 + z_s = 66.3 \text{ m} + 3.85 \text{ m} = 70.15 \text{ m}$$

3. 气流的伯努利方程

总流的伯努利方程式（3.6.3）是对不可压缩流体导出的。而气体是可压缩流体，但对于流速不很大（$v < 50$ m/s）、压强变化也不过大的系统，如工业通风管道、烟道等，气流在运动过程中密度的变化很小，在这样的条件下，伯努利方程可用于气流。由于气流的密度与外部空气的密度是相同的数量级，在采用相对压强计算时，需要考虑外部大气压在不同高度的差值。

设恒定气流（图 3.6.10）的密度为 ρ，外部空气的密度为 ρ_a，过流断面上计算点的绝对压强分别为 p_1'、p_2'。

列写 1 - 1 和 2 - 2 过流断面的伯努利方程

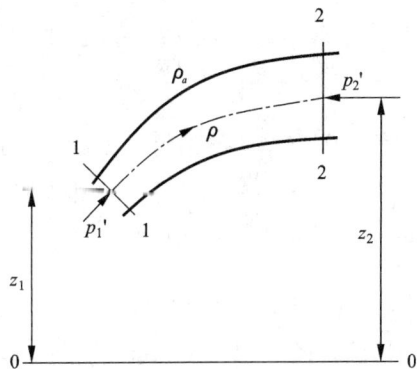

图 3.6.10　恒定气流

$$z_1 + \frac{p_1'}{\rho g} + \frac{\alpha_1 v_1^2}{2g} = z_2 + \frac{p_2'}{\rho g} + \frac{\alpha_2 v_2^2}{2g} + h_w$$

取 $\alpha_1 = \alpha_2 = 1.0$。对于气流而言，"水头"概念不像液流那样直观、实用，进行气流计算时通常将上式改写成压强的形式

$$\rho g z_1 + p_1' + \frac{\rho v_1^2}{2} = \rho g z_2 + p_2' + \frac{\rho v_2^2}{2} + p_w \tag{3.6.6}$$

式中 $p_w = \rho g h_w$，称为压强损失。

将上式中的绝对压强用相对压强表示。若 p_a 为高度 z_1 处的大气压，则高度 z_2 处的大气压为 $p_a - \rho_a g(z_2 - z_1)$，于是

$$p_1' = p_1 + p_a, \quad p_2' = p_2 + p_a - \rho_a g(z_2 - z_1)$$

将上述关系代入式(3.6.6)，整理得

$$p_1 + \frac{\rho v_1^2}{2} + (\rho_a - \rho)g(z_2 - z_1) = p_2 + \frac{\rho v_2^2}{2} + p_w \tag{3.6.7}$$

这就是用相对压强计算的气流伯努利方程。式中 p 称为静压，$\frac{\rho v^2}{2}$ 称为动压，$(p + \frac{\rho v^2}{2})$ 称为全压。$(\rho_a - \rho)g$ 为单位体积气体所受的有效浮力，$(z_2 - z_1)$ 为气体沿浮力方向升高的距离，乘积 $(\rho_a - \rho)g(z_2 - z_1)$ 为 1－1 过流断面相对 2－2 过流断面单位体积气体所具有的位置势能，称为位压。

当气流的密度与大气的密度相差无几 $(\rho \approx \rho_a)$，或者两断面的高差较小 $(z_1 \approx z_2)$ 时，位压项很小，式(3.6.7)化简为

$$p_1 + \frac{\rho v_1^2}{2} = p_2 + \frac{\rho v_2^2}{2} + p_w \tag{3.6.8}$$

若气流的密度远大于大气的密度 $(\rho \gg \rho_a)$，此时相当于液体总流，式(3.6.7)中 ρ_a 可忽略不计，该式化简为

$$p_1 + \frac{\rho v_1^2}{2} - \rho g(z_2 - z_1) = p_2 + \frac{\rho v_2^2}{2} + p_w \tag{3.6.9}$$

各项除以 ρg 得

$$z_1 + \frac{p_1}{\rho g} + \frac{v_1^2}{2g} = z_2 + \frac{p_2}{\rho g} + \frac{v_2^2}{2g} + h_w$$

$$\tag{3.6.10}$$

这就是恒定总流的伯努利方程。由此可见，对于液体总流来说，压强 p_1、p_2 不论是绝对压强，还是相对压强，伯努利方程的形式是不变的。

【例 3.6.5】 自然排烟锅炉如图 3.6.11 所示，烟囱直径 $d = 1.2$ m，烟气流量 $Q = 7.2$ m³/s，烟气密度 $\rho = 0.75$ kg/m³，外部空气密度 $\rho_a = 1.2$ kg/m³，烟囱的压强损失 $p_w = 0.035 \times \frac{H}{d} \frac{\rho v^2}{2}$。为保证烟气在烟囱内进行自

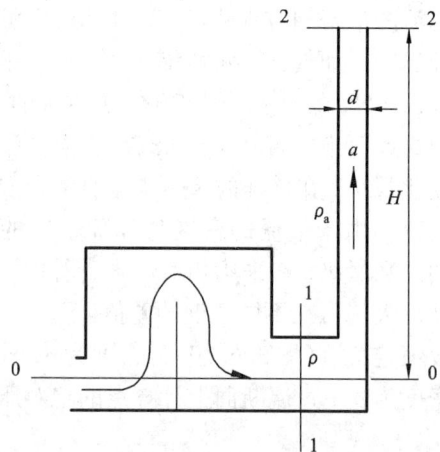

图 3.6.11　例 3.6.5 题图

然排烟，烟囱底部入口断面的真空度不能小于 10 mm 水柱，试求烟囱的高度 H。

【解】　选基准面在烟囱底部入口中心所在的水平面 0 - 0，底部入口断面为 1 - 1 断面，烟囱出口断面为 2 - 2 断面，根据气流的伯努利方程(3.6.7)

$$p_1 + \frac{\rho v_1^2}{2} + (\rho_a - \rho) g (z_2 - z_1) = p_2 + \frac{\rho v_2^2}{2} + p_w$$

因进口断面要求真空度 ≥ 10 mmH$_2$O，则 1 - 1 断面：

$$p_1 = -\rho_水 g h_v = -1000 \times 9.8 \times 0.01 \text{ N/m}^2 = -98 \text{ N/m}^2$$

$$v_1 \approx 0, \ z_1 = 0$$

2 - 2 断面：

$$p_2 = 0, \ v_2 = \frac{Q}{A} = \frac{4Q}{\pi d^2} = \frac{4 \times 7.2}{\pi \times 1.2^2} = 6.37 \text{ m/s}, \ z_2 = H$$

代入上式

$$-98 + (1.2 - 0.75) \times 9.8 H = \frac{0.75 \times 6.37^2}{2} + 0.035 \times \frac{H}{1.2} \times \frac{0.75 \times 6.37^2}{2}$$

解得　　　　　　　　　　　　　　$H = 28.54$ m

烟囱的高度须大于此值，才能无需任何动力自然排烟。

由上题可见，自然排烟锅炉烟囱底部入口断面为负压($p_1 < 0$)，顶部出口断面为大气压($p_2 = 0$)，在这种情况下，是位压$(\rho_a - \rho) g (z_2 - z_1)$提供了烟气在烟囱内进行自然排烟的能量。可见实现自然排烟需要有一定的位压，为此烟气要有一定的温度，以保持有效浮力$(\rho_a - \rho) g$，同时烟囱还需要有一定的高度($H = z_2 - z_1$)，否则将不能维持自然排烟。

3.6.3　运用总流伯努利方程的注意之处

(1)基准面可以任意选取，但必须是水平面，且在计算不同过流断面的位置水头 z 时，必须选取同一基准面，习惯使 $z \geq 0$；

(2)选取的过流断面，除了必须符合均匀流或渐变流条件外，应力求使未知量最少；

(3)习惯上，无压流(明渠流)计算点一般选在自由表面上，此时 $p = 0$；有压流(管流)选在断面形心，便于结合基准面的选取，可令某断面 $z = 0$ 或可求；

(4)方程中的流体动压强 p 一般应取绝对压强，但对于液流或两过流断面高差较小的气流，也可用相对压强，但同一问题必须同一标准；

(5)严格来讲，不同过流断面上的动能修正系数 α_1 与 α_2 是不相等的，且不等于 1，但在工程实际中，对大多数的渐变流，可令 $\alpha_1 = \alpha_2 = 1$。

3.7　恒定总流的动量方程

对于某些复杂的流体运动，特别是涉及流体和其固定边界之间作用力的问题时，比如急变流范围内流体对边界的作用力，若用伯努利方程求解，式中水头损失很难确定，但又不能忽略。如果采用动量方程式，则求解比较方便。

3.7.1　方程的推导

由理论力学知，物体运动的动量定理可表达为：单位时间内物体动量 **K** 的增量，等于作

用于该物体上所有的外力的合力 $\sum \boldsymbol{F}$。即

$$\frac{\mathrm{d}\boldsymbol{K}}{\mathrm{d}t} = \sum \boldsymbol{F} \tag{3.7.1}$$

下面根据上述普遍的动量定理,来推导表达流体运动动量变化规律的方程式。

在恒定总流中,任意截取某一流段 1 – 2,从中再取出一根元流进行分析,各过流断面的运动要素见表 3.7.1 及图 3.7.1。

表 3.7.1 运动要素表

过流断面	断面面积	平均流速	元流断面面积	元流流速
1 – 1	A_1	v_1	$\mathrm{d}A_1$	u_1
2 – 2	A_2	v_2	$\mathrm{d}A_2$	u_2

设经过微小时段 $\mathrm{d}t$ 后,原流段 1—2 移至新的位置 1′—2′(虚线位置),从而动量产生了变化。动量是向量,流段内动量的变化 $\mathrm{d}\boldsymbol{K}$ 应等于流段 1′—2′ 与流段 1—2 内流体的动量之差

$$\mathrm{d}\boldsymbol{K} = \boldsymbol{K}_{1'-2'} - \boldsymbol{K}_{1-2}$$

而 $\boldsymbol{K}_{1-2}$ 是 1—1′ 和 1′—2 两段流体动量之和,即

$$\boldsymbol{K}_{1-2} = \boldsymbol{K}_{1-1'} + \boldsymbol{K}_{1'-2}$$

同理 $\quad \boldsymbol{K}_{1'-2'} = \boldsymbol{K}_{1'-2} + \boldsymbol{K}_{2-2'}$

虽然两式中的 $\boldsymbol{K}_{1'-2}$ 是处于不同时刻的流

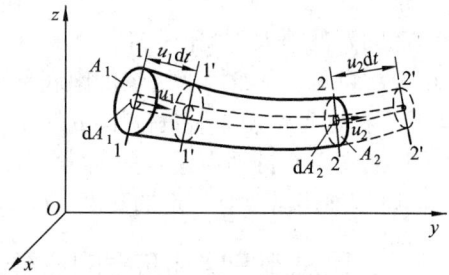

图 3.7.1 动量方程

体动量,但因讨论的是恒定流,流段 1′–2 的流管形状及内部流体的质量、流速等运动要素均不随时间而变,因此流体动量 $\boldsymbol{K}_{1'-2}$ 也不随时间而改变,所以

$$\mathrm{d}\boldsymbol{K} = \boldsymbol{K}_{2-2'} - \boldsymbol{K}_{1-1'}$$

为了确定动量 $\boldsymbol{K}_{2-2'}$ 及 $\boldsymbol{K}_{1-1'}$,再来分析所取的微元。微元在 1—1′ 流段内流体的动量为 $\rho u_1 \mathrm{d}t \mathrm{d}A_1 \boldsymbol{u}_1$,对过流断面面积 A_1 积分,可得总流在 1—1′ 流段内流体的动量

$$\boldsymbol{K}_{1-1'} = \int_{A_1} \rho u_1 \boldsymbol{u}_1 \mathrm{d}t \mathrm{d}A_1 = \rho \mathrm{d}t \int_{A_1} u_1 \boldsymbol{u}_1 \mathrm{d}A_1 \left.\right\}$$

同理 $\qquad \boldsymbol{K}_{2-2'} = \int_{A_2} \rho u_2 \boldsymbol{u}_2 \mathrm{d}t \mathrm{d}A_2 = \rho \mathrm{d}t \int_{A_2} u_2 \boldsymbol{u}_2 \mathrm{d}A_2 \left.\right\}$ $\tag{3.7.2}$

因为总流过流断面上的实际流速分布一般很难用数学函数描述,所以采用类似于推导总流伯努利方程中动能项的方法,用平均流速 v 代替实际流速 $\boldsymbol{u}$,所造成的误差用动量修正系数 β 来修正,则(3.7.2)式可写为

$$\boldsymbol{K}_{1-1'} = \rho \mathrm{d}t \beta_1 \boldsymbol{v}_1 \int_{A_1} u_1 \mathrm{d}A_1 = \rho \mathrm{d}t \beta_1 \boldsymbol{v}_1 Q_1 \left.\right\}$$

$$\boldsymbol{K}_{2-2'} = \rho \mathrm{d}t \beta_2 \boldsymbol{v}_2 \int_{A_2} u_2 \mathrm{d}A_2 = \rho \mathrm{d}t \beta_2 \boldsymbol{v}_2 Q_2 \left.\right\}$$ $\tag{3.7.3}$

根据连续性方程 $Q_1 = Q_2 = Q$,所以

$$\mathrm{d}K = \rho \mathrm{d}t Q(\beta_2 v_2 - \beta_1 v_1)$$

流体所受外力的合力以 $\sum F$ 表示，代入动量定理公式(3.7.1)，得

$$\frac{\mathrm{d}K}{\mathrm{d}t} = \frac{\rho \mathrm{d}t Q(\beta_2 v_2 - \beta_1 v_1)}{\mathrm{d}t} = \sum F$$

得
$$\rho Q(\beta_2 v_2 - \beta_1 v_1) = \sum F \tag{3.7.4}$$

上式即为不可压缩流体恒定总流动量方程，它是一个矢量方程。其物理意义是：在不可压缩流体恒定总流中，单位时间内从下游断面流出的动量与从上游断面流入的动量之差（即方程的左端），等于该时段内作用在该流段上的所有外力之和。

3.7.2　方程的讨论

1.动量修正系数 β

动量修正系数 β 是用平均流速 v 代替实际流速 u 所造成的误差的修正系数，比较式(3.7.2)与(3.7.3)可知

$$\beta = \frac{\int_A uu\mathrm{d}A}{vQ} \tag{3.7.5}$$

若过流断面为均匀流或渐变流断面，实际流速 u 与断面平均流速 v 在方向上基本一致，则

$$\beta = \frac{\int_A u^2 \mathrm{d}A}{vQ} = \frac{\int_A u^2 \mathrm{d}A}{v^2 A} = \frac{1}{A}\int_A \left(\frac{u}{v}\right)^2 \mathrm{d}A$$

而

$$\int_A u^2 \mathrm{d}A = \int_A (v + \Delta u)^2 \mathrm{d}A = \int_A (v^2 + 2v\Delta u + \Delta u^2)\mathrm{d}A = v^2 A + \int_A \Delta u^2 \mathrm{d}A = \beta v^2 A$$

可见动量修正系数 β 同动能修正系数 α 一样，其值大小取决于总流过流断面上的流速分布，β 值恒大于或等于1。若过流断面上实际流速为均匀分布，$\beta = 1$；实际流速 u 分布愈不均匀，则 β 愈大于1。一般的管流或明渠流中，$\beta = 1.02 \sim 1.05$，但有时可达到1.33或更大（详见 §4.4.3），工程计算中为简便计，常近似取 $\beta = 1.0$。

值得注意的是，动量修正系数 β 与动能修正系数 α 尽管在物理意义和取值规律上基本相同，但两者的定义不同，大小不等，$\alpha = \dfrac{\int_A u^3 \mathrm{d}A}{v^3 A} = \dfrac{1}{A}\int_A \left(\dfrac{u}{v}\right)^3 \mathrm{d}A$。

2.方程的投影式

因动量方程是一矢量方程，实际计算时，一般都要采用在某坐标系中的投影来进行。比如在直角坐标系中，恒定总流的动量方程(3.7.4)可写为

$$\left.\begin{aligned}
\sum F_x &= \rho Q(\beta_2 v_{2x} - \beta_1 v_{1x})\\
\sum F_y &= \rho Q(\beta_2 v_{2y} - \beta_1 v_{1y})\\
\sum F_z &= \rho Q(\beta_2 v_{2z} - \beta_1 v_{1z})
\end{aligned}\right\} \tag{3.7.6}$$

式中 v_{1x}，v_{1y}，v_{1z}，v_{2x}，v_{2y}，v_{2z} 为总流上、下游过流断面的断面平均流速 v_1、v_2 在三个坐标方向

的投影；$\sum F_x$，$\sum F_y$，$\sum F_z$ 为作用在流段 1—2 上的所有外力在三个坐标方向的投影代数和。

3.7.3　方程的推广及应用

1. 方程的扩展

恒定总流动量方程的推导，是从简单的一元流出发，输出动量的只有下游过流断面，输入动量的只有上游过流断面。实际上，动量方程也可以像伯努利方程、连续性方程一样，推广应用到流场中任意选取的封闭控制体（或称隔离体）。

如图 3.7.2 所示分叉管路，当对分叉段流体应用动量方程时，可以把由管壁以及上、下游过流断面所组成的空间封闭体中的流体作为控制体，如图中虚线部分。在这种情况下，该控制体的动量方程应为

$$\rho Q_2 \beta_2 v_2 + \rho Q_3 \beta_3 v_3 - \rho Q_1 \beta_1 v_1 = \sum \boldsymbol{F} \qquad (3.7.7)$$

其物理意义仍然是：在不可压缩流体恒定总流中，单位时间内从下游断面（可能有若干个）流出的动量与从上游断面（可能有若干个）流入的动量之差，等于该时段内作用在该流段上的所有外力之和。

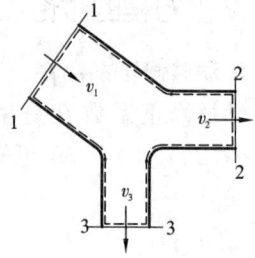

图 3.7.2　分叉水流

2. 方程的应用条件

恒定总流动量方程的应用条件有

（1）恒定流动；

（2）过流断面是均匀流或渐变流断面；

（3）不可压缩流体。

动量方程是自然界中动量守恒定理在流体运动中的具体表达式，反映了流体动量变化与作用力之间的关系，它是流体动力学的重要方程，可解决急变流动中，流体与边界之间的相互作用力问题。

【例 3.7.1】　如图 3.7.3 所示的过水低堰位于一水平河床中，上游水深 $h_1 = 1.8$ m，下游收缩断面的水深 $h_2 = 0.6$ m，在不计水头损失的情况下，求水流对单宽堰段的水平推力。

【解】　用动量方程解题的关键也是"三选"，只不过此"三选"不同于求解伯努利方程的"三选"，是选过流断面、控制体和投影轴。

过流断面应选在符合均匀流（或渐变流）条件的断面上；控制体应包括动量发生变化的全部流段，一般是由顺流向的固体边壁、自由液面，垂直（或斜交）于流向的过流断面

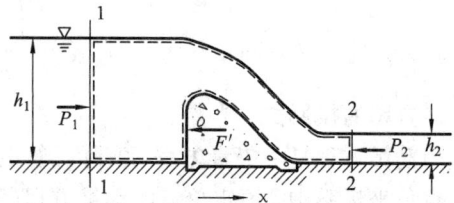

图 3.7.3　例 3.7.1 题图

所包围的封闭空间中的流体；投影轴可随意选取，以解题方便为准。

（1）"三选"

选过流断面：选符合渐变流条件的上游断面 1 - 1 和下游流线基本平行的收缩断面 2 - 2；

选控制体：由过流断面 1−1、2−2、自由液面、上下游河床及过水堰面所包围的水体（即图中虚线包围的部分）为控制体；选投影轴：因为题目只要求水平推力，所以只需设立水平投影轴 x，方向如图。

（2）分析控制体受力

质量力：只有重力，但在 x 方向没有投影；

表面力：① 控制体两端面的流体动压力：符合渐变流条件，可以按照流体静力学方法计算。上游断面 1−1：$P_1 = \frac{1}{2}\rho g h_1^2 \cdot 1 = \frac{1}{2}\rho g h_1^2 = 15.88$ kN，方向水平向右；

下游断面 2−2：$P_2 = \frac{1}{2}\rho g h_2^2 \cdot 1 = \frac{1}{2}\rho g h_2^2 = 1.76$ kN，方向水平向左；

② 过水堰的水平反作用力：此力是待求的力，设为 F'，假设方向水平向左；

③ 边壁（包括河床及堰面）摩阻力：因为水头损失不计，故摩阻力为零。

将分析出的控制体受力分别画在图 3.7.3 上，注意标明力的方向。

（3）分析流入、流出的动量

流入的动量：$\rho Q \beta_1 v_1$；流出的动量：$\rho Q \beta_2 v_2$。但因 v_1、v_2 均未知，需要联解其他方程。由连续性方程

$$v_1 = v_2 \frac{h_2}{h_1}$$

由伯努利方程：取基准面为河床水平面，过流断面同动量方程所选，计算点均取在自由液面上

$$h_1 + \frac{v_1^2}{2g} = h_2 + \frac{v_2^2}{2g}$$

联解上面的连续性方程与伯努利方程，得

$$v_2 = \frac{1}{\sqrt{1-\left(\frac{h_2}{h_1}\right)^2}}\sqrt{2g(h_1-h_2)}$$

$$= \frac{1}{\sqrt{1-\left(\frac{0.6}{1.8}\right)^2}}\sqrt{2\times9.8(1.8-0.6)}\,\text{m/s}$$

$$= 5.14\ \text{m/s}$$

$$Q = v_2 h_2 = 5.14 \times 0.6 = 3.09\ \text{m}^3/\text{s}$$

$$v_1 = 5.14 \times \frac{0.6}{1.8}\,\text{m/s} = 1.71\ \text{m/s}$$

（4）列写 x 方向的动量方程并求解

$$\rho Q(\beta_2 v_2 - \beta_1 v_1) = P_1 - P_2 - F'$$

令 $\beta_2 = \beta_1 = 1$，代入数据解得

$$F' = P_1 - P_2 - \rho Q(v_2 - v_1) = 3.53\ \text{kN}$$

水流对单宽过水堰段的水平推力 F 与上面求得的 F' 互为反作用力。即水流对单宽过水堰段的水平推力 $F = 3.53$ kN，方向水平向右。

【例 3.7.2】　如图 3.7.4，水平射流从喷嘴射出，冲击一个前后斜置的固定平板，射流轴

线与平板成 θ 角，已知射流流量为 Q_0，速度为 v_0，空气及平板阻力不计。求：（1）射流沿平板的分流量 Q_2、Q_3；（2）射流对平板的冲击力。

【解】 "三选"：选射流冲击平板前的 $1-1$ 过流断面和冲击后完全转向的 $2-2$、$3-3$ 过流断面，由过流断面 $1-1$、$2-2$、$3-3$ 及平板、大气所包围的封闭空间内的液体为控制体（即虚线包围的部分），取 Ox 轴平行于平板，Oy 轴垂直于平板，如图 3.7.4。

因为是水平射流，取基准面为过射流中心的水平面，由于液流是在大气中射流，流股四周及冲击转向后的液流表面都是大气压，控制体内各点的压强均可认为等于大气压，即 $p_1 = p_2 = p_3 = 0$。

图 3.7.4 例 3.7.2 题图

对过流断面 $1-1$ 和 $2-2$ 列写伯努利方程

$$0 + 0 + \frac{\alpha_1 v_0^2}{2g} = 0 + 0 + \frac{\alpha_2 v_2^2}{2g} + h_w$$

因 $\alpha_1 = \alpha_2 = 1$，$h_w = 0$，可得

$$v_0 = v_2$$

同理可得

$$v_0 = v_3$$

（1）求射流沿平板的分流量 Q_2、Q_3

因为不计空气及平板摩阻力，各过流断面的动水压力为零，所以作用在控制体上的表面力只有平板给射流的反作用力 F'，方向与平板垂直；

射流方向水平，重力在 x、y 轴方向的投影为零，无质量力作用。

将控制体所受作用力画在图 3.7.4 上，标明力的方向。

对控制体列写 x 方向的动量方程

$$\rho Q_3 v_3 + (-\rho Q_2 v_2) - \rho Q_0 v_0 \cos\theta = 0$$

得

$$Q_3 - Q_2 = Q_0 \cos\theta$$

由连续性方程

$$Q_2 + Q_3 = Q_0$$

联解得

$$\begin{cases} Q_2 = \dfrac{Q_0}{2}(1 - \cos\theta) \\ Q_3 = \dfrac{Q_0}{2}(1 + \cos\theta) \end{cases}$$

（2）求射流对平板的作用力 F

对控制体列写 y 方向的动量方程

$$0 - \rho Q_0 v_0 \sin\theta = -F'$$

$$F' = \rho Q_0 v_0 \sin\theta$$

射流冲击平板的力 F 与 F' 大小相等，方向相反。如果 $\theta = 90°$，则为射流垂直冲击平板，此时，$Q_2 = Q_3 = \dfrac{Q_0}{2}$，$F = \rho Q_0 v_0$。

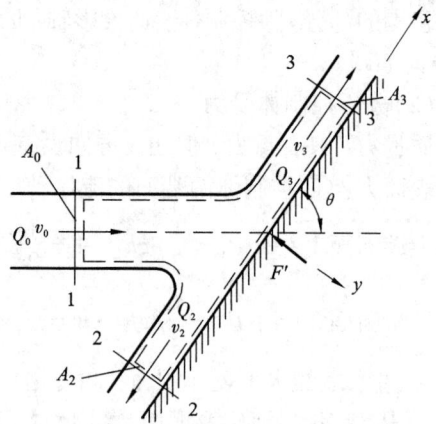

【例 3.7.3】　如图 3.7.5(a)所示弯管,管轴中心线位于铅垂平面上,弯道转角为 θ,通过弯道的流量为 Q,弯管中的流体重量为 G。弯管两端过流断面的有关参数见表 3.7.2。

表 3.7.2　过流断面有关参数表

断面名称	断面面积	形心点相对压强	断面平均流速
1 – 1	A_1	p_1	v_1
2 – 2	A_2	p_2	v_2

在弯管中,由于流体运动方向的改变以及因管径变化而产生流速大小的改变,均会引起弯道内流体动量的改变,这种动量的改变将引起流体对弯管的作用力。试求此弯管内流体对管壁的作用力。

【解】　由于弯管中为急变流,流体动压强的分布规律和静压强不同,不能用计算静压力的方法来求弯管中流体对管壁的作用力,应运用动量方程求解。

(1)"三选":选弯管转向前的 1 – 1 过流断面和转向后的 2 – 2 过流断面,以由过流断面 1 – 1、2 – 2 及弯管管壁所包围的封闭空间内的流体为控制体,取 xOz 坐标面位于管轴中心线所在的铅垂平面,如图 3.7.5(b)所示。

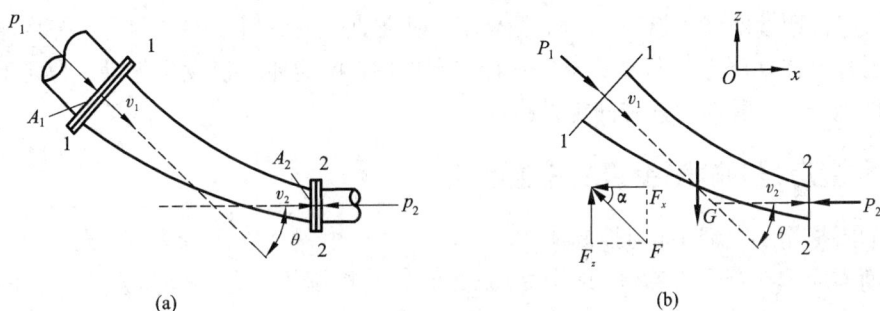

图 3.7.5　例 3.7.3 题图

(2)分析控制体所受的外力:质量力只有重力 G,方向铅直向下,与 Oz 轴反向;
表面力:①控制体两端过流断面上的流体动压力 P_1、P_2

$$P_{1x} = P_1\cos\theta = p_1 A_1\cos\theta,\ 水平向左,与 Ox 轴同向$$

$$P_{1z} = P_1\sin\theta = p_1 A_1\sin\theta,\ 铅直向下,与 Oz 轴反向$$

$$P_2 = p_2 A_2,\ 水平向右,与 Ox 轴反向$$

这里需要特别指出的是,在应用动量方程计算流体动压力时,其压强应以相对压强计算,这是因为对所选的控制体来说,周界上均作用了大小相等的当地大气压强 p_a,而任何一个大小相等的应力分布对任一封闭体的合力为零。

②管壁对控制体内流体的反作用力(包括摩擦力及流体动压力的反作用力)F,这是待求的力,以相互垂直的两个分量 F_x、F_z 表示,方向可以根据经验先假定。

将分析出的各作用力分别画在图 3.7.5(b)上,注意标明力的方向。

（3）分析流入、流出的动量，列写 x、z 方向的动量方程

x 方向：$\qquad \rho Q(\beta_2 v_2 - \beta_1 v_1 \cos\theta) = p_1 A_1 \cos\theta - p_2 A_2 + F_x$

z 方向：$\qquad \rho Q[0 - (\beta_1(-v_1 \sin\theta))] = -p_1 A_1 \sin\theta + F_z - G$

（4）求解

联解连续性方程 $v_1 = \dfrac{Q}{A_1}$，$v_2 = \dfrac{Q}{A_2}$，因两过流断面符合渐变流条件，取动量系数 $\beta_1 = \beta_2 = \beta$，得

$$F_x = p_1 A_1 \cos\theta - p_2 A_2 - \rho Q \beta(v_2 - v_1 \cos\theta)$$

$$= p_1 A_1 \cos\theta - p_2 A_2 - \rho Q^2 \beta\left(\frac{1}{A_2} - \frac{\cos\theta}{A_1}\right)$$

$$F_z = G + \rho Q^2 \beta \frac{\sin\theta}{A_1} + p_1 A_1 \sin\theta$$

合力 $\qquad\qquad\qquad\qquad\qquad F = \sqrt{F_x^2 + F_z^2}$

合力 F 与水平方向的夹角：

$$\alpha = \arctan\frac{F_z}{F_x}$$

流体对弯管的作用力与 F 互为反作用力，大小相等，方向相反。

从力学分析来看，当流体沿弯管作曲线运动时，将对管壁作用有一个离心惯性力，指向弯道外侧，有将弯管外移的趋势；同时流体沿弯管流动产生对边壁的摩阻力，有将弯管前推的趋势；还有流体动压力的脉动影响，三者共同作用，可能使管道发生振动，为此工程上在管道转弯的地方，一般都设置有固定设施。

3.7.4 动量方程的解题步骤及注意事项

（1）选取适当的过流断面与控制体

过流断面应选在符合均匀流（或渐变流）断面上，控制体应包括动量发生变化的全部流段，即应对总流取控制体。

（2）选投影轴

投影轴可任选，以解题方便为准，标明投影轴的正向。

（3）全面分析控制体所受的外力，注意不要遗漏

恒定流控制体上所受的质量力一般只有重力；表面力包括过流断面上的流体动压力、固体边壁的反作用力及摩阻力。各力的方向应在图上标明，凡与投影轴正向一致者为正，未知力可先假设方向，若所求结果为正，表明假定方向正确，若为负，表明力的方向与假定方向相反。

（4）分析控制体流入、流出的动量，列写动量方程

列写动量方程时注意速度的方向，与投影轴正向一致者为正。特别值得注意的是：动量方程是流出的动量减流入的动量，切切不可颠倒。

（5）求解

一个动量方程只能解一个未知数，当有两个以上未知数时，应与连续性方程、伯努利方程联合求解。

本章小结

本章阐述了研究流体运动的基本观点和求解的基本方法。

(1)描述流体运动的两种方法——拉格朗日法和欧拉法。拉格朗日法是以单个流体质点为研究对象，将每个质点的运动情况汇总起来，以此描述整个流动；欧拉法以流场中的固定空间点为研究对象，将每一时刻各空间点上质点的运动情况汇总起来，以此描述整个流动。在流体力学研究中，广泛采用欧拉法，本教材的论述均为欧拉法。

(2)流动可以按照不同的分类方法进行分类：按运动要素是否随时间变化可将流动分为恒定流和非恒定流；按影响流动的自变量个数分类可将流动分为一元、二元和三元流动；按运动要素是否沿流程变化分类可将流动分为均匀流和非均匀流；按运动要素沿流程变化的快慢程度分类可进一步将非均匀流分为渐变流和急变流。

(3)用欧拉法描述流体运动，流线是直观地表征速度场(矢量场)中速度分布的矢量线。在流线的基础上，引申出流管、过流断面、元流和总流概念。断面平均流速是断面上均匀分布的假想流速，引入它可以使流体运动研究得以简化。

(4)控制流体运动的微分方程组有三个，即连续性微分方程(3.3.1)、理想流体运动微分方程(3.4.2)和实际流体运动微分方程($N-S$ 方程)(3.4.4)。

(5)本章的核心是建立了总流运动的三大方程，这三个方程分别是质量守恒定律、能量守恒定律和动量定理的流体力学总流表达式。

连续性方程　　　　　　　　　　$A_1 v_1 = A_2 v_2$

伯努利方程　　　　　　　　　　$z_1 + \dfrac{p_1}{\rho g} + \dfrac{v_1^2}{2g} = z_2 + \dfrac{p_2}{\rho g} + \dfrac{v_2^2}{2g} + h_w$

动量方程　　　　　　　　　　$\rho Q(\beta_2 v_2 - \beta_1 v_1) = \sum F$

多看例题、多做习题，是掌握和运用三大方程的不二途径，应注意解题时须考虑的问题和解题技巧。

思考题

3.1　比较拉格朗日法和欧拉法的基本思路及其数学表达式有何不同？

3.2　什么是流线？流线有哪些主要性质，流线和迹线的区别和联系是什么？

3.3　如图所示，水流通过由两段等截面管及一段变截面管组成的管路，如果上游水池水位保持不变，试问：

(1)当阀门开度一定，各段管中是恒定流还是非恒定流？是均匀流还是非均匀流？

(2)阀门逐渐关闭时各段管中是恒定流还是非恒定流？

思考题 3.3 题图

(3)在恒定流情况下，判别第 Ⅱ 段管中是渐变流还是急变流时，与该段管长有无关系？

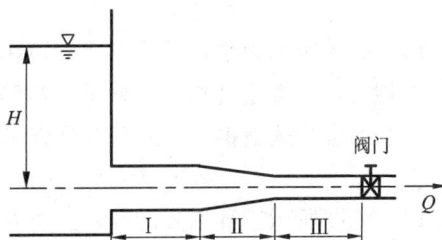

3.4　区分均匀流及非均匀流与过流断面上流速分布是否均匀有无关系？是否存在"非恒定均匀流"与"恒定急变流"？能否举例说明？

3.5　怎样定义断面平均流速？为什么要引入这个概念？

3.6　动能修正系数 α 及动量修正系数 β 的物理意义是什么？为什么 α、β 值恒大于1？在同一过流断面上，α 与 β 哪个大？

3.7　有一如图所示输水管道，水箱内水位保持不变，A 点是大管中的点，试问：

（a）A 点的压强能否比 B 点低？为什么？

（b）C 点的压强能否比 D 点低？为什么？

（c）E 点的压强能否比 F 点低？为什么？

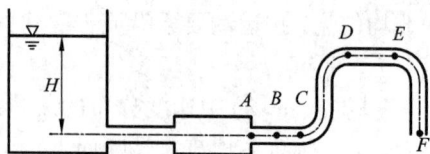

思考题 **3.7** 图

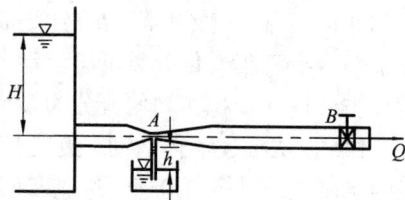

思考题 **3.8** 图

3.8　如图所示管路，当管中流量为 Q 时观察到点 A 处的玻璃管中的水柱高度为 h，试问：当调节阀门 B 使管中流量增大或减小后，玻璃管中是否会出现水流流动现象？如何流动？为什么？

3.9　图示为装置了文丘里流量计的倾斜管路，通过固定不变的流量 Q，文丘里管的入口及喉道接到水银比压计上，其读数为 Δh。试问：当管路水平放置时，其读数 Δh 是否会改变？为什么？

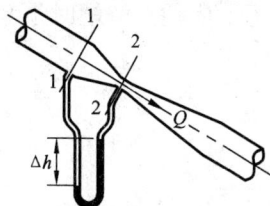

思考题 **3.9** 图

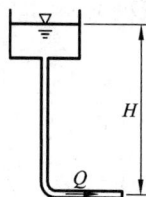

思考题 **3.10** 图

3.10　如图所示为水箱下等直径管道出流，试问：在恒定流情况下，垂直管中各断面的流速是否相等？压强是否相等？如果不相等应如何计算？

3.11　结合公式的推导，试说明总流连续性方程、伯努利方程、动量方程的物理意义及适用条件。

3.12　如图所示三种形式的叶片，受流量为 Q、流速为 v 的射流冲击，试问：

（1）哪种情况叶片上受的冲力最大？哪种情况受的冲力最小？为什么？

（2）如果图（a）中叶片以速度 $u = \pm v$，$u < v$，$u > v$ 运动，试讨论叶片的受力情况，哪种情况冲力大？

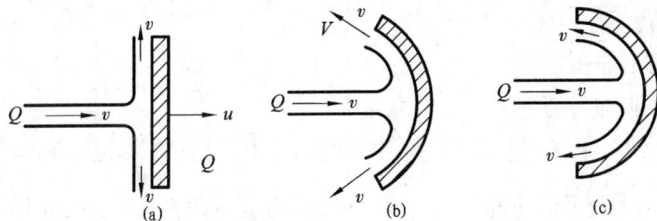

思考题 3.12 图

习题

一、选择题

3.1　恒定流的（　　）

（a）位变加速度为零　　　　　　　　　　（b）时变加速度为零

（c）位变加速度及时变加速度均为零　　　（d）位变加速度及时变加速度均不为零

3.2　如题 3.2 图所示，在明渠恒定均匀流过流断面上 1、2 两点安装两根测压管，则两测压管高度 h_1 与 h_2 的关系是（　　）

（a）$h_1 > h_2$　　　　（b）$h_1 = h_2$　　　　（c）$h_1 < h_2$　　　　（d）无法确定

3.3　图示为一水平弯管，管中流量不变，在过流断面 $A-A$ 内外两侧的 1、2 两点处各装一根测压管，则两测压管水面的高度 h_1 与 h_2 的关系为（　　）

（a）$h_1 > h_2$　　　　（b）$h_1 = h_2$　　　　（c）$h_1 < h_2$　　　　（d）无法确定

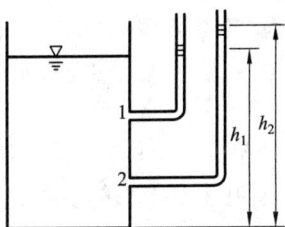

题 3.2 图

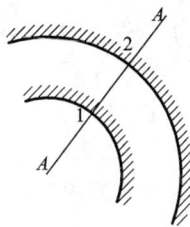

题 3.3 图

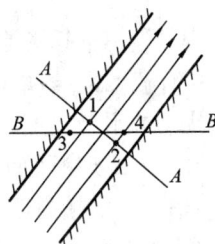

题 3.4 图

3.4　等直径直管中的 1、2、3、4 各点，其运动物理量满足以下哪种关系？（　　）

（a）$p_1 = p_2$　　　　　　　　　　　　　　　（b）$p_3 = p_4$

（c）$z_1 + \dfrac{p_1}{\rho g} = z_2 + \dfrac{p_2}{\rho g}$　　　　　　　　（d）$z_3 + \dfrac{p_3}{\rho g} = z_4 + \dfrac{p_4}{\rho g}$

3.5　水总是（　　）

（a）从高处向低处流　　　　　　　　　　（b）从压强大处向压强小处流

（c）从流速大处向流速小处流　　　　　　（d）从总水头大处向总水头小处流

二、计算题

3.6　已知流场 $u_x = 2t + 2x + 2y$，$u_y = t - y + z$，$u_z = t + x - z$。试求：

（1）流场中点 $(2,2,1)$ 在 $t=3$ 时的加速度（m/s^2）；

（2）是几元流动？

（3）是恒定流还是非恒定流？

（4）是均匀流是非均匀流？

3.7　已知过流断面是宽度为 b 深度为 h 的矩形平底渠道，断面流速分布为 $u = u_{\max}(\frac{y}{h})^{\frac{1}{7}}$。式中：$u_{\max}$ 是水面处的流速，y 为距渠底的垂直距离。试求：（1）通过断面的流量；（2）断面平均流速。

3.8　一引水隧洞出口后分岔，分别同矩形断面渠道和圆形断面管道相连接。已知：隧洞中流量 $Q=7.2$ m^3/s，渠道底宽 $b=2$ m，水深 $h=1$ m，渠中流速 $v_1=3$ m/s，试求：当管道中的流速限制在 $v_2=1.5$ m/s 时的管道直径 d。

3.9　一变直径的管段 AB，$d_A=0.2$ m，$d_B=0.4$ m，高差 $h=1.5$ m，今测得 $p_A=30$ kN/m^2，$p_B=40$ kN/m^2，B 点断面平均流速 $v_B=1.5$ m/s。试判断水在管中的流动方向。

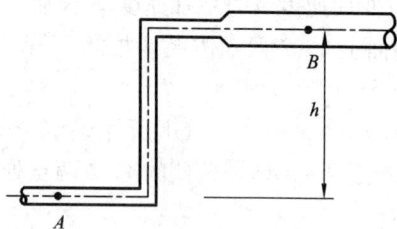

题 3.9 图

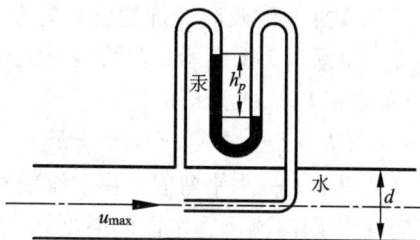

题 3.10 图

3.10　利用毕托管原理测量输水管中的流量如图示。已知输水管直径 $d=200$ mm，测得水银差压计读数 $h_p=60$ mm，若此时断面平均流速 $v=0.84u_{\max}$，这里 $u_{\max}$ 为毕托管前管轴线上未受扰动的水流流速。问输水管中的流量 Q 为多大？

3.11　一矩形断面平底渠道，其底宽 $b=2.7$ m，河床在某断面处抬高 $\Delta=0.3$ m，抬高前水深 $h_1=1.8$ m，抬高后水深为 $h_2=1.38$ m。若水头损失 h_w 为后段渠道速度水头的一半，问流量 Q 等于多少？

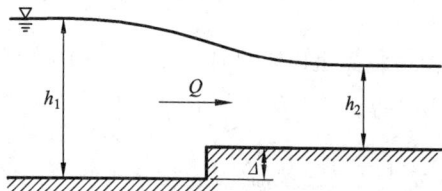

题 3.11 图

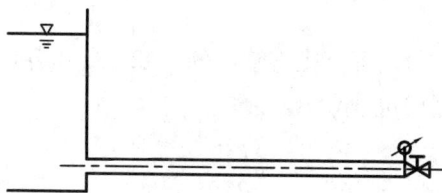

题 3.12 图

3.12　如图所示管路，已知：管径 $d=10$ cm，当阀门全部关闭时压力表读数为 0.5 个大气压，而在阀门开启后压力表读数降至 0.2 个大气压，设管中水流流到压力表处的总水头损

失为 $2\dfrac{v^2}{2g}$，v 为管中流速，试求：（1）管中流速 v；（2）管中流量 Q。

3.13　为了测量石油管道的流量，安装文丘里流量计，管道直径 $d_1 = 200$ mm，喉管直径 $d_2 = 100$ mm，石油密度 $\rho = 850$ kg/m³，流量系数 $\mu = 0.95$。现测得水银压差计读数 $h_p = 150$ mm。问此时管中流量 Q 多大？

3.14　管中过水流量为 $Q = 2.8 L/s$，直径 $d_1 = 5$ cm，其相对压强 $p_1 = 78.4$ kPa，2 - 2 断面处的真空压强为 6.37 kPa，相应的真空高度为 h_v（题 3.14 图）。若不计水头损失，求断面 2 - 2 的直径 d_2。

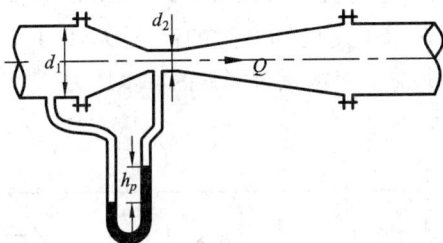

题 **3.13** 图

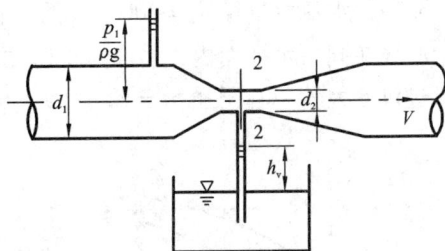

题 **3.14** 图

3.15　离心式通风机用集流器 A 从大气中吸入空气。在直径 $d = 200$ mm 的圆柱形管道处，接一根细玻璃管，管的下端插入水槽中。已知管中的水上升 $H = 150$ mm，求通风机的空气流量 Q（空气的密度 $\rho = 1.29$ kg/m³）。

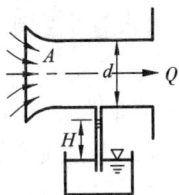

题 **3.15** 图

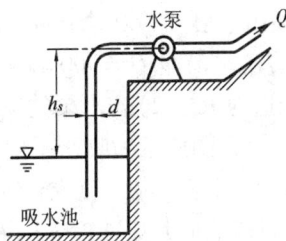

题 **3.16** 图

3.16　如图，离心式水泵从吸水池抽水往高处，已知抽水量 $Q = 6.65$ L/s，泵的安装高程距吸水池水面 $h_s = 5.62$ m，吸水管直径 $d = 100$ mm。若吸水管的总水头损失 $h_w = 0.32$ m 水柱，试求水泵进口断面的真空度 h_v。

3.17　图示一水电站压力水管的渐变段，直径 $D = 1.5$ m，$d = 1$ m，渐变段起点压强 $p_1 = 400$ kPa（相对压强），流量 $Q = 1.8$ m³/s，若不计水头损失，求渐变段镇墩上所受的轴向推力为多少？

3.18　水平方向射流，流量 $Q = 36$ L/s，流速 $v = 30$ m/s，受垂直于射流轴线方向的平板的阻挡，截去流量 $Q_1 = 12$ L/s，并引起射流其余部分偏转，不计射流在平板上的摩阻力，试求射流的偏转角 θ 及对平板的作用力。

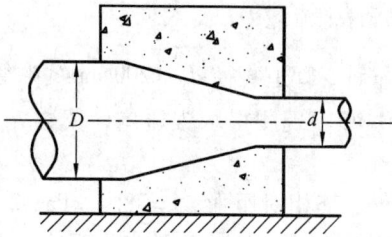

题 **3.17** 图

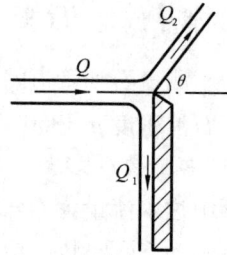

题 **3.18** 图

3.19 水流由直径 $d_1 = 200$ mm 的大管经一渐缩的弯管流入直径 $d_2 = 150$ mm 的小管,管轴中心线在同一水平面内,大管与小管之间的夹角 $\theta = 60°$。已知通过的流量 $Q = 0.1$ m³/s,转弯进口处大管中心压强 $p_1 = 120$ kPa,若不计水头损失,求水流对弯管的动水压力。

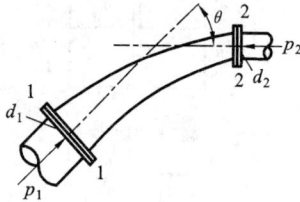

题 **3.19** 图

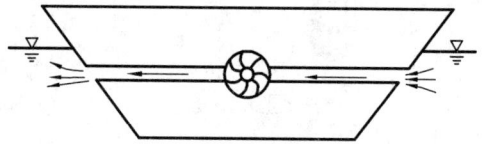

题 **3.20** 图

3.20 如图所示为射流推进船的简图。船在湖面上航行,用离心水泵将水从船头吸入,再由船尾喷出。已知:相对于船,水从船尾喷出的速度为 9 m/s,船的前进速度为 18 km/h,离心水泵的输水流量 $Q = 900$ L/s,忽略水流在水泵吸水管和出水管中的水头损失,试求:(1)船的推进力 R;(2)若水泵的输出功率为 26 kW,求船的推进效率 η。

3.21 一如图所示喷嘴水平射流冲击弯曲叶片,已知:喷嘴流量为 Q,出口流速为 v,面积为 A,叶片弯曲角为 β。试求:(1)叶片对水流的作用力;(2)如果叶片为平板,叶片所受的作用力;(3)弯曲叶片以速度 u 向右移动时,叶片受的作用力。

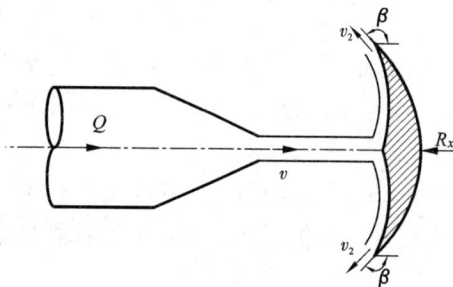

题 **3.21** 图

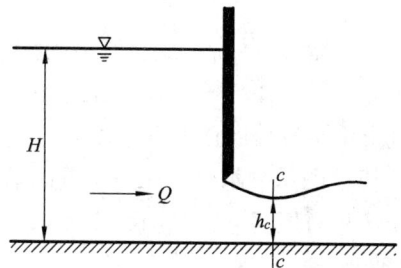

题 **3.22** 图

3.22 如图所示平板闸下出流,已知闸门上游水深 H、闸门宽度 B 和流量 Q,试求水流对闸门的冲击力最大时的闸下水深 h_c。

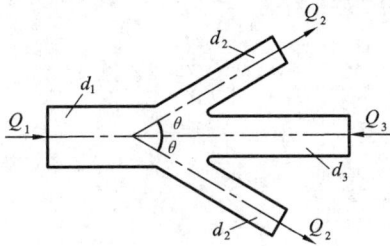

题 3.23 图

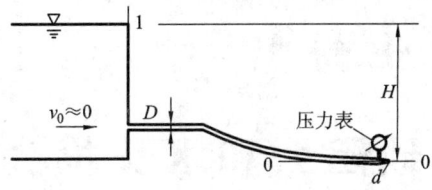

题 3.24 图

3.23　轴线位于同一水平面内的四通叉管如图，两端输入流量 $Q_1 = 0.2 \text{ m}^3/\text{s}$，$Q_3 = 0.1$ m^3/s，相应断面动水压强 $p_1 = 20 \text{ kPa}$，$p_3 = 15 \text{ kPa}$，两侧叉管直接喷入大气，已知各管管径 $d_1 = 0.3 \text{ m}$，$d_2 = 0.15 \text{ m}$，$d_3 = 0.2 \text{ m}$，$\theta = 30°$。试求交叉处水流对管壁的作用力（摩擦力忽略不计）。

3.24　从水箱接一橡胶管道及喷嘴如图，橡胶管直径 $D = 7.5 \text{ cm}$，喷嘴出口直径 $d = 2.0$ cm，水头 $H = 5.5 \text{ m}$，由水箱至喷嘴出口的水头损失 $h_w = 0.5 \text{ m}$。用压力表测得橡胶管与喷嘴接头处的压强 $p = 4.9 \text{ N/cm}^2$，行近流速 $v_0 \approx 0$。（1）计算通过管道的流量 Q；（2）如用手握住喷嘴，需要多大的水平力？方向如何？

第 4 章

流动阻力和水头损失

上一章,我们讨论了理想流体和实际流体元流的能量方程,对比两方程

理想流体:

$$z_1 + \frac{p_1}{\rho g} + \frac{u_1{}^2}{2g} = z_2 + \frac{p_2}{\rho g} + \frac{u_2^2}{2g}$$

实际流体:

$$z_1 + \frac{p_1}{\rho g} + \frac{u_1{}^2}{2g} = z_2 + \frac{p_2}{\rho g} + \frac{u_2{}^2}{2g} + h_w'$$

可见,因实际流体具有粘性,在流动时,流体内部各流层之间产生相对运动,形成流动阻力,而克服阻力流动,将有一部分流体的机械能不可逆地转化为热能而散发,造成机械能的损失。上面实际流体伯努利方程中多出的一项 h_w' 就是单位重量流体从断面 1 流到断面 2 因克服阻力而损失的机械能,又称为水头损失。

表示流体的机械能损失一般有两种方法:对于液体,通常用水头损失 h_w 来表示,其量纲为长度;对于气体,则常用压强损失 p_w 来表示,量纲与压强的量纲相同。它们之间的关系是:

$$p_w = \rho g h_w$$

由此可见,要利用伯努利方程来解决实际工程中的流体力学问题,必须先分析能量损失的形成原因,掌握能量损失的计算方法。

本章探讨水头损失与液流形态的关系,分析水头损失的变化规律及其计算方法。

4.1　流动阻力和水头损失的分类

流动阻力和水头损失的变化规律,因流动状态和边界条件而异。为便于分析计算,按流动边界情况的不同,对流动阻力和水头损失分类研究。

4.1.1　流动阻力和水头损失的分类

在边界沿程无变化(边壁形状、尺寸、流动方向均无变化)的均匀流段上,产生的流动阻力称为沿程阻力(或摩擦阻力)。由于克服沿程阻力做功而引起的水头损失称为沿程水头损失。沿程水头损失均匀分布在整个流段上,与流程长度成比例,以 h_f 表示。比如流体在等直径直管中流动,其水头损失就是沿程水头损失。

在边界沿程急剧变化,局部区段上流速分布发生较大改变,集中产生的流动阻力称为局

部阻力。克服局部阻力引起的水头损失称为局部水头损失，以 h_j 表示。比如发生在管道入口、弯头、阀门等各种管件处的水头损失，都是局部水头损失。

如图 4.1.1 所示的管道流动，ab、bc、cd 各段只有沿程阻力，h_{fab}、h_{fbc}、h_{fcd} 是各段的沿程水头损失；管道入口 a、管径突然缩小 b 及阀门 c 处产生局部阻力，h_{ja}、h_{jb}、h_{jc} 是各处的局部水头损失。整个管道的水头损失 h_w 等于个管道的沿程水头损失与所有局部水头损失的总和。

$$h_w = \sum h_f + \sum h_j = h_{fab} + h_{fbc} + h_{fcd} + h_{ja} + h_{jb} + h_{jc}$$

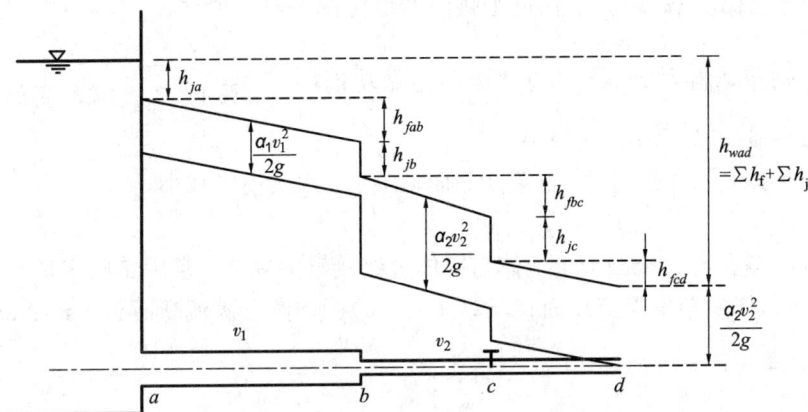

图 4.1.1　管道流动阻力与水头损失

管道气流的机械能损失用压强损失计算，即

$$p_w = \sum p_f + \sum p_j$$

4.1.2　水头损失的计算通式

水头损失计算公式的建立，经历了从经验到理论的发展过程。至 19 世纪中叶，法国工程师达西(Durcy. H)和德国水利学家魏斯巴赫(Weisbach. J. L)在前人实验的基础上，提出圆管沿程水头损失的计算公式

$$h_f = \lambda \frac{l}{d} \frac{v^2}{2g} \tag{4.1.1}$$

式中：l 为管长；d 为管径；v 为断面平均流速；g 是重力加速度；λ 称为沿程阻力系数(或沿程摩阻系数)。

式(4.1.1)称为达西－魏斯巴赫公式(简称达西公式)。式中的沿程阻力系数 λ 并不是一个确定的常数，一般由实验确定。由此，可以认为达西公式实际上是把沿程水头损失的计算，转化为确定沿程阻力系数 λ。20 世纪初量纲分析原理被发现以后，可以用量纲分析的方法直接导出式(4.1.1)(详见例 8.2.4)，进一步从理论上证明了该式是一个正确、完整的表达圆管沿程水头损失的公式，使该式从最初的纯经验公式中分离出来。经过一个多世纪以来的理论发展和实践检验证明，达西公式在结构上是合理的，使用上是方便的。

在实验的基础上，局部水头损失按下列公式计算

$$h_j = \zeta \frac{v^2}{2g} \tag{4.1.2}$$

式中 ζ 是局部水头损失系数(局部阻力系数),由实验确定;v 为 ζ 对应的断面平均流速。

4.1.3　过流断面的水力要素及其对水头损失的影响

1. 过流断面面积 A

如图 4.1.2 所示两圆形过流断面,面积 $A_1 < A_2$,由连续性方程可知,通过流量 Q 相同时,流速 $v_1 > v_2$,因半径 $r_1 < r_2$,则流速梯度 $\dfrac{du_1}{dr_1} > \dfrac{du_2}{dr_2}$,根据牛顿内摩擦定律 $\tau = \mu\dfrac{du}{dr}$ 可得,粘滞摩阻力 $\tau_1 > \tau_2$,克服摩阻力做功消耗的机械能(水头损失)$h_{w1} > h_{w2}$。

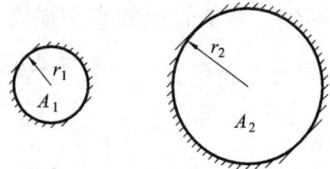

图 4.1.2　过流断面面积的影响

结论1:在其他条件相同时,过流断面面积增加,水头损失减小。

2. 湿周 χ

所谓湿周,就是在过流断面上流体与固体边壁接触的周界,常用希腊字母 χ 表示。如图 4.1.3 所示,(a)图中矩形渠道断面 $\chi_a = 2h + b$;(b)图中圆管满流断面 $\chi_b = \pi d$;(c)图中圆管不满流管道 $\chi_c = \dfrac{\pi}{2}d$。

面积相同,是否水头损失就相同呢? 图 4.1.4 中两过流断面面积相等,(a)图正方形,湿周 $\chi_1 = 4b$,小于(b)图中矩形 $\chi_2 = 5b$,故边壁摩阻力 $\tau_1 < \tau_2$,水头损失 $h_{w1} < h_{w2}$。

结论2:在其他条件相同时,湿周增加,水头损失增加。

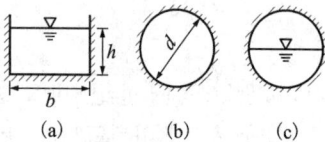

图 4.1.3

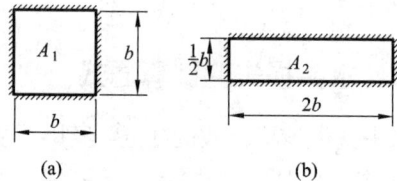

图 4.1.4　湿周的影响

3. 水力半径 R

湿周相同,是否水头损失相同呢? 图 4.1.5 中圆形与正方形满流断面,尽管 $\chi_1 = \chi_2$,但显然 $A_1 > A_2$,由前面分析可知 $h_{w1} < h_{w2}$。

由此可见,只用面积或湿周均不能全面表征过流断面阻水的水力特征,只有把两者结合起来才全面。为此,定义面积 A 与湿周 χ 的比值为水力半径 R,即

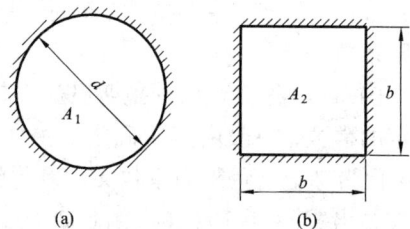

图 4.1.5　水力半径的影响

$$R = \frac{A}{\chi} \qquad (4.1.3)$$

如图 4.1.3(a)：$R_a = \dfrac{bh}{2h+b}$；(b)：$R_b = \dfrac{\pi r^2}{2\pi r} = \dfrac{r}{2} = \dfrac{d}{4}$；(c)：$R_c = \dfrac{\frac{1}{2}\pi r^2}{\pi r} = \dfrac{r}{2} = \dfrac{d}{4}$

当面积 A 增加或湿周 χ 减小，水头损失 h_w 都减小，从式(4.1.3)可见，这两种情况对应的水力半径 R 均增大。

结论 3：在其他条件相同时，水力半径增加，水头损失减小。

4.2　层流与紊流

实际流体由于粘性的存在，一方面使流层间产生内摩阻力，另一方面使流体的运动呈现出截然不同的两种运动形态——层流和紊流。

4.2.1　雷诺实验

1883 年英国的雷诺(Reynolds. O)通过实验研究，深入地揭示了两种流动形态的本质差别与发生的条件，实验装置如图 4.2.1 所示，由水箱 A 引水进入水平玻璃管 B，尾阀 C 可控制流量，颜色水由容器 D 注入针管 E。实验过程中，水箱 A 中的水位保持恒定，管 B 中的水流为恒定流。为了减少干扰，应适当调整阀门 F 的开度，使颜色水注入针管时的流速与管 B 的流速接近。

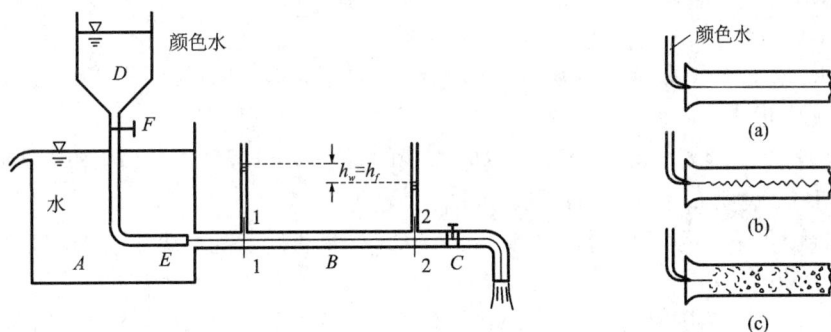

图 4.2.1　雷诺实验

当阀门 C 的开度较小、玻璃管内的流速较慢时，注入的颜色水在玻璃管中呈一条位置固定、界限明确的细直流束[见图 4.2.1(a)]，说明玻璃管内的水流有条不紊地呈层状运动，互不混掺，这种流态称为层流。若将阀门 C 的开度逐渐加大，玻璃管中流速增加，当流速大到某一临界值时，颜色水束开始摆动、发生弯曲、且流束的线条沿程逐渐变粗[见图 4.2.1(b)]；随着流速继续增大，颜色水束流出针管 E 后线条会迅速断裂，与周围水体掺混，扩散至水内各处[见图 4.2.1(c)]，说明此时玻璃管中的流体质点皆作杂乱无章的掺混运动，这种流态称为紊流(或端流)。

当实验以相反的程序进行，即阀门 C 由大到小逐渐关闭时，观察到的现象以相反的程序重复出现。

层流与紊流在流动结构上的差异必然会导致水头损失的不同。为了便于分析，在

图 4.2.1 中玻璃管 B 的两个过流断面 1 与 2 上各安一根测压管，即可测得断面 1 至 2 间的水头损失 h_w。由伯努利方程

$$z_1 + \frac{p_1}{\rho g} + \frac{\alpha_1 v_1^2}{2g} = z_2 + \frac{p_2}{\rho g} + \frac{\alpha_2 v_2^2}{2g} + h_w$$

断面 1、2 间边壁平直，形状不变，故只有沿程水头

损失 $h_w = h_f$，因 $z_1 = z_2$，$\dfrac{\alpha_1 v_1^2}{2g} = \dfrac{\alpha_2 v_2^2}{2g}$，所以 $\dfrac{p_1}{\rho g} - \dfrac{p_2}{\rho g} = h_f$，这就是说，两根测压管中的液面高差为两断面间的沿程水头损失。测定不同的断面平均流速 v 和相应两断面之间的沿程水头损失 h_f，将 $h_f \sim v$ 关系点绘在对数坐标纸上，能够得到图 4.2.2 所示的结果。

(1) 当阀门 C 由小到大开时，实验曲线为 $ABCDE$，C 点是层流过渡到紊流的转换点，对应的流速为上临界流速 v_C'；当阀门 C 由大到小关时，实验曲线为 $EDBA$，B 点为紊流过渡到层流的转换点，对应的流速为下临界流速 v_C。

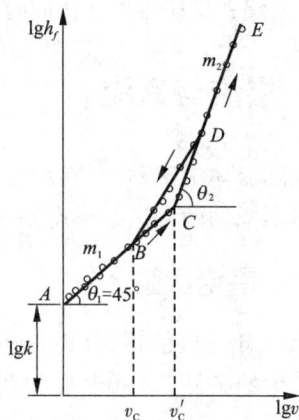

图 4.2.2 $h_f - v$ 关系图

在对数坐标下直线方程为

$$\lg h_f = \lg k + m \lg v$$

式中 $\lg k$ 为截距，m 为直线的斜率，上式可表示成指数形式

$$h_f = kv^m$$

(2) 在 AB 段上 $v < v_C$，流动为层流，AB 直线的斜率 $m = 1.0$，说明沿程水头损失 h_f 与断面平均流速 v 成正比。

(3) 在 DE 段上 $v > v_C'$，流动为紊流，DE 直线的斜率 $m = 1.75 \sim 2.0$（因图幅限制，$m = 2.0$ 段图中未画出），说明 h_f 与 $v^{1.75} \sim v^{2.0}$ 成正比。

(4) BC 段为层流与紊流的过渡区域，$v_C < v < v_C'$，流动状态既取决于流动的初始流态，又取决于外界扰动的大小。

雷诺实验结果并不限于圆管中的水流，同样适合于其他形状的流动边界，也适合于其他液体与气体。因此能够得到结论：任何实际的流动皆具有层流与紊流两种流态，流态不同，沿程水头损失的变化规律不同。

4.2.2　流态的判别——雷诺数

1. 圆管流雷诺数

因为流态不同沿程阻力和水头损失的规律不同，所以计算水头损失之前，需对流态作出判断。临界流速 v_C 是层流与紊流的转变流速，该流速与哪些因素有关呢？雷诺实验发现，临界流速 v_C 与流体的粘度 μ 成正比，与流体的密度 ρ 和管径 d 成反比，即

$$v_C \propto \frac{\mu}{\rho d}$$

写成等式为

$$v_C = Re_C \frac{\mu}{\rho d}$$

式中 Re_C 为比例常数，是不随管径大小和流体物理力学特性(ρ、μ)变化的无量纲数

$$Re_C = \frac{v_C \rho d}{\mu} = \frac{v_C d}{\nu} \tag{4.2.1}$$

1908 年，距雷诺实验已过 25 年，后人为了纪念雷诺，将无量纲数

$$Re = \frac{vd}{\nu} \tag{4.2.2}$$

称为雷诺数。与下临界流速 v_C 对应的雷诺数 $Re_C = \frac{v_C d}{\nu}$ 称为下临界雷诺数，实验中称为临界雷诺数。雷诺实验及后来的实验都得出，临界雷诺数 Re_C 稳定在 2000 左右，其中以希勒（Schiller. 1921）的实验值 $Re_C = 2300$ 得到公认。本教材采用临界雷诺数 $Re_C = 2300$。

$Re < Re_C$，则 $v < v_C$，流动为层流；

$Re > Re_C$，则 $v > v_C$，流动为紊流。

2. 非圆管流雷诺数

对于明渠水流及非圆断面管流，同样可以用雷诺数判别流态。这里以水力半径 R 为特征长度，相应的临界雷诺数为

$$Re_C = \frac{vR}{\nu} = 575$$

实际上，因 $R = \frac{d}{4}$，圆管流与非圆管流的临界雷诺数 Re_C 便是相等的。

3. 雷诺数的力学意义

关于雷诺数的力学意义，是以宏观特征量表征的质点所受惯性作用和粘性作用之比，可由相似理论证明（详见 §8.3）。当 $Re < Re_C$ 时，流动受粘性作用控制，使流体受微小扰动所引起的紊动衰减，流动保持层流。随着 Re 增大，粘性作用逐渐减弱，惯性对紊动的激励作用增强，到 $Re > Re_C$ 时，流动受惯性作用控制转变为紊流。因为雷诺数表征了流态决定性因素的对比，具有普遍意义，因此，所有牛顿流体（如水、汽油、所有气体）圆管流的临界雷诺数均为 $Re_C = 2300$。

实际工程中的流动一般为紊流，层流运动只存在于某些小管径、小流量的户内管路或粘性较大的机械润滑系统和输油管路中。

4.2.3　紊流的成因

由雷诺实验可知，紊流与层流的根本区别在于流动中有无流层间质点的掺混，而涡体的形成则是产生这种横向掺混的根源，下面通过对涡体形成过程的分析来探讨紊流的成因。

涡体的形成与发展过程如图 4.2.3 所示，假定流动的初始流态为层流流态。由于实际流体的粘滞作用，过流断面上的流速分布总是不均匀的，流速较大的高速流层会通过摩擦切力的形式拖动相邻的低速流层[见图 4.2.3(a)]向前运动，而低速流层作用于高速流层的摩擦切应力则表现为阻力。对于所选定的任意流层而言，上、下两侧的摩擦切力构成顺时针方向的力矩，有促使涡体产生的倾向。

由于外界干扰或来流中的残余扰动，所选定的流层可能会在局部发生微小的波动[如图4.2.3(b)]，局部区域的流速与压强会调整。波谷一侧的过流面积增大，流线变得稀疏、流速减小、压强增高；波峰一侧则相反，过流面积减小，流线变得密集、流速增大、压强降低，

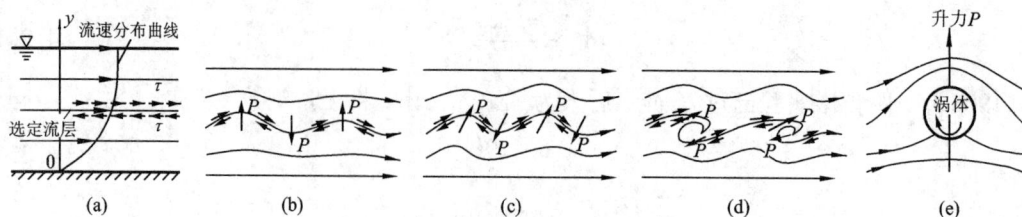

图 4.2.3　紊流涡体形成原理图

显然，在这种横向压强差的作用下波动将加剧，如图 4.2.3(b) 所示。当波幅增大到一定程度后，在横向压强差与摩擦切应力的综合作用下，波峰与波谷重叠，最后形成旋转运动的涡体，如图 4.2.3(c、d、e) 所示。涡体形成以后，涡体旋转方向与流体速度方向一致的一边流速变大，压强减小；另一边则流速变小，压强变大，这样在流场中旋转着的涡体会受到横向升力的作用，这种升力有可能推动涡体作横向运动，进入其他流层，质点掺混，从而发生紊流运动，如图 4.2.3(e) 所示。

涡体形成了还不一定就能形成紊流。一方面因为涡体的惯性有保持其本身运动的倾向，另一方面是因为实际流体具有粘性，粘滞作用会约束涡体的运动，所以涡体能否脱离原流层而掺入邻层，取决于惯性作用与粘滞作用的相对大小。因雷诺数的力学意义表征的是流体质点所受的惯性作用与粘滞作用之比。如果流动平稳，没有任何扰动，涡体不易形成，则雷诺数虽然达到一定的数值，也不可能产生紊流，所以自层流转变为紊流时，上临界雷诺数极不稳定。反之，自紊流转变为层流时，只要雷诺数降低到某一数值，即使涡体继续存在，若惯性力不足以克服粘滞力，涡体不能掺混，所以不管有无扰动，下临界雷诺数是比较稳定的。这正是雷诺数能够成为判断流态类型的重要参数的缘由。

【例 4.2.1】　水和油均以 $v = 0.5$ m/s 的流速在直径为 $d = 100$ mm 的圆管中流动，运动粘度分别为 $\nu_水 = 1.79 \times 10^{-6}$ m²/s、$\nu_油 = 30 \times 10^{-6}$ m²/s，试确定其流动形态。

【解】　水的流动雷诺数

$$Re = \frac{vd}{\nu_水} = \frac{0.5 \times 0.1}{1.79 \times 10^{-6}} = 27933 > Re_C = 2300，为紊流流态$$

油的流动雷诺数

$$Re = \frac{vd}{\nu_油} = \frac{0.5 \times 0.1}{30 \times 10^{-6}} = 1667 < Re_C = 2300，为层流流态$$

4.3　均匀流的沿程水头损失

通过 §4.1 已经了解，沿程阻力是引起沿程水头损失的直接原因，因此，建立沿程水头损失与沿程摩阻切应力的关系式，再找出切应力的变化规律，就能解决沿程水头损失的计算问题。

4.3.1　沿程水头损失与切应力

1. 均匀流基本方程

在过流断面为任意形状的均匀流中选取一段流股，如图 4.3.1 实线部分所示。设流股的长度为 l，断面面积为 A'，湿周为 χ'，流动方向与垂直方向的夹角为 θ。在均匀流中，流体质点做等速运动，加速度为零，质量力中只含有重力

$$G = \rho g A' l$$

设流股表面的平均切应力为 τ，则流股表面受到的来自周围流体的摩擦切力

$$T = \tau l \chi'$$

流股上、下游断面 1、2 上受到的流体动压力分别为

$$P_1 = p_1 A', \quad P_2 = p_2 A'$$

均匀流中流速沿程不变，沿流动方向所受外力相互平衡

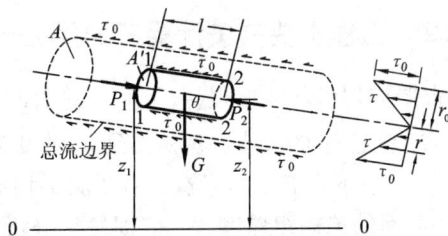

图 4.3.1　均匀流中受力分析

$$P_1 + G\cos\theta - P_2 - T = 0$$

将 T、P_1、P_2 与 G 代入，并注意到 $l\cos\theta = z_1 - z_2$，得到

$$(p_1 - p_2)A' + \rho g A'(z_1 - z_2) - \tau l \chi' = 0$$

用 $\rho g A'$ 除以上式，移项得

$$\left(z_1 + \frac{p_1}{\rho g}\right) - \left(z_2 + \frac{p_2}{\rho g}\right) = \frac{\tau \chi' l}{\rho g A'} \tag{4.3.1}$$

均匀流断面 1、2 间只有沿程损失 h_f，因此可以将伯努利方程表示成

$$\left(z_1 + \frac{p_1}{\rho g}\right) = \left(z_2 + \frac{p_2}{\rho g}\right) + h_f$$

将上式代入式 (4.3.1) 并整理得

$$h_f = \frac{\tau}{\rho g}\frac{\chi'}{A'}l = \frac{\tau}{\rho g}\frac{l}{R'} \tag{4.3.2}$$

或

$$\tau = \rho g R' J \tag{4.3.3}$$

式中：$R' = \dfrac{A'}{\chi'}$ 为流股的水力半径；$J = \dfrac{h_f}{l}$ 为流股的水力坡度。

对于图 4.3.1 中虚线所示的总流可用同样的方法进行分析，设 R、τ_0 分别表示总流的水力半径及总流边壁上的平均切应力，可得总流的沿程水头损失与边壁切应力之间的关系式

$$h_f = \frac{\tau_0}{\rho g}\frac{l}{R} \tag{4.3.4}$$

$$\tau_0 = \rho g R J \tag{4.3.5}$$

上述两式称为均匀流基本方程。它表明，具有任意断面形状的总流沿程水头损失 h_f 与流程长度 l、边壁平均切应力 τ_0 成正比，与总流的水力半径 R 成反比。由于公式推导未涉及流体质点的运动状况，因此方程无论层流或紊流均适用。

2. 过流断面上的切应力分布

将式 (4.3.3) 除以 (4.3.5)，得

$$\frac{\tau}{\tau_0} = \frac{R'}{R} = \frac{r}{r_0} \tag{4.3.6}$$

说明流股表面的平均切应力与水力半径（或半径）成正比。在圆管均匀流中，若流股是与圆管同轴的圆柱形状，则流股表面上各点的切应力是相等的。式(4.3.6)表明圆管均匀流断面上的切应力 τ 沿径向 r 上线性分布，在管轴中心($r=0$)处为零、在边壁($r=r_0$)处最大。若图4.3.1所示为圆形过流断面，则断面上切应力分布见该图右侧，类似于反写的字母"K"，所以称为"K"形分布。

4.3.2 沿程水头损失计算的通用公式

根据均匀流基本方程(4.3.4)，总流的沿程水头损失 h_f 取决于边壁上的平均摩擦切应力 τ_0，若能确定 τ_0 的大小，容易得到 h_f 的变化规律。根据实验，可知圆管均匀流边壁上的摩擦切应力 τ_0 与下列五个因素有关：断面平均流速 v、水力半径 R、流体的密度 ρ、流体的动力粘度 μ、壁面的绝对粗糙度 Δ。依据量纲分析法，可以得到 τ_0 的表达式（详见例8.2.4）为

$$\tau_0 = \frac{\lambda}{8}\rho v^2 \tag{4.3.7}$$

其中无量纲系数 λ 即是本章第一节所述的沿程阻力系数。上式是圆管均匀流边壁摩擦切应力 τ_0 的通用表达式。

将式(4.3.7)代入(4.3.4)，便可得到达西公式

$$h_f = \lambda \frac{l}{4R}\frac{v^2}{2g} \tag{4.3.8}$$

若用圆管直径 $d = 4R$ 来代替水力半径 R 即得到达西公式(4.1.2)

$$h_f = \lambda \frac{l}{d}\frac{v^2}{2g}$$

达西公式是均匀流沿程水头损失计算的通用公式，它将沿程水头损失 h_f 的计算转化为如何确定沿程阻力系数 λ 的问题。

实验研究表明，沿程阻力系数 λ 是雷诺数 $Re = \dfrac{vd}{\nu}$ 和流道边壁的相对粗糙度(Δ/R)的函数

$$\lambda = f(Re, \frac{\Delta}{R}) \tag{4.3.9}$$

为了寻求 λ 随这两个因素变化的规律，需要对层流和紊流分别进行研究。

4.4 圆管中的层流运动

层流常见于很细的管道中的流动，或者低速、高粘流体的运动，如阻尼管、润滑油管、原油输送管内的流动等。研究层流不仅具有工程实际意义，而且通过比较，可以加深对紊流的认识，还是流体粘度量测的理论基础。

4.4.1 流速分布

对如图4.4.1所示的圆管流动，圆管半径为 r_0，流速为 $u(r)$。取半径为 r 的同轴圆柱形流股来讨论：流股表面的切应力大小相等，流股的水力半径 $R = r/2$，由式(4.3.3)可得管内

任一点的切应力 τ 与沿程水头损失之间的关系

$$\tau = \rho g \frac{r}{2} J \qquad (4.4.1)$$

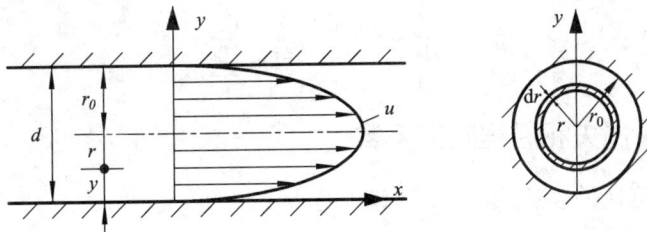

图 4.4.1　圆管层流中的流速分布

圆管中的层流运动,可以看成无数个薄圆筒一个套着一个地相对滑动,流层之间互不掺混。流层间的切应力大小也应满足牛顿内摩擦定律 $\tau = \mu \dfrac{\mathrm{d}u}{\mathrm{d}y}$,由图知 $y = r_0 - r$,$\mathrm{d}y = -\mathrm{d}r$,代入上式得

$$\tau = -\mu \frac{\mathrm{d}u}{\mathrm{d}r} \qquad (4.4.2)$$

联解式(4.4.1)和(4.4.2),整理得

$$\mathrm{d}u = -\frac{\rho g J}{2\mu} r \mathrm{d}r$$

在均匀流中,水力坡度 J 值不随半径 r 而变。对上式积分,并带入边界条件:$r = r_0$,$u = 0$,得

$$u = \frac{gJ}{4\nu}(r_0^2 - r^2) \qquad (4.4.3)$$

可见圆管层流运动的断面流速分布是以管中心线为轴的旋转抛物面,见图 4.4.1。当 $r = 0$ 时,即在管轴上流速达最大值

$$u_{\max} = \frac{gJ}{4\nu}r_0^2 = \frac{gJ}{16\nu}d^2 \qquad (4.4.4)$$

将式(4.4.3)代入平均流速定义式

$$v = \frac{Q}{A} = \frac{\displaystyle\int_A u\mathrm{d}A}{A} = \frac{\displaystyle\int_0^{r_0} u 2\pi r \mathrm{d}r}{A}$$

则平均流速为

$$v = \frac{gJ}{8\nu}r_0^2 = \frac{gJ}{32\nu}d^2 \qquad (4.4.5)$$

比较式(4.4.4)和(4.4.5)得

$$v = \frac{1}{2}u_{\max}$$

即:圆管层流运动的断面平均流速等于最大点流速的一半。可见,层流过流断面上流速分布不均匀,其动能修正系数为

$$\alpha = \frac{\int_A u^3 dA}{v^3 A} = 2$$

动量修正系数为

$$\beta = \frac{\int_A u^2 dA}{v^2 A} = 1.33$$

4.4.2　沿程水头损失和沿程阻力系数

根据断面平均流速的表达式(4.4.5)移项可得

$$J = \frac{8\nu}{g r_0^2} v = \frac{32\nu}{g d^2} v$$

而 $J = h_f / l$，故

$$h_f = Jl = \frac{32\nu l}{g d^2} v \tag{4.4.6}$$

上式从理论上证明了层流沿程水头损失和断面平均流速的一次方成正比，这与雷诺实验的结果一致。

将式(4.4.6)改写成计算沿程水头损失的计算通式——达西公式 $h_f = \lambda \dfrac{l}{d} \dfrac{v^2}{2g}$ 的形式

$$h_f = \frac{32\nu v l}{g d^2} = \frac{64}{\dfrac{vd}{\nu}} \frac{l}{d} \frac{v^2}{2g} = \frac{64}{Re} \cdot \frac{l}{d} \cdot \frac{v^2}{2g}$$

可见圆管层流的沿程阻力系数

$$\lambda = \frac{64}{Re} \tag{4.4.7}$$

表明圆管层流的沿程阻力系数 λ 与雷诺数 Re 成反比。

【例 4.4.2】　应用细管式粘度计测定油的粘度。已知细管直径 $d = 6$ mm，测量管段长 $l = 2$ m。实测出油的流量 $Q = 75$ cm³/s，水银压差计的读数 $h_p = 32$ cm，油的密度 $\rho = 900$ kg/m³。试求：(1)油的运动粘度 ν 和动力粘度 μ；(2)液流作用于管壁的切应力 τ_0。

【解】　(1)求油的运动粘度 ν 和动力粘度 μ

列写细管测量段 1－1、2－2 断面间的伯努利方程，化简得

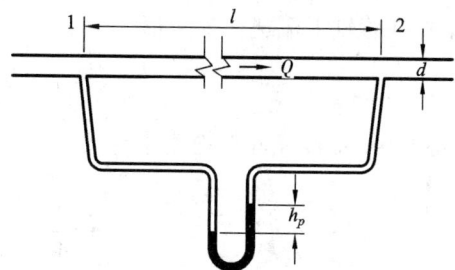

图 4.4.2　细管式黏度计

$$h_f = \frac{p_1}{\rho g} - \frac{p_2}{\rho g}$$

由连通器原理得

$$p_1 - p_2 = (\rho_p - \rho) g h_p$$

代入上式，得

$$h_f = \left(\frac{\rho_p}{\rho} - 1\right)h_p = \left(\frac{13600}{900} - 1\right) \times 0.32 \text{ m} = 4.52 \text{ m}$$

流速
$$v = \frac{4Q}{\pi d^2} = \frac{4 \times 75 \times 10^{-6}}{3.14 \times 6^2 \times 10^{-6}} = 2.65 \text{ m/s}$$

先假设细管中的流动为层流

$$\lambda = \frac{64}{Re}$$

由达西公式

$$h_f = \lambda \frac{l}{d}\frac{v^2}{2g} = \frac{64\nu}{vd}\frac{l}{d}\frac{v^2}{2g}$$

解得

$$\nu = h_f \frac{2gd^2}{64lv} = 4.52 \times \frac{2 \times 9.8 \times (0.006)^2}{64 \times 2 \times 2.65} \text{ m}^2/\text{s} = 9.38 \times 10^{-6} \text{ m}^2/\text{s}$$

$$\mu = \rho\nu = 900 \times 9.38 \times 10^{-6} = 8.45 \times 10^{-3} \text{ Pa} \cdot \text{s}$$

校核流态

$$Re = \frac{vd}{\nu} = \frac{2.65 \times 0.006}{9.38 \times 10^{-6}} = 1696.0 < 2300$$

确为层流，计算成立，油的运动粘度 ν 和动力粘度 μ 即为所求。

(2)求液流作用于管壁的切应力 τ_0

水力半径
$$R = \frac{d}{4} = \frac{0.006}{4} = 1.5 \times 10^{-3} \text{ m}$$

水力坡度
$$J = \frac{h_f}{l} = \frac{4.5156}{2} = 2.2578$$

代入均匀流基本方程
$$\tau_0 = \rho gRJ = 900 \times 9.8 \times 1.5 \times 10^{-3} \times 2.26 = 29.87 \text{ N/m}^2$$

4.5　紊流运动

自然界和工程中的大多数流动都是紊流。如水在河、渠中的流动，流体的管道输送等，可见紊流具有普遍性。

4.5.1　紊流运动要素的脉动与处理方法

1. 紊流的特征

自 20 世纪 60 年代以来，应用现代显示技术发现，紊流中不断产生无数大小不等的旋转涡团，作无规则的运动。流体质点在流动过程中不断的相互掺混，使得空间各点的流速随时间无规则的变化。与之相联系，压强、浓度等运动要素也随时间无规则的变化，这种现象称为紊流脉动。

若在边界条件(如雷诺实验装置中的水箱水位、管路末端阀门 C 的开度等，见图 4.2.1)不变的条件下，选择圆管紊流中的任一固定点，用流速仪量测该点瞬时流速沿管轴线方向的分量 u_x 随时间的变化过程，将可能得到图 4.5.1 所示的情况，有时 u_x 值围绕某一固定值上下波动[如图(a)]；而有时 u_x 值的波动又毫无规律[如图(b)]。可见，在恒定流中的固定点上，某个方向的瞬时流速并不是一个常数，而是不断地波动，这是不同的流体涡团通过固定测点所造成的必然结果。运动要素存在脉动是紊流的特征之一。

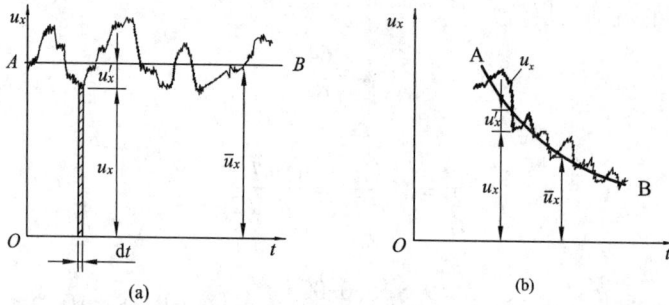

图 4.5.1　紊流的脉动流速

2. 紊流运动时均化

运动要素的脉动对很多工程问题有直接的影响，如压强的脉动会在边壁上产生较大的瞬时荷载，流速的脉动会提高紊流所挟带物质的扩散能力等。然而，紊流的脉动现象十分复杂，脉动幅度与频度的规律性较差，精确的描述、预测瞬时流速或瞬时压强的时空变化规律是十分困难的。尽管已经能够应用现代计算技术，借助于超大型计算机，直接计算某些特定条件下大尺度涡体引起的瞬时变化规律。但直至目前，通过运动参数的时均化来求得运动参数时间平均的规律性，仍然是流体力学研究紊流现象的有效途径之一。

图 4.5.1 显示：瞬时流速 u_x 随时间无规则地变化，将 u_x 对某一时段 T 平均，即

$$\bar{u}_x = \frac{1}{T}\int_0^T u_x \mathrm{d}t \tag{4.5.1}$$

只要所取时段 T 不是很短，在 T 时段内瞬时量的时间变化过程就能够代表该量所有可能出现的状态特征，$\bar{u}_x$ 值便与 T 的长短无关，$\bar{u}_x$ 就是该点 x 方向的时均流速。从图形上看，$\bar{u}_x$ 是 T 时段内 AB 线的纵坐标，它与时间轴所包围的面积，等于 $\bar{u}_x = f(t)$ 曲线与时间轴所包围的面积。

定义了时均流速，瞬时流速就等于时均流速与脉动流速的叠加

$$u_x = \bar{u}_x + u'_x \tag{4.5.2}$$

式中 u'_x 为测点在 x 方向的脉动流速。脉动流速随时间变化，时正时负，时大时小，在时段 T 内，脉动流速的时均值为零，即

$$\bar{u}'_x = \frac{1}{T}\int_0^T u'_x \mathrm{d}t = 0 \tag{4.5.3}$$

紊流速度不仅在流动方向上脉动，同时存在横向脉动。横向脉动流速的时均值也为零，即

$$\bar{u}'_y = 0, \ \bar{u}'_z = 0$$

至此，在流体力学中已提及三种速度概念，它们是：

（1）瞬时速度 u，为某一空间点的实际流速，在紊流流态下随时间脉动。

（2）时均速度 $\bar{u}$，为某一空间点的瞬时流速在时段 T 内的时间平均值，即

$$\bar{u} = \frac{1}{T}\int_0^T u\mathrm{d}t$$

（3）断面平均流速 v，为过流断面上各点流速（紊流是时均流速）的断面平均值，即

$$v = \frac{1}{A}\int_A \bar{u}\mathrm{d}A$$

紊流中其他运动要素也可以同样处理。为简便起见，后文中将略去时均运动要素的时间平均符号，仍采用 u、p 等来表示紊流时间平均流场的速度、压强等。

在引入时均化概念的基础上，雷诺把紊流视作时均流动与脉动流动的叠加，而脉动量的时均值为零。这样一来，紊流便可以根据运动要素是否随时间变化，分为时均恒定流和时均非恒定流，如图 4.5.1（a）就是时均恒定流，图 4.5.1（b）就是时均非恒定流。本书第三章建立的欧拉法描述流动的基本概念及三大方程，在"时均"的意义上继续成立。

需要指出的是，掺混和脉动是紊流的特征，这一特征并不因采用时均化研究方法而消失。紊流的许多问题，如紊流切应力的产生、过流断面上的流速分布等，仍须从紊流的特征出发进行研究，否则不能得到符合实际的结论。

4.5.2　近壁特征

1. 粘性底层

紊流时均流动的断面流速分布与水头损失，很大程度上取决于靠近流道边壁处的流动状态，近壁附近的流动与远离边壁区域内的流动存在很大的差异。实验研究揭示，近壁流层，由于边壁约束了流体质点，使其基本不能垂直于边壁方向运动，而且流速梯度较大，粘滞切应力起主导作用，该薄层称为粘性底层（或层流底层）。在粘性底层以外为紊流区，包括紊流充分发展的紊流核心区和紊动处于发展状态的过渡层（也称缓冲区），如图 4.5.2 所示。

对于圆管紊流，实验观测表明，粘性底层的厚度能够表示成

$$\delta_0 = \frac{32.8d}{Re\sqrt{\lambda}} \qquad (4.5.4)$$

式中：d 为圆管直径；$Re = \dfrac{vd}{\nu}$ 为流动雷诺数；λ 为沿程阻力系数。可见，随着 Re 的增大，粘性底层将变薄。

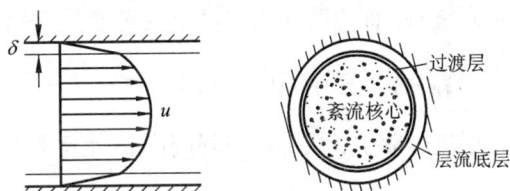

图 4.5.2　紊流区域划分

2. 流道壁面的类型

任何流道的固体边壁上，总存在着高低不平的突起粗糙体，绝对光滑的壁面是不存在的。将粗糙体突出壁面的"特征高度"定义为绝对粗糙度，具有长度的量纲，以符号 Δ 表示，如图 4.5.3 所示。

实验研究发现，壁面粗糙度对流动阻力的影响取决于粗糙突体对紊流结构的影响程度。虽然粘性底层厚度极薄（常小于 1 mm），但能够起到"垫层"的作用，在一定条件下对流动阻力和沿程水头损失有着重大的影响。

根据粗糙度的大小和粘性底层厚度的比较，可将流道壁面分成三种类型。

（1）水力光滑面

当雷诺数 Re 较小或绝对粗糙度 Δ 较小时，粘性底层厚度 δ_0 可以大于绝对粗糙度 Δ 若干倍，粘性底层能够完全掩盖住粗糙突体，流体核心在平直的粘性底层上滑动，像在光滑壁面上流动一样，边壁对流动的阻力只有粘性底层的粘滞阻力，粗糙度对紊流不起任何作用，如图4.5.3(a)，这种壁面称为水力光滑面（或光滑面）。

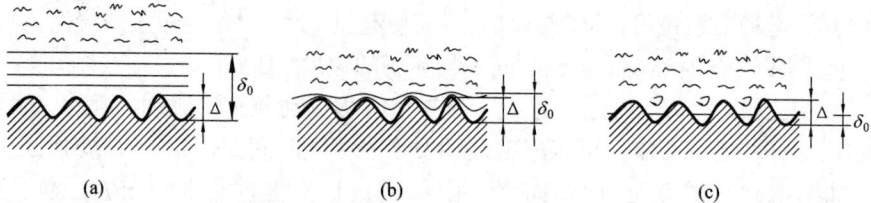

图4.5.3　层流底层与壁面类型

（a）水力光滑面；（b）过渡粗糙面；（c）水力粗糙面

（2）水力粗糙面

当 Re 较大或 Δ 较大时，粘性底层极薄，δ_0 可以小于 Δ 若干倍，紊流绕过突入到紊流核心区的粗糙体时会产生小漩涡，加剧了紊流的脉动作用，如图4.5.3(c)。此时，边壁对流动的阻力主要由这些小漩涡的横向掺混运动而形成，而粘性底层的粘滞阻力作用是十分微弱的，边壁粗糙度对紊流的影响将起主导作用。这种壁面称为水力粗糙面（或粗糙面）。

（3）过渡粗糙面

粘性底层虽不足以完全掩盖住边壁粗糙度的影响，但粗糙度还没有起决定性作用，介于水力光滑与水力粗糙之间，这种壁面称为过渡粗糙面，如图4.5.3(b)。

值得说明的是，水力光滑面或粗糙面并非完全取决于固体边界表面本身是否光滑，而必须依据粘性底层和绝对粗糙度两者的相对大小来确定，即使同一固体边壁，在某一雷诺数下可能是光滑面，而在另一雷诺数下又可能是粗糙面。

4.5.3　紊流产生附加切应力

在层流运动中，只有因流层间的相对运动所产生的粘滞切应力，可直接由牛顿内摩擦定律计算：$\tau = \mu \dfrac{\mathrm{d}u}{\mathrm{d}y}$，称为粘性阻力。

而在紊流中，除流层间的相对运动外，还有流体涡团的横向混掺，因此，紊流切应力的计算，应引用时间平均的概念，将紊流运动的时均切应力 $\bar{\tau}$ 看作是两部分组成：第一部分由相邻两流层间时均流速差所产生的粘滞切应力 $\bar{\tau}_1$（即粘性阻力）

$$\bar{\tau}_1 = \mu \frac{\mathrm{d}\bar{u}_x}{\mathrm{d}y} \tag{4.5.5}$$

式中 $\bar{u}_x$ 为流体质点沿流向的时均流速。

第二部分：纯粹由脉动流速所产生的附加切应力 $\bar{\tau}_2$，称为惯性阻力（或雷诺应力）。紊流运动的微观结构很复杂，建立的理论也较多，附加切应力 $\bar{\tau}_2$ 计算最常用到的是普朗特混合长度理论。

普朗特动量传递学说：假设流体质点在横向脉动运移过程中瞬时流速保持不变，因而动量也保持不变,到达新位置后,动量突然改变,并与新位置上原有流体质点所具有的动量一致。由动量定律,这种流体质点的动量变化,将产生附加切应力。运用这一学说可建立附加切应力与脉动流速的关系

$$\bar{\tau}_2 = -\rho \, \overline{u_x' u_y'} \qquad (4.5.6)$$

式中:u_x'为流体质点沿流向的脉动速度,u_y'为垂直于流向的脉动速度。可推得

$$\bar{\tau}_2 = \rho l^2 \left(\frac{\mathrm{d}\,\bar{u}_x}{\mathrm{d}y}\right)^2 \qquad (4.5.7)$$

式中:l称为混合长度,需根据具体问题作出新的假定,并结合实验才能确定。

紊流的切应力

$$\bar{\tau} = \bar{\tau}_1 + \bar{\tau}_2 \qquad (4.5.8)$$

式中两部分切应力所占比重随紊动状况而异。在雷诺数较小、紊流脉动较弱时,粘性阻力 $\bar{\tau}_1$ 占主导地位;随着雷诺数的增大,紊流脉动加剧,惯性阻力 $\bar{\tau}_2$ 不断增大。当雷诺数很大时,紊动充分发展,此时 $\bar{\tau}_1 \ll \bar{\tau}_2$,前者忽略不计,则

$$\bar{\tau} \approx \bar{\tau}_2 \qquad (4.5.9)$$

4.5.4　紊流的流速分布

紊流中,由于流体涡团相互掺混,互相碰撞,因而产生了流体内部各质点间的动量传递,动量大的质点将动量传给动量小的质点,动量小的质点牵制动量大的质点,结果造成断面流速分布的均匀化。

图 4.5.4(b)为圆管过流断面上紊流的流速分布图,是按指数或对数规律分布的,比层流流速按抛物线分布[图(a)]要均匀得多,但紊流流速比层流要大得多。

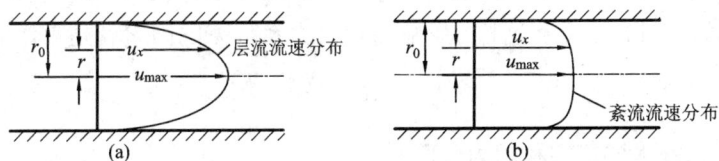

图 4.5.4　圆管断面流速分布

4.6　紊流的沿程水头损失

由达西公式 $h_f = \lambda \dfrac{l}{d}\dfrac{v^2}{2g}$ 可知,沿程水头损失计算,关键在于如何确定沿程阻力系数 λ。由于紊流的复杂性,λ 不可能像层流那样严格地从理论上推导出来。工程中一般通过两种途径来确定 λ:一是直接根据紊流沿程水头损失的实测资料,综合成纯经验公式;二是用理论和试验相结合的方法,以紊流的半经验理论为基础,整理成半经验半理论公式。

4.6.1　尼古拉兹实验

尼古拉兹(Nikuradse·J,德国)于 1933 年在人工均匀砂粒形成的粗糙管中进行了系统的

沿程阻力系数和断面流速分布的测定，该实验被称为尼古拉兹实验，是紊流运动的经典实验之一，至今仍是研究沿程水头损失规律的重要基础。

1. 沿程阻力系数 λ 的影响因素

欲通过实验研究沿程阻力系数 λ，首先要分析 λ 的影响因素。理论分析已表明，层流的阻力只有粘性阻力，$\lambda = 64/Re$，即 λ 仅与雷诺数 Re 有关。而紊流的阻力由粘性阻力和惯性阻力两部分组成，壁面粗糙在一定条件下成为产生惯性阻力的主要外因，每个粗糙突出都将成为产生旋涡引起紊动的源泉。因此，粗糙度的影响在紊流中是一个十分重要的因素。这样，紊流的水头损失一方面取决于反映流动内部矛盾的粘性力和惯性力的对比关系，另一方面又取决于流动的边壁几何条件。前者可用 Re 来表示，后者则包括管长、过流断面的形状、尺寸以及壁面的粗糙程度等。对圆管来说，过流断面的形状已确定，而管长和管径包括在达西公式中，因此边壁的几何条件只剩下壁面粗糙需要通过 λ 来反映。也就是说，沿程阻力系数 λ，主要取决于 Re 和壁面粗糙这两个因素。

壁面粗糙中影响沿程水头损失的具体因素仍有不少。例如，对于工业管道就包括粗糙的突起高度、粗糙的形状、粗糙的疏密和排列等因素。尼古拉兹在试验中使用了一种简化的粗糙模型，他把筛分后粒径基本相同、形状近似球体的人工均匀砂粒用漆汁均匀而

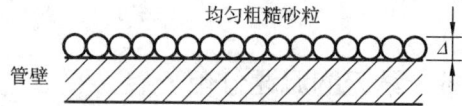

图4.6.1 尼古拉兹粗糙

稠密地粘附于管道内壁，如图4.6.1所示，这种人工均匀粗糙叫做尼古拉兹粗糙。这种特定的粗糙形式可以用糙粒的突起高度（相当于砂粒直径）来表示边壁的粗糙程度，称为绝对粗糙度 Δ。但粗糙对沿程水头损失的影响不完全取决于绝对突起高度 Δ，而是决定于它的相对高度，即 Δ 与管径 d（或半径 r_0、水力半径 R）之比。Δ/d（或 Δ/r_0、Δ/R）称为相对粗糙度，其倒数（d/Δ 等）则称为相对光滑度。这样，影响沿程阻力系数 λ 的因素就是雷诺数和相对粗糙度

$$\lambda = f\left(Re, \frac{\Delta}{d}\right) \tag{4.6.1}$$

2. 沿程阻力系数 λ 的测定和阻力分区图

为了探索沿程阻力系数 λ 的变化规律，尼古拉兹用多种管径和多种粒径的砂粒，得到了 $d/\Delta = 30 \sim 1014$ 六种不同的相对光滑度。在类似于雷诺实验的装置中，量测不同流量时的断面平均流速 v 和沿程水头损失 h_f，根据 $Re = \dfrac{vd}{\nu}$ 和达西公式，即可算出 Re 和 λ。把实验结果点绘在对数坐标纸上，就得到图4.6.2。

根据图中 $\lambda \sim Re$ 曲线变化的特征，可将流动分为五个流区（阻力区）。

（1）层流区

当 $Re < 2300$ 时，所有的实验点，不论其相对光滑度如何，都集中在下降直线 ab 上。表明层流时 λ 随 Re 的增大而减小，与相对光滑度 d/Δ 无关。它的理论公式是 $\lambda = 64/Re$。因此，尼古拉兹试验与理论分析结果得到了相互证实，同时也与雷诺实验的结论一致。

（2）层流到紊流的过渡区

在 $Re = 2300 \sim 4000$ 范围内，是由层流向紊流（或紊流向层流）的转变过程。各种相对光滑度的实验点均落在 bc 条带区域，由于过渡流态极不稳定，因此实验点据散乱，同时区域范

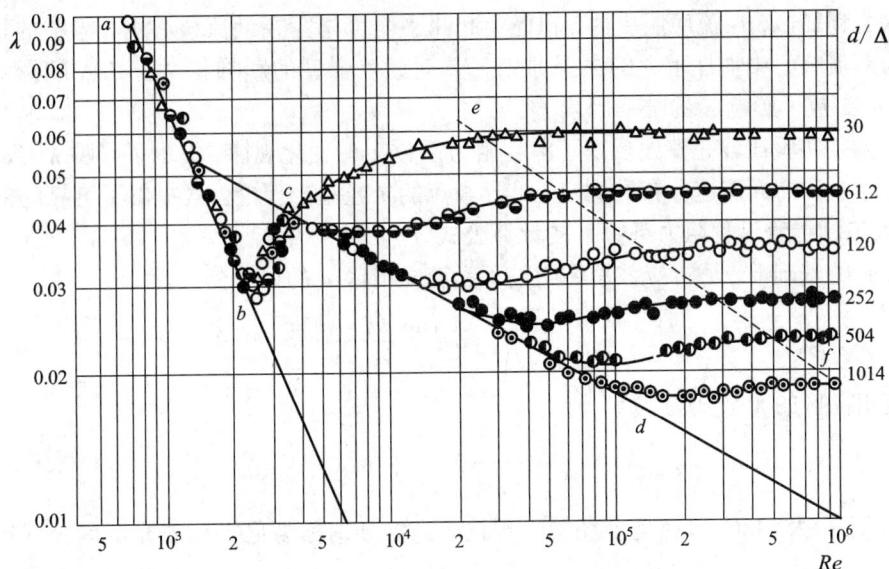

图 4.6.2   尼古拉兹沿程阻力系数实验

围很窄,实用意义不大,不予讨论。

(3)水力光滑区(紊流光滑区)

在 $Re > 4000$ 后,不同相对光滑度的实验点,起初都集中在直线 cd 上,随着 Re 的逐渐加大,相对光滑度 d/Δ 较小的管道,其试验点在较低的 Re 时就偏离直线 cd,而 d/Δ 较大的管道,其试验点要在较大的 Re 时才偏离光滑区。在直线 cd 范围内,λ 只与 Re 有关而与 d/Δ 无关,且随 Re 的增大而减小,cd 也为一条下降直线。

(4)过渡粗糙区(紊流过渡区)

位于直线 cd 与虚直线 ef 之间的区域。在这个区域内,试验点已偏离光滑区直线 cd,不同相对光滑度 d/Δ 的实验点各自分散成一条条波状的曲线。λ 既与 Re 有关,又与 d/Δ 有关。

(5)水力粗糙区(阻力平方区)

虚直线 ef 以右的区域。在这个区域内,不同相对光滑度 d/Δ 的实验点,分别落在一些与横坐标平行的直线上,说明 λ 只与 d/Δ 有关,而与 Re 无关。当 λ 与 Re 无关时,由达西公式 $h_j = \lambda \dfrac{l}{d} \dfrac{v^2}{2g}$ 可知,沿程水头损失与流速的平方成正比,因此水力粗糙区又称为阻力平方区。

以上实验表明:紊流中沿程阻力系数 λ 确实取决于雷诺数 Re 和相对光滑度 d/Δ 这两个因素。但是为什么紊流又分为三个阻力区,且各区的 λ 变化规律又是如此不同呢?这个问题可用层流底层的存在来解释。

在水力光滑区,粗糙度 Δ 比层流底层的厚度 δ_0 小得多,粗糙突起完全被掩盖在层流底层以下,它对紊流核心的流动几乎没有影响。粗糙引起的扰动作用完全被层流底层内流体粘性的稳定作用所抑制,所以,管壁粗糙对流动阻力和水头损失不产生影响,λ 只与 Re 有关,与 d/Δ 无关。

在紊流过渡区,层流底层变薄,粗糙突起开始影响到紊流核心区内的流动,加大了核心区内的紊动强度，增加了阻力和水头损失。这时，λ 不仅与 Re 有关，而且与 d/Δ 有关。

在水力粗糙区，层流底层更薄，粗糙突起几乎全部暴露在紊流核心中，粗糙的扰动作用已经成为紊流核心中惯性阻力的主要原因，Re 对紊流强度的影响相对于 d/Δ 的影响已微不足道了，d/Δ 成了影响 λ 的唯一因素。

尼古拉兹实验比较完整地反映了沿程阻力系数 λ 的变化规律，揭示了影响 λ 变化的主要因素，它为 λ 和断面流速分布的测定，推导紊流的半经验半理论公式提供了可靠的依据。

3. 人工粗糙管沿程阻力系数 λ 的计算公式

在实验的基础上，尼古拉兹总结归纳了紊流光滑区 λ 的计算公式为

$$\frac{1}{\sqrt{\lambda}} = 2\lg \frac{Re\sqrt{\lambda}}{2.51} \tag{4.6.2}$$

紊流粗糙区的 λ 公式为

$$\frac{1}{\sqrt{\lambda}} = 2\lg \frac{3.7d}{\Delta} \tag{4.6.3}$$

式(4.6.2)及(4.6.3)都是半经验半理论公式，分别称为尼古拉兹光滑区公式和粗糙区公式。

4.6.2 工业管道的沿程阻力系数 λ

尼古拉兹曲线以及根据实验结果整理出来的紊流光滑区及粗糙区沿程阻力系数的经验公式极大地推动了紊流的研究，不过，直接将这些结果用在工业管道上还有一定困难。因为，尼古拉兹实验采用的是人工粗糙管，粗糙度均匀；而工业管道的粗糙是在制造过程中形成的，其粗糙突起在形状、大小、分布规律等方面与人工粗糙管有很大差别，所以需研究工业管道中的紊流运动。

1. 当量粗糙度

人工均匀粗糙管可用砂粒直径来代表其绝对粗糙度 Δ，但工程实际中的管道内壁粗糙度是无法直接量测的。

以尼古拉兹实验采用的人工粗糙度为度量标准，把工业管道的实际粗糙度折算成人工粗糙度，称为工业管道的当量粗糙度。工程上是把直径相同、沿程阻力系数 λ 值相等的人工粗糙管的粗糙度 Δ，定义为相应这种管材工业管道的当量粗糙度，仍以 Δ 表示。可见工业管道的当量粗糙度是根据沿程水头损失效果相同而折算出的粗糙高度，这个高度反应了粗糙各种因素对 λ 值的综合影响。常用的当量粗糙度如表4.6.1。

表 4.6.1 常用工业管道的当量粗糙度

管道材料	Δ(mm)	管道材料	Δ(mm)
新聚氯乙烯管	0~0.002	镀锌钢管	0.15
铅管、铜管、玻璃管	0.01	新铸铁管	0.15~0.5
钢管	0.046	旧铸铁管	1~1.5
涂沥青铸铁管	0.12	混凝土管	0.3~3.0

2. 柯列勃洛克（C. F. Colebrook）– 怀特公式

在紊流过渡区，工业管道的不均匀粗糙突破粘性底层伸入紊流核心是一个逐渐的过程，不同于粒径均匀的人工粗糙同时突入紊流核心，两者 λ 值的变化规律相差很大，如图 4.6.3 所示。1939 年柯列勃洛克和怀特（White. C. M）给出了适用于工业管道紊流过渡区的 λ 值计算公式

$$\frac{1}{\sqrt{\lambda}} = 2\lg\left(\frac{3.7d}{\Delta} + \frac{Re\sqrt{\lambda}}{2.51}\right) \tag{4.6.4}$$

上式称为柯列勃洛克 – 怀特公式，简称柯氏公式。它实际上是尼古拉兹光滑区公式（4.6.2）和粗糙区公式（4.6.3）的机械结合。当 Re 值很小时，公式右边括号内的第一项相对第二项很小，式（4.6.4）接近尼古拉兹光滑区公式（4.6.2）；当 Re 值很大时，公式右边括号内第二项很小，公式接近尼古拉兹粗糙区公式（4.6.3）。因此，柯氏公式不仅适用于紊流过渡区，而且适用于紊流的全部三个阻力区，故称为紊流 λ 值的综合计算公式。

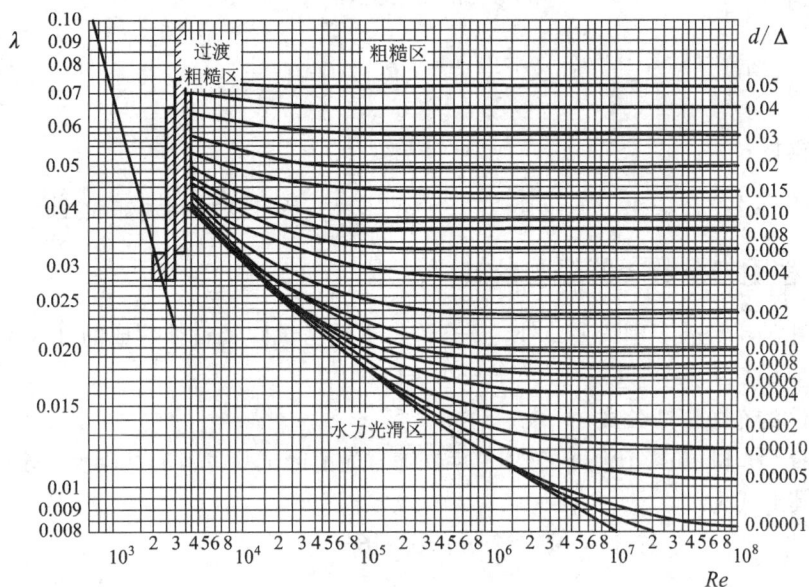

图 4.6.3　莫迪图

3. 莫迪图

为了简化计算，1944 年莫迪根据柯氏公式绘出了工业管道不同相对粗糙度圆管的沿程阻力系数 λ 与 R_e 的关系曲线，如图 4.6.3，称为莫迪图。

对比图 4.6.2（尼古拉兹图）与图 4.6.3（莫迪图），可见，在过渡粗糙区工业管道曲线和尼古拉兹曲线存在较大的差异：工业管道曲线在较小的 Re 下就偏离光滑曲线，且随着 Re 的增加平滑下降；而尼古拉兹曲线则存在着先上升再下降的过程。造成这种差异的原因有许多种解释，这里仅介绍一种。即认为引起差异的原因在于两种管道粗糙度均匀性的不同。工业管道中粗糙是不均匀的，当层流底层比当量粗糙度还大很多时，粗糙中的最大糙粒就将提前对紊流核心内的紊动产生影响，使 λ 开始与 Δ/d 有关，曲线也就较早地离开了光滑区；随着

Re 的增大，层流底层越来越薄，对核心区内的流动产生影响的糙粒越来越多，因而粗糙的作用是逐渐增加的。而尼古拉兹粗糙是均匀的，其作用几乎是同时产生，当层流底层的厚度开始小于糙粒高度之后，全部糙粒开始直接暴露在紊流核心内，促使紊流产生强烈的涡旋，因而沿程水头损失急剧上升。这就是为什么尼古拉兹实验中过渡粗糙区曲线产生上升的原因。

4.6.3 阻力区的判别

在采用紊流沿程阻力系数分区计算公式计算 λ 时，碰到的一个问题是：如何判别实际流动所处的紊流阻力区呢？判别的方法有很多，我们介绍其中一种。前面已说明，不同的阻力区是由粘性底层厚度 δ_0 与绝对粗糙度 Δ 的相互关系决定的。我国汪兴华教授根据柯氏公式适用于三个紊流阻力分区，它所代表的曲线两端分别以尼古拉兹光滑区斜直线和粗糙区水平线为渐近线，建议以柯氏公式(4.6.4)与尼古拉兹分区公式(4.6.2)和(4.6.3)的误差不大于2%为界来确立判别标准。具体如下：

紊流光滑区：
$$4000 < Re \leqslant 0.32 \left(\frac{d}{\Delta}\right)^{1.28}$$

紊流过渡区：
$$0.32 \left(\frac{d}{\Delta}\right)^{1.28} < Re \leqslant 1000 \left(\frac{d}{\Delta}\right)$$

紊流粗糙区：
$$Re > 1000 \left(\frac{d}{\Delta}\right)$$

由于柯氏公式广泛应用于工业管道的设计计算中，因此这种判别标准具有实用性。

4.6.4 沿程阻力系数 λ 的经验公式

除了上述的半经验半理论公式外，还有许多直接由试验资料整理成的纯经验公式，这里只介绍几个应用最广的公式。

1. 光滑区的布拉修斯公式

布拉修斯(H. Blasius，德国)于 1913 年在综合光滑区试验资料的基础上提出的指数公式，应用最广，其形式为

$$\lambda = \frac{0.3164}{Re^{0.25}} \tag{4.6.5}$$

上式仅适用于 $4000 < Re < 10^5$ 的范围。

2. 粗糙区的希弗林松公式

$$\lambda = 0.11 \left(\frac{\Delta}{d}\right)^{0.25} \tag{4.6.6}$$

这也是一个指数公式，形式简单，计算方便。

3. 阿里特苏里公式

$$\lambda = 0.11 \left(\frac{\Delta}{d} + \frac{68}{Re}\right)^{0.25} \tag{4.6.7}$$

这是柯氏公式的近似公式，适用于紊流三个流区。

4. 谢才公式

早在 1769 年谢才(Chézy，法国)对明渠均匀流进行了研究，总结出计算明渠均匀流流速或沿程水头损失的经验公式，这便是著名的谢才公式，其形式为

$$v = C \sqrt{RJ} \tag{4.6.8}$$

式中：v 为断面平均流速；R 为水力半径；J 为水力坡度；C 称为谢才系数。

若将谢才公式向达西公式形式变形

达西公式：
$$h_f = \lambda \frac{l}{d} \frac{v^2}{2g} = \lambda \frac{l}{4R} \frac{v^2}{2g}$$

谢才公式：
$$h_f = \frac{v^2}{C^2 R} l = \frac{8g}{C^2} \frac{l}{4R} \frac{v^2}{2g} \tag{4.6.9}$$

比较上面两式，可以推得谢才系数 C 与沿程阻力系数 λ 的关系

$$\lambda = \frac{8g}{C^2} \tag{4.6.10}$$

$$C = \sqrt{\frac{8g}{\lambda}} \tag{4.6.11}$$

可见谢才公式与达西公式是一致的，只是表现形式不同。所以谢才公式同达西公式一样，既可应用于明渠流也可应用于管流。由于 λ 是无量纲的，由量纲分析法知谢才系数 C 有量纲，其量纲是 $L^{\frac{1}{2}}T^{-1}$，单位为 $m^{\frac{1}{2}}/s$。

谢才系数 C 的确定，目前应用比较广的是曼宁（Manning，爱尔兰）公式

$$C = \frac{1}{n} R^{\frac{1}{6}} \tag{4.6.12}$$

式中：R 为水力半径，以 m 计；n 为粗糙系数，简称糙率。对于 $n < 0.02$ m、$R < 0.5$ m 的管道和小渠道，曼宁公式的适用性较好。

将曼宁公式代入式(4.6.10)得

$$n = \frac{1}{\sqrt{8g}} \lambda^{\frac{1}{2}} R^{\frac{1}{6}} \tag{4.6.13}$$

可见，糙率 n 取决于相对粗糙度、雷诺数以及水力半径。不同材料壁面的糙率 n 值见表4.6.2。

表 4.6.2　不同材料壁面的糙率 n

管渠种类	n 值	管渠种类	n 值
陶土管	0.013	浆砌砖渠道	0.015
混凝土和钢筋混凝土管	0.013 ~ 0.014	浆砌块石渠道	0.017
石棉水泥管	0.012	干砌块石渠道	0.020 ~ 0.025
铸铁管	0.013	土渠（带或不带草皮）	0.025 ~ 0.03
钢管	0.012	木槽	0.012 ~ 0.014
水泥砂浆抹面渠道	0.013 ~ 0.014		

值得指出的是：就谢才公式(4.6.8)本身而言，同达西公式一样，可用于有压或无压均匀流的各个阻力区。但是曼宁公式(4.6.12)计算的谢才系数 C 值只与 n、R 有关，与 Re 无关，如采用曼宁公式计算 C 值，则谢才公式在理论上仅适用于阻力平方区。

【例 4.6.1】 修建长 350 m 的钢筋混凝土输水管，直径 $d = 250$ mm，通过流量 $Q = 200$ m^3/h。试求管路的沿程水头损失。

【解】 本题用谢才公式计算。

$$R = \frac{d}{4} = 0.0625 \text{ m}$$

查表 4.6.2，钢筋混凝土输水管选取粗糙系数 $n = 0.014$，代入曼宁公式

$$C = \frac{1}{n}R^{\frac{1}{6}} = 45.0 \text{ m}^{\frac{1}{2}}/\text{s}$$

由谢才公式 $v = C\sqrt{RJ}$ 解得

$$h_f = \frac{v^2 l}{C^2 R} = 3.54 \text{ m}$$

4.7　局部水头损失

由 §4.1 叙述可知，局部水头损失产生于边壁沿流程突变的区域。如图 4.7.1 中的流道断面突然扩大(缩小)、逐渐扩大(缩小)、弯头处的流动急剧转向、三通连接处的汇流或分流、阀门处的断面突缩和突扩等局部障碍处，边壁发生急剧变化，引起主流与固体边壁分离，流场内部形成流速梯度较大的剪切层。在强剪切层内流动很不稳定，不断产生漩涡，涡体形成后继续发展(经过拉伸变形、失稳断裂、分裂成小漩涡等复杂过程)并向下游运动，最终在流体粘性的作用下将部分机械能转化为热能而散失。因此，流动局部阻力的根源是流道的局部突变，但流体能量的散失过程则在一定的距离内完成。

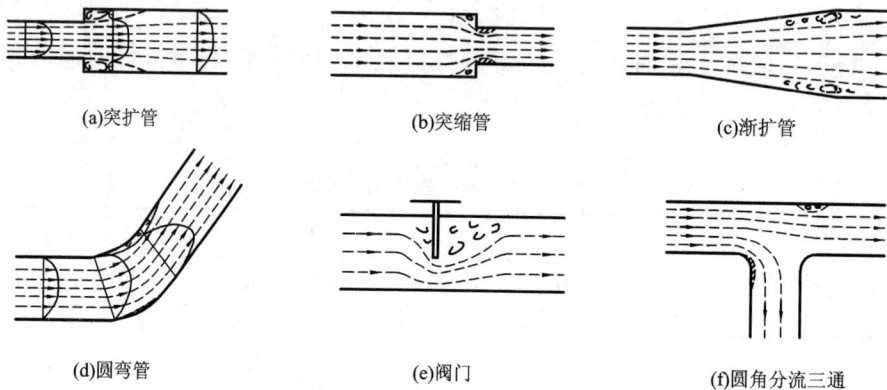

(a)突扩管　　　　　(b)突缩管　　　　　(c)渐扩管

(d)圆弯管　　　　　(e)阀门　　　　　(f)圆角分流三通

图 4.7.1　几种典型的局部障碍

边壁的变化复杂多样，局部水头损失的种类繁多，加上紊流运动本身的复杂性，目前尚难以通过机理分析来定量研究局部水头损失的规律，一般通过实验来确定局部水头损失的大小。尽管如此，对局部阻力和局部水头损失的规律进行定性分析还是必要的，它虽然不能完全解决局部损失的计算问题，但是对于解释和评估不同局部障碍的损失大小，研究改善流道流动条件和减少局部水头损失的措施，提出正确合理的设计方案等，都具有积极的意义。

4.7.1 局部水头损失的一般分析

从流动特征来分析,局部阻碍主要可分为过流断面的扩大或缩小;流动方向的改变;流量的汇入或分出等几种基本形式及其组合。从边壁的变化缓急来看,局部阻碍又分为突变和渐变两类。

各种局部阻碍条件下的流动状况和水头损失的研究表明,无论是改变流速的大小,还是改变流动的方向,也无论这种改变是渐变还是突变,局部水头损失总是和局部阻碍区域存在的旋涡相联系的,旋涡区域越大,旋转强度越大,局部水头损失也越大。

主流与边壁脱离的区域内产生的旋涡,不断消耗主流的能量。同时,随着旋涡不断地迁移和扩散,下游流速分布的不均匀性和紊流脉动不断加剧,同样要消耗部分主流的能量。事实上,在局部阻碍范围内损失的能量,只占局部水头损失的一部分,另一部分是在局部阻碍下游一定长度的流段上损耗掉的,这段长度称为局部阻碍的影响长度。受局部阻碍干扰的流动,经过了影响长度之后,流速分布和紊流脉动才能恢复到均匀流动的正常状态。

对各种局部阻碍进行的大量实验研究表明,紊流的局部阻力系数 ζ 一般来说取决于局部阻碍的几何形状、固体壁面的相对粗糙度和雷诺数,即

$$\zeta = f\left(\text{局部阻碍形状}, \frac{\Delta}{d}, Re\right)$$

但是,因为受局部阻碍的强烈扰动,流动在较小的雷诺数时,就已达到充分紊动,雷诺数的变化对紊动程度的实际影响很小,局部阻碍形状始终起主导作用。

4.7.2 圆管突然扩大的局部水头损失分析

圆管突然扩大的局部水头损失较为简单,在一定的假设条件下能由理论分析导出。

图 4.7.2 所示圆管流动,在断面 1 - 1 处管道直径由 d_1 突然扩大到 d_2。实验观察发现,在边壁突变处主流脱离固体边壁,发生流动分离;设在断面 2 - 2 处主流已恢复为充满整个管

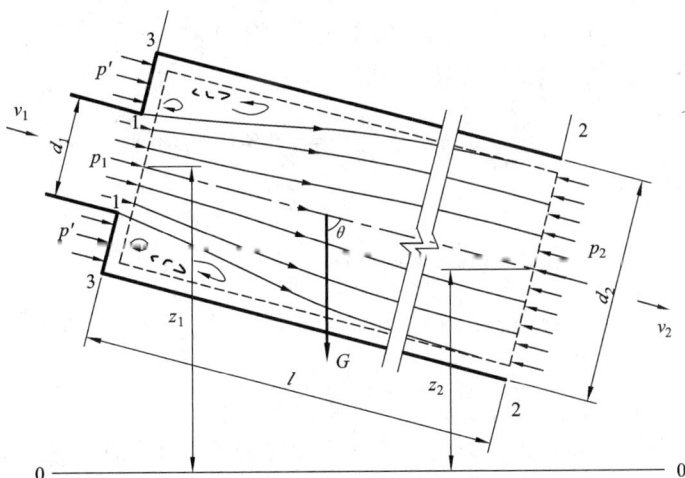

图 4.7.2 圆管突然扩大

道断面,在断面1至2的范围内,主流与边壁之间形成环状回流区,回流区与主流的分界面是一个强剪切层,回流区内漩涡的产生与发展,使得分界面上发生流体质量、动量与能量的交换,消耗部分能量,剪切层内形成的部分漩涡会进入主流并运动至下游逐渐衰灭。

下面应用流体运动的连续性、伯努利、动量三大方程来分析圆管突然扩大局部水头损失的大小。为此,设断面 $1-1$、$2-2$ 上的平均流速为 v_1、v_2,平均压强为 p_1、p_2;两断面均为渐变流;流动方向与铅直方向夹角为 θ,与局部水头损失相比,断面1与2之间的沿程水头损失很小,可以忽略。以 $0-0$ 为基准面,列写1、2断面间的能量方程,将局部水头损失 h_j 表示成

$$h_j = (z_1 + \frac{p_1}{\rho g} + \frac{\alpha_1 v_1^2}{2g}) - (z_2 + \frac{p_2}{\rho g} + \frac{\alpha_2 v_2^2}{2g})$$

即

$$h_j = (z_1 + \frac{p_1}{\rho g}) - (z_2 + \frac{p_2}{\rho g}) + \frac{\alpha_1 v_1^2}{2g} - \frac{\alpha_2 v_2^2}{2g} \tag{4.7.1}$$

选取断面1、2断面之间的流体为隔离体(如图中虚线部分),设管段长度为 l、流量为 Q,以流向为投影轴,建立动量方程

$$\rho Q(\beta_2 v_2 - \beta_1 v_1) = \sum F \tag{4.7.2}$$

分析隔离体上所受的外力,先看表面力:

动水压力:断面 $1-1$、$2-2$ 上为渐变流,流体动压强按静压强的规律分布,但在环形断面 $3-1$ 与 $1-3$ 部分为旋涡区,流体动压强 p' 无法计算,只能近似的假设按静压强分布,即 $p' = p_1$,据实验结果,已经证实了这种假设是符合实际的。因此,作用在断面 $3-1-1-3$ 上有顺流向的总压力 $P_1 = p_1 A_2$,作用在断面 $2-2$ 上有逆流向的总压力 $P_2 = p_2 A_2$。

摩擦阻力:因为1、2两断面之间的距离较短,作用在流段四周表面上的摩擦阻力相对很小,可以忽略不计。

再看质量力:重力在流动方向的分量

$$G\cos\theta = \rho g A_2 l\cos\theta = \rho g A_2 (z_1 - z_2)$$

将求得的上述作用力代入动量方程(4.7.2)

$$p_1 A_2 - p_2 A_2 + \rho g A_2 (z_1 - z_2) = \rho Q(\beta_2 v_2 - \beta_1 v_1)$$

代入连续性方程 $Q = A_2 v_2$,将上式改写成

$$(z_1 + \frac{p_1}{\rho g}) - (z_2 + \frac{p_2}{\rho g}) = \frac{v_2}{g}(\beta_2 v_2 - \beta_1 v_1)$$

将上式代入式(4.7.1)

$$h_j = \frac{v_2}{g}(\beta_2 v_2 - \beta_1 v_1) + \frac{1}{2g}(\alpha_1 v_1^2 - \alpha_2 v_2^2)$$

紊流断面的流速分布比较均匀,取 $\alpha_1 = \alpha_2 = \beta_1 = \beta_2 \approx 1$,代入上式并整理得

$$h_j = \frac{(v_1 - v_2)^2}{2g} \tag{4.7.3}$$

这就是圆管突然扩大的局部水头损失计算的理论公式。实验研究表明,在紊流条件下,该式较为准确,可以用于实际计算。

根据流动的连续性方程: $v_1 = \frac{v_2 A_2}{A_1}$, $v_2 = \frac{v_1 A_1}{A_2}$,将圆管突然扩大局部水头损失的理论公式

(4.7.3)改写成式(4.1.3)局部水头损失计算的通用形式,即

$$h_j = \left(1 - \frac{A_1}{A_2}\right)^2 \frac{v_1^2}{2g} = \zeta_1 \frac{v_1^2}{2g} \tag{4.7.4}$$

或

$$h_j = \left(\frac{A_2}{A_1} - 1\right)^2 \frac{v_2^2}{2g} = \zeta_2 \frac{v_2^2}{2g} \tag{4.7.5}$$

式中 $\zeta_1 = \left(1 - \frac{A_1}{A_2}\right)^2$ 与 $\zeta_2 = \left(\frac{A_2}{A_1} - 1\right)^2$ 为圆管突然扩大的局部阻力系数。

以上两式表明:计算断面不同,则平均流速不同,相应的局部阻力系数也不同。紊流状态下的局部阻力系数与流道边壁的几何特征有关。

4.7.3　局部水头损失计算的通用公式

局部水头损失计算的通用公式为(4.1.3)式,即

$$h_j = \zeta \frac{v^2}{2g}$$

式中局部阻力系数 ζ 值一般由试验测定; v 为发生局部水头损失之前(或之后)的断面平均流速。表4.7.1列出了管道及明渠中常用的一些局部阻力系数 ζ 值,可供计算时参考。值得提醒的是:查表时应特别注意标明的流速位置,计算时要使局部阻力系数 ζ 与流速水头相对应。

表 4.7.1　常用管道及明渠的局部阻力系数 ζ

序号	名　称	示　意　图	ζ 值及其说明
1	断面突然扩大		$\zeta = \left(\frac{A_2}{A_1} - 1\right)^2$ （应用 $h_j = \zeta \frac{v_2^2}{2g}$） $\zeta = \left(1 - \frac{A_1}{A_2}\right)^2$ （应用 $h_j = \zeta \frac{v_1^2}{2g}$）
2	圆形渐扩管		$\zeta = k\left(\frac{A_2}{A_1} - 1\right)^2$ （应用 $h_j = \zeta \frac{v_2^2}{2g}$） $\begin{array}{c\|cccccc} \alpha^\circ & 8^\circ & 10^\circ & 12^\circ & 15^\circ & 20^\circ & 25^\circ \\ \hline k & 0.14 & 0.16 & 0.22 & 0.30 & 0.42 & 0.62 \end{array}$
3	断面突然缩小		$\zeta = 0.5\left(1 - \frac{A_2}{A_1}\right)$ （应用 $h_j = \zeta \frac{v_2^2}{2g}$）

续表 4.7.1

序号	名　称	示　意　图	ζ 值 及 其 说 明
4	圆形渐缩管		$\zeta = k_1\left(\dfrac{1}{k_2}-1\right)^2$　（应用 $h_j = \zeta\dfrac{v_2^2}{2g}$） 表格见下
5	管道进口	(a)	圆形喇叭口, $\zeta = 0.05$ 完全修圆, $\dfrac{r}{d}\geqslant 0.15$, $\zeta = 0.10$ 稍加修圆, $\zeta = 0.20 \sim 0.25$ 直角进口, $\zeta = 0.50$
		(b)	内插进口, $\zeta = 1.0$
6	管道出口	(a)	流入渠道, $\zeta = \left(1 - \dfrac{A_1}{A_2}\right)^2$
		(b)	流入水池, $\zeta = 1.0$
7	折管		见下方表格
8	弯管		见下方表格

序号 4 表格：

$\alpha°$	10°	20°	40°	60°	80°	100°	140°
k_1	0.40	0.25	0.20	0.20	0.30	0.40	0.60

$\dfrac{A_2}{A_1}$	0.1	0.3	0.5	0.7	0.9
k_2	0.40	0.36	0.30	0.20	0.10

序号 7 折管表格：

圆形 $\alpha°$	10°	20°	30°	40°	50°	60°	70°	80°	90°
ζ	0.04	0.1	0.2	0.3	0.4	0.55	0.70	0.90	1.10

矩形 $\alpha°$	15°	30°	45°	60°	90°
ζ	0.025	0.11	0.26	0.49	1.20

序号 8 弯管表格（$\alpha = 90°$）：

d/R	0.2	0.4	0.6	0.8	1.0
$\xi_{90°}$	0.132	0.138	0.158	0.206	0.294

d/R	1.2	1.4	1.6	1.8	2.0
$\xi_{90°}$	0.440	0.660	0.976	1.406	1.975

续表 4.7.1

序号	名 称	示 意 图	ζ 值 及 其 说 明
9	缓弯管		α 为任意角度,$\zeta = \kappa\zeta_{90°}$ <table><tr><td>α°</td><td>20°</td><td>40°</td><td>60°</td><td>90°</td><td>120°</td><td>140°</td><td>160°</td><td>180°</td></tr><tr><td>κ</td><td>0.47</td><td>0.66</td><td>0.82</td><td>1.00</td><td>1.16</td><td>1.25</td><td>1.33</td><td>1.41</td></tr></table>
10	分岔管		$\zeta_{1-3} = 2$, $\quad h_{j1-3} = 2\dfrac{v_3^2}{2g}$, $h_{j1-2} = \dfrac{v_1^2 - v_2^2}{2g}$
		$\zeta = 0.5 \quad \zeta = 1.0 \quad \zeta = 3.0 \quad \zeta = 0.1 \quad \zeta = 1.5$	
11	板式阀门		<table><tr><td>e/d</td><td>0</td><td>0.125</td><td>0.2</td><td>0.3</td><td>0.4</td><td>0.5</td></tr><tr><td>ζ</td><td>∞</td><td>97.3</td><td>35.0</td><td>10.0</td><td>4.60</td><td>2.06</td></tr><tr><td>e/d</td><td>0.6</td><td>0.7</td><td>0.8</td><td>0.9</td><td>1.0</td><td></td></tr><tr><td>ζ</td><td>0.98</td><td>0.44</td><td>0.17</td><td>0.06</td><td>0</td><td></td></tr></table>

还须指出的是,由于实验条件的差异,对于某一个局部水头损失,查不同的手册和参考书所得的系数往往不尽相同,因此这些系数往往只能供规划和初步设计使用,重要的工程应该通过实验自行确定。

【例 4.7.1】 水从一水箱经过两段水管流入另一水箱,两水箱底部高程相同,如图 4.7.3 所示。水箱尺寸很大,可认为箱内水面保持恒定。在考虑水头损失时,试求管路内的流量。已知 $d_1 = 25$ cm, $l_1 = 50$ m, $\lambda_1 = 0.025$, $H_1 = 5$ m; $d_2 = 15$ cm, $l_2 = 30$ m, $\lambda_2 = 0.03$, $H_2 = 3$ m。

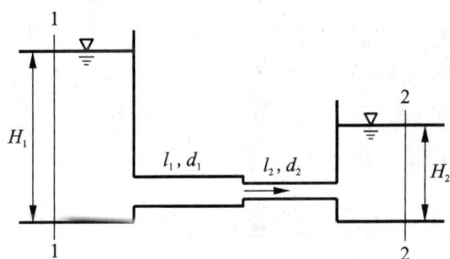

图 4.7.3 例 4.7.1 题图

【解】 对断面 1 - 1 和 2 - 2 列写能量方程,因水箱截面积远大于管道横截面积,故水箱流速远小于管道流速,因此可略去水箱的流速,得

$$H_1 - H_2 = \sum h_w$$

式中:

$$\sum h_w = \zeta_{进口}\frac{v_1^2}{2g} + \lambda_1\frac{l_1}{d_1}\frac{v_1^2}{2g} + \zeta_{突缩}\frac{v_2^2}{2g} + \lambda_2\frac{l_2}{d_2}\frac{v_2^2}{2g} + \zeta_{出口}\frac{v_2^2}{2g} \tag{1}$$

查表 4.7.1 知：$\zeta_{进口} = 0.50$，$\zeta_{出口} = 1$

$$\zeta_{突缩} = 0.5\left(1 - \frac{A_2}{A_1}\right) = 0.5\left(1 - \frac{d_2^2}{d_1^2}\right) = 0.5\left(1 - \frac{15^2}{25^2}\right) = 0.32$$

将连续性方程 $v_2 = v_1 \dfrac{A_1}{A_2} = v_1 \left(\dfrac{d_1}{d_2}\right)^2$ 代入（1）得

$$\sum h_w = \frac{v_1^2}{2g}\Big[\,0.5 + 0.025 \times \frac{50}{0.25} + \left(0.32 + 0.03 \times \frac{30}{0.15} + 1\right) \times \left(\frac{0.25}{0.15}\right)^4\,\Big]$$

$$= 61.98 \frac{v_1^2}{2g}$$

$$v_1 = \sqrt{\frac{2g(H_1 - H_2)}{61.98}} = \sqrt{\frac{2 \times 9.8 \times (5-3)}{61.98}}\,\text{m/s} = 0.80\ \text{m/s}$$

通过此管路流出的流量

$$Q = \frac{\pi}{4}d_1^2 v_1 = \frac{\pi}{4} \times 0.25^2 \times 0.80\ \text{m}^3/\text{s} = 0.0390\ \text{m}^3/\text{s} = 39.0\ \text{L/s}$$

4.8 边界层理论与绕流阻力简介

前面各节讨论了流体在通道内的流动，即内流问题，本节将简要介绍流体绕物体的运动，即外流问题。实际工程中，如河水绕过桥墩、风吹过建筑物、船舶在水中航行、飞机在大气中飞行，以及粉尘或泥沙在空气或水中沉降等都是绕流运动。上述绕流运动，既有流体绕过静止物体的运动，也有物体在静止流体中作匀速运动，对后一种情况，若把坐标系固定在运动物体上，则成为流体相对于动坐标系的运动。由于坐标系作匀速直线运动，仍为惯性坐标系，所以运动物体与静止流体之间的相互作用和流体绕静止物体运动的情况是等价的。

雷诺数是表征流体质点所受的惯性力作用与粘滞力作用之比的无量纲数。雷诺数较大时流体的惯性作用远大于粘性作用，实际流体的流动状态应当接近无粘性力作用的理想流体的流动状态。然而，实验观测发现，许多雷诺数很大的实际流体的流动状态与理想流体的流动状态有着明显的差别。例如，理想流体中物体绕流的理论解，物体所受的阻力为零，然而由实际经验可知，无论雷诺数多么大总存在一定的绕流阻力；理想流体圆管均匀流的阻力为零，但实际流动存在阻力与能量损失。这一疑问，直到 1904 年普朗特提出边界层理论后，才得到较满意的解释。

4.8.1 边界层的基本概念

实际流体流动时，流道固体边壁上的流体质点会粘附在壁面上，相对于壁面的运动速度为零，在壁面附近，流速沿壁面的法线方向由零增加到一定大小，形成法向流速梯度较大的流层，称为边界层（或附面层）。在边界层内，因为流速梯度较大，即使流体粘性较小，也将产生较大的粘性切应力，因此粘性影响不可忽视。在边界层外，由于流速梯度很小，所产生的粘性切应力也很小，故可不考虑流体的粘性，将流体视为理想流体。雷诺数增大，只会减小边界层的厚度，但边界层内的粘性影响总是存在的，而边界层外的粘性一般不考虑。

考察平板边界层的特性，能够较容易地说明边界层的特征。如图 4.8.1 所示，设在流速

为 U_∞ 的单向均匀流场中，放置一块与流向平行的固定无穷大薄平板。在平板附近会形成图中所示的边界层；在边界层外的主流区，流动可视作理想流动。

边界层与主流区之间并没有明显的分界。流速由平板壁面处的零变为远离平板处的 U_∞ 是一个渐进的过程，粘性作用的影响是逐渐减小的。理论上，只有离平板无穷远

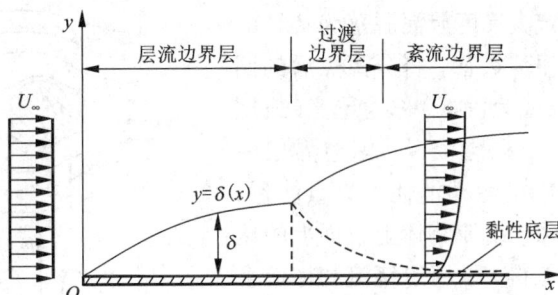

图 4.8.1　平板边界层

处，流速才真正等于 U_∞，粘性影响才为零。通常将流速 $u = 0.99\,U_\infty$ 处，作为边界层的界限。这样定义的边界层厚度称为边界层的名义厚度，简称边界层厚度，以 δ 表示。由图 4.8.1 可见，在平板前缘，边界层的厚度 $\delta = 0$，随着流体沿平板流动距离的增加，粘性的影响向来流内部扩展，边界层随之增厚，是由前缘算起的距离 x 的函数，$\delta(x)$ 沿 x 增大。

既然边界层内是粘性流动，必然存在层流与紊流两种流态。边界层区域流动雷诺数 Re_x 以 x 为特征长度、以 U_∞ 为特征流速定义，即

$$Re_x = \frac{U_\infty x}{\nu} \tag{4.8.1}$$

Re_x 仍表示边界层内流动的惯性作用与粘性作用之比。在平板的前部，因 δ 较小，$\dfrac{\partial u}{\partial y}$ 很大，粘性切应力较大，流动总是层流流态。随着 x 的增大，δ 增大，Re_x 也增大，层流边界层将处于不稳定状态，并逐渐过渡到紊流边界层。当 Re_x 增大到一定数值后，边界层的大部分区域是充分发展的紊流流态，仅仅在粘性底层内为层流状态（与圆管紊流情况类似）。

4.8.2　壁面边界层的分离

1. 曲面边界层的分离现象

边界层与固体壁面的分离称为边界层分离（或脱体）现象。边界层分离是产生物体绕流阻力的重要原因。现以绕无限长圆柱面为例，说明来流绕非流线型物体（称为钝形体）的流动，如图 4.8.2(a) 所示。

若为理想流体流动，没有能量损失，流体从点 D 流动到 E，由于流动区域受圆柱壁面的挤压，流速沿程增加，由伯努利方程知，压强必定沿程降低，到 E 点，流速最大、压强最小。流过 E 点后，随着流动区域扩大，流速又逐渐减小、压强升高，E 点所增加的动能又完全转化为 F 点的压能，点 F 的压强与点 D 的压强相等，DE 段与 EF 段的压强分布具有对称性，流体对圆柱体的作用力为零。而在实际流体的流动过程中，DE 加速减压段的流动已经消耗了部分能量，剩余的动能不足以使流体质点抵达 F 点，在 E 点下游某处动能将消耗殆尽，流速几乎变为零（如图中 S 点），流体质点由此脱离固体边壁，形成边界层分离，如图 4.8.2(b)。这个流速为零的 S 点称为边界层分离点。在分离点下游出现回流。

2. 压差阻力

壁面边界层分离后，绕流物体尾部的流动结构发生很大的变化。一般的，分离后会形成

稳定的大尺度回流区，或产生以非恒定大尺度旋涡脱落为特征的周期振荡状态。将分离点后的回流区(或旋涡)称为尾流(或尾迹流)。在尾流区，因边界层摩阻与旋涡运动消耗了大量能量，其压强比绕流物体上游面上的压强要低得多，所以绕流物体上会形成压差阻力，压差阻力因与物体形状有很大关系，又称为形状(或形体)阻力。显然，绕流物体的尾流区越小，或边界层分离点越靠近下游，压差阻力越小，分离点位置一般与物体形状有关。

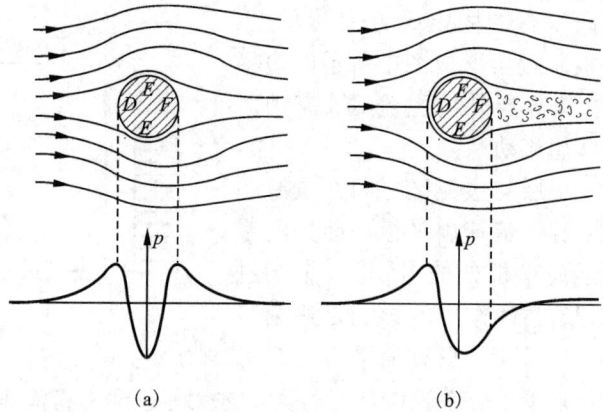

图 4.8.2　曲面边界层分离
(a)理想流体；(b)实际流体

工程应用中，需要减小压差阻力时，可以将绕流物体设计成流线形或接近流线形，如图 4.8.3，使壁面边界层不产生分离或分离点尽量靠近下游，如将飞机机翼设计成尾部细长的流线形；需要增大压差阻力时，使绕流物体呈钝形，如飞机降落后在跑道上打开机翼上部的减速板来增加阻力。

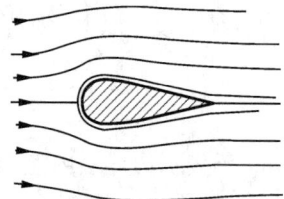

图 4.8.3　流线体绕流

4.8.3　物体的绕流阻力

流体作用在绕流物体上的作用力可以分解为平行于来流方向的绕流阻力和垂直于来流方向上的(升力)。由上述边界层分离现象的分析可知，流线形物体的绕流阻力只有摩擦阻力，钝形物体的绕流阻力包括摩擦阻力 D_f 与压差阻力 D_p 两部分。钝形物体的压差阻力 D_p 往往远大于摩擦阻力 D_f，牛顿 D_f 常忽略不计。牛顿于 1726 年提出的绕流阻力 D 的计算公式为

$$D = C_D A \frac{\rho U_\infty^2}{2} \qquad (4.8.2)$$

其中，ρ 为流体的密度，U_∞ 为受绕流物体扰动以前流体相对于绕流物体的流速，A 为绕流物体在与流向垂直的平面上的投影面积，C_D 称为绕流阻力系数，主要取决于绕流物体的形状与流动雷诺数 $Re = \dfrac{U_\infty d}{\nu}$($d$ 为投影面 A 的特征长度，如圆柱与圆球的直径)，也受物体表面粗糙度、来流的紊动强度等的影响。一般情况下，需要由实验来确定图 4.8.4 是圆球、圆盘及圆柱绕流阻力系数的实验曲线。

【例 4.8.1】　高 $H = 40$ m 的圆柱形烟囱，直径 $d = 0.6$ m。在气温 20℃时，风速 $U_\infty = 20$ m/s 横向吹过，烟囱所受的总推力。

【解】　烟囱所受推力，即绕流阻力。

查表 1.2.1 和 1.2.3，20℃时空气的密度 $\rho = 1.205$ kg/m³，运动粘度 $\nu = 15.7 \times 10^{-6}$ m²/s。

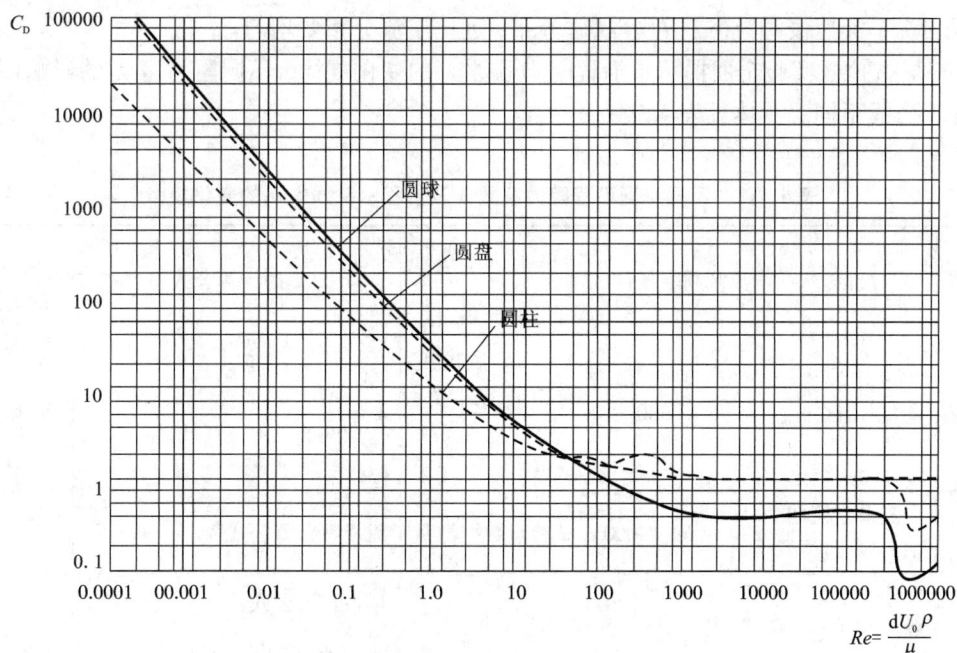

图 4.8.4　绕流阻力系数曲线

$$Re = \frac{U_\infty d}{\nu} = \frac{20 \times 0.6}{15.7 \times 10^{-6}} = 7.64 \times 10^5$$

查图 4.8.3 得绕流阻力系数 $C_D \approx 0.4$，总推力

$$D = C_D A \frac{\rho U_\infty^2}{2} = 0.4 \times 40 \times 0.6 \times \frac{1.205 \times 20^2}{2} = 2313.6 \text{ N}$$

本章小结

本章以理论研究结合经典实验，阐述了流动阻力和水头损失的规律及其计算方法。

（1）按流动边界条件的不同，将流动阻力及由此产生的水头损失，进行分类研究。

$$h_w = h_f + h_j = \lambda \frac{l}{d} \frac{v^2}{2g} + \zeta \frac{v^2}{2g}$$

（2）粘性流体运动存在两种不同的流态——层流和紊流，临界雷诺数是判别流态的标准。不同流态的水头损失规律不同。

层流　　　　　　$Re = \dfrac{vd}{\nu} < 2300$，　或　$Re = \dfrac{vR}{\nu} < 575$，$h_f \propto v^{1.0}$

紊流　　　　　　$Re > 2300$，　　或　$Re > 575$，$h_f \propto v^{1.75 \sim 2.0}$

（3）均匀流基本方程 $\tau_0 = \rho g R J$ 建立了沿程水头损失与切应力的关系。不同流态切应力的产生和变化有本质的不同，最终决定层流和紊流水头损失的规律不同。

（4）圆管层流切应力 $\tau = -\mu \dfrac{du}{dr}$，流速按抛物线分布 $u = \dfrac{\rho g J}{4\mu}(r_0^2 - r^2)$，沿程阻力系数 $\lambda = \dfrac{64}{Re}$。

（5）紊流的特征是质点掺混和运动要素的脉动。紊流的切应力包括粘性切应力和惯性切应力两部分；流速按对数（或指数）规律分布，远比层流分布要均匀。

（6）尼古拉兹实验全面揭示了沿程阻力系数 λ 的变化规律，不同阻力区 λ 的影响因素不同，计算公式不同。具体见表4.9.1。

表4.9.1　不同流区沿程阻力系数 λ 及沿程水头损失 h_f 的变化规律

流态	流区	流区判断条件	λ 与 Re、$\dfrac{\Delta}{d}$ 的关系	λ 的计算公式	h_f 与 v 的关系
层流	层流区	$Re < 2300$	λ 随 Re 数的变化呈直线下降，与 $\dfrac{\Delta}{d}$ 无关	$\lambda = \dfrac{64}{Re}$	$h_f \propto v^{1.0}$
过渡流态	层流⇔紊流的形态转化区	$2300 < Re < 4000$	试验点数据散乱	无成熟计算公式	
紊流	紊流光滑区（水力光滑区）	$4000 < Re \leqslant 0.32\left(\dfrac{d}{\Delta}\right)^{1.28}$	$\lambda = f(Re)$，与 $\dfrac{\Delta}{d}$ 无关	尼古拉兹公式：$\dfrac{1}{\sqrt{\lambda}} = 2\lg \dfrac{Re\sqrt{\lambda}}{2.51}$ 布拉修斯公式：$\lambda = \dfrac{0.3164}{Re^{0.25}}$	$h_f \propto v^{1.75}$
	紊流过渡区（过渡粗糙区）	$0.32\left(\dfrac{d}{\Delta}\right)^{1.28} < Re \leqslant 1000\left(\dfrac{d}{\Delta}\right)$	$\lambda = f\left(Re, \dfrac{\Delta}{d}\right)$	柯列布鲁克－怀特公式：$\dfrac{1}{\sqrt{\lambda}} = 2\lg\left(\dfrac{Re\sqrt{\lambda}}{2.51} + \dfrac{3.7d}{\Delta}\right)$ 阿里特苏里公式：$\lambda = 0.11\left(\dfrac{\Delta}{d} + \dfrac{68}{Re}\right)^{0.25}$	
	紊流粗糙区（阻力平方区、完全粗糙区）	$Re > 1000\left(\dfrac{d}{\Delta}\right)$	对给定管道 $\lambda = f\left(\dfrac{\Delta}{d}\right) = C$，与 Re 数无关	尼古拉兹公式：$\dfrac{1}{\sqrt{\lambda}} = 2\lg\left(\dfrac{3.7d}{\Delta}\right)$ 谢才公式：$v = C\sqrt{RJ}$ 其中 $C = \dfrac{1}{n}R^{\frac{1}{6}}$ 希弗林松公式：$\lambda = 0.11\left(\dfrac{\Delta}{d}\right)^{0.25}$	$h_f \propto v^{2.0}$

（7）产生局部水头损失的主要原因是主流脱离固体边壁，形成旋涡区。一般情况下，局部水头损失系数取决于局部阻碍的形状，由实验确定。

（8）绕流阻力包括摩擦阻力 D_f 和压差阻力（形状阻力）D_p 两部分，即

$$D = D_f + D_p = C_D A \frac{\rho U_0^2}{2}$$

绕流阻力系数 C_D 取决于雷诺数、物体的形状以及表面粗糙情况，多由实验确定。

思考题

4.1　雷诺数的力学意义是什么？为什么它能判别流态？

4.2　能直接用临界流速来判别层流和紊流吗？为什么？

4.3　常温下，水和空气在相同的管道中以相同的速度流动，哪种流体易成为紊流？

4.4　怎样理解虽然层流和紊流切应力的产生和变化规律不同，而均匀流基本方程 $\tau_0 = \rho g R J$ 却对两种流态都适用？

4.5　紊流运动要素有脉动现象，但又有恒定流，二者有无矛盾？为什么？

4.6　紊流阻力和层流阻力相比有何不同？紊流惯性切应力产生的原因是什么？

4.7　层流时壁面的绝对粗糙度对流体的流动有无影响？

4.8　何谓粘性（层流）底层？它对实际流动有何意义？

4.9　不同流区沿程阻力系数 λ 的影响因素是什么？

4.10　什么是当量粗糙度？

4.11　造成局部水头损失的原因是什么？

4.12　什么是边界层？提出边界层概念对流体力学研究有何意义？

4.13　何谓绕流阻力，怎样计算？

习题

一、填空及选择题

4.1　水流通过一串联管道，已知小管直径为 d_1，雷诺数为 Re_1，大管直径为 d_2，雷诺数为 Re_2，当 $d_1/d_2 = 1/2$ 时，则雷诺数的比值 $Re_1/Re_2 = $ _____ 。

4.2　两根直径不等的管道，1 管输油，2 管输水，两管道的流速不同，油和水的下临界雷诺数分别为 Re_{C1} 和 Re_{C2}，则它们的关系是

（a）$Re_{C1} > Re_{C2}$　　　　（b）$Re_{C1} = Re_{C2}$　　　　（c）$Re_{C1} < Re_{C2}$　　　　（d）无法确定

4.3　圆管流动过流断面上切应力分布为

（a）在过流断面上是常数　　　　　　　　（b）管轴处为零，且与半径成正比

（c）管壁处为零，向管轴线性增大　　　　（d）按抛物线分布

4.4　水在垂直管道内由上向下流动，相距 L 的两断面间，测压管水头差为 h，则两断面间沿程水头损失 h_f

（a）$h_f = h$　　　　　（b）$h_f = h + L$　　　　　（c）$h_f = L - h$　　　　　（d）$h_f = L$

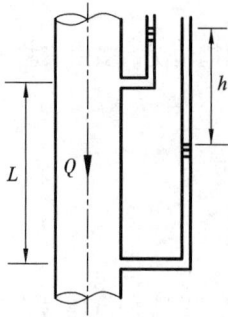

题 4.4 图

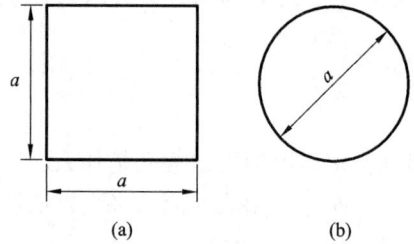

题 4.5 图

4.5 如图(a)、(b)两种截面管道,已知管长相同,沿程阻力系数与沿程水头损失相等,则通过均匀流的流量为( )

(a)$Q_A > Q_B$ (b)$Q_A < Q_B$ (c)$Q_A = Q_B$ (d)无法确定

4.6 在不计沿程水头损失情况下,图示两根测压管的液面高差 h 代表局部水头损失的是( )

(a)图(a)   (b)图(b)   (c)图(c)   (d)都不对

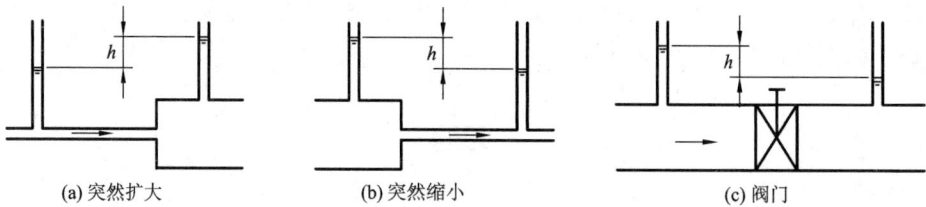

(a)突然扩大   (b)突然缩小   (c)阀门

题 4.6 图

二、计算题

4.7 用直径 $d = 100$ mm 的管道,输送质量流量为 10 kg/s 的水,水温为 5℃,试确定管内水的流态。如用这管道输送同样流量的石油,已知石油密度 $\rho = 850$ kg/m^3,运动粘滞系数 $\nu = 1.14$ cm^2/s,确定石油的流态。

4.8 设有一均匀流管路,直径 $d = 200$ mm,水力坡度 $J = 0.8\%$,试求边壁切应力 τ_0 和 $l = 200$ m 长管路上的沿程损失。

4.9 设圆管直径 $d = 200$ mm,管长 $l = 1000$ m,输送石油的流量 $Q = 40$ L/s,运动粘滞系数 $\nu = 1.6$ cm^2/s,求沿程水头损失。

4.10 烟囱的直径 $d = 1$ m,通过的烟气流量 $Q = 18000$ kg/h,烟气的密度 $\rho = 0.7$ kg/m^3,外面大气的密度按 $\rho = 1.29$ kg/m^3 考虑,如烟道的 $\lambda = 0.035$,要保证烟囱底部的负压不小于 100 N/m^2,烟囱的高度至少应为多少?

4.11 为确定输水管路的沿程阻力系数的变化特性,在长为 20 m 的管段上,设有一水银压差计以量测两断面的压强差,如图所示。管路直径为 15 cm,某一测次测得:流量 $Q = 40$

L/s，水银面高差 $\Delta h = 8$ cm，水温 $t = 10℃$。试：(1)判别管中水流形态；(2)求出管段的沿程水头损失；(3)求出沿程阻力系数。

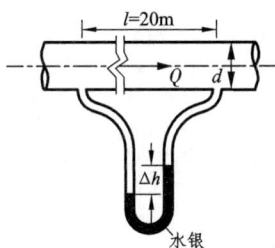

题 4.11 图

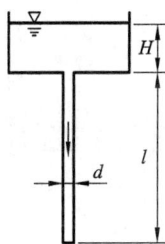

题 4.12 图

4.12 如图，水箱中的水通过等直径的垂直管道向大气流出。水箱的水深为 H，管道直径为 d，管道长为 l，沿程阻力系数为 λ，局部阻力系数为 ζ，试问在什么条件下，流量随管长的增加而减小？

4.13 如图，两水池水位恒定，已知管道直径 $d = 10$ cm，管长 $l = 20$ m，沿程阻力系数 $\lambda = 0.042$，三个 90°弯头的总局部阻力系数 $\zeta_弯 = 0.8$，$\zeta_阀 = 0.26$，通过流量 $Q = 65$ L/s，试求水池水面高差 H。

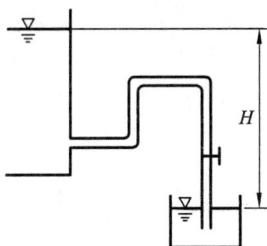

题 4.13 图

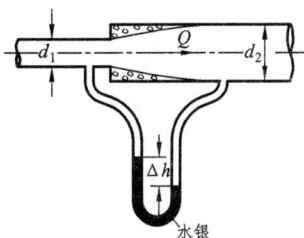

题 4.14 图

4.14 有一小管径 $d_1 = 5$ cm、大管径 $d_2 = 10$ cm 的圆管突然扩大，为测定突然扩大局部阻力系数 ζ，在突扩前后断面上设一水银压差计测量两断面压强差，如图所示。当管中流量 $Q = 15$ L/s 时，水银压差计高差 $\Delta h = 8$ cm。试求突然扩大的局部阻力系数 ζ。

4.15 流速由 v_1 变为 v_2 的突然扩大管，若中间加一中等直径的管段，使其变成两次突然扩大。试求：(1)中间管段中流速取何值时总的局部水头损失最小；(2)计算二次扩大总的局部水头损失与一次扩大时局部水头损失的比值。

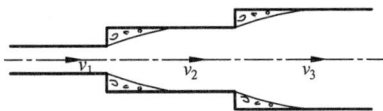

题 4.15 图

4.16 一段直径 $d = 100$ mm 的管路长 $l = 10$ m。其中有两个 90°的弯管($d/R = 1.0$)。管段的沿程阻力系数 $\lambda = 0.037$。如拆除这两个弯管而管段长度不变，作用于管段两端的总水头也维持不变，问管段中的流量能增加百分之几？

第 5 章
孔口、管嘴出流及有压管流

前面几章我们讨论了流体运动的基本规律和水头损失的计算方法。从本章开始，将把工程中常见的流动现象按其特征归纳成不同类型的典型流动，分析讨论这些流动的计算理论和方法。

本章将要讨论的孔口、管嘴出流和有压管流，是工程中常见的流动现象，例如给排水工程中的各类取水、泄水孔中的水流，某些流量量测设备，通风工程中通过门、窗的气流等都与孔口出流有关；水流经过路基下的有压短涵管、水坝中泄水管、消防水枪和水力机械化施工用的水枪等属于管嘴出流；有压管流则是市政建设、给水排水、采暖通风、交通运输、水利水电等工程中最常见的流动。本章将主要运用总流的连续性方程、伯努利方程和能量损失规律，来研究孔口、管嘴与有压管道的过流能力（即流量）、流速与压强的计算及其工程应用。将孔口、管嘴出流和有压管道流动归为一类，这是因为它们的流动现象和计算原理相似，而且通过从短（孔口）到长（长管）的讨论，可以更好地理解和掌握这一类流动现象的计算基本原理和相互之间的区别。

5.1 孔口出流

5.1.1 薄壁小孔口恒定出流

如图 5.1.1 所示，在盛有液体的容器壁上开孔，液体将从孔中流出，这种液流现象称为孔口出流。

当容器中液面保持恒定不变时，通过孔口的液流为恒定流。若孔壁很薄，边壁与出流流股的接触面只有一条周界线，孔壁厚度对流线形状不发生影响，称为薄壁孔口。

当孔口直径 d 与孔口中心至自由液面的高差（称为作用水头）H 的比值 $\dfrac{d}{H} \leqslant \dfrac{1}{10}$ 时，可认为孔口断面上各点的水头都相等，称为小孔口；当 $\dfrac{d}{H} > \dfrac{1}{10}$ 时，则为大孔口，大孔口断面上各点的水头一般不相等。

1. 小孔口自由出流

孔口流出的液流直接进入大气时称为孔口自由出流，如图 5.1.1。

孔口出流时容器内的液体质点将由远而近地向孔口方向移动，在远离孔口的地方流速较

小，且流线接近于与孔口中心线平行的直
线，逐渐流向孔口时，流线开始弯曲，以便
逐渐改变其流向。在孔口过流断面上，流线
互不平行，都有向孔口中心汇集的趋势，因
为流线只能平顺地逐渐弯曲，不能转折，因
而在孔口平面之后，流股继续收缩，其横断
面积小于孔口面积，这种现象称为过流断面
的收缩。

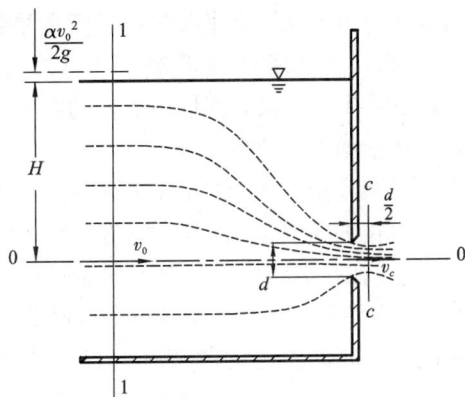

图 5.1.1　孔口自由出流

　　通过实验观测，在离开孔口平面距离约
为 $\frac{1}{2}d$ 的断面，流股收缩至最小，流线趋于
平行，而后由于空气阻力的影响，流速降低，
流股又开始扩散，我们将此流股收缩至最小
的断面称为收缩断面 $c-c$。设孔口断面面积
为 A，收缩断面面积为 A_c，则孔口出流的收缩系数 $\varepsilon = \frac{A_c}{A}$，实验证明：对于薄壁小孔口：
$\varepsilon = 0.63 \sim 0.64$。

　　为推导孔口出流的基本公式，选取距孔口最近的符合渐变流条件的上游断面 1-1，流速
为 v_0（称为行进流速），收缩断面 $c-c$，流速为 v_c；以过孔口中心的水平面为基准面 0-0，1-
1 断面的计算点选在自由表面上，$z_1 = H$，$\frac{p_1}{\rho g} = 0$；$c-c$ 断面的计算点选在断面中心上，$z_c = 0$，
实验证明：对于小孔口，$c-c$ 断面上流体动压强与大气压强接近，$\frac{p_c}{\rho g} = 0$。对断面 1-1 和 $c-$
c 列写伯努利方程

$$H + \frac{\alpha_0 v_0^2}{2g} = \frac{\alpha_c v_c^2}{2g} + h_w$$

孔口出流时，沿流动方向流程很短，沿程水头损失很小，只计算局部水头损失

$$h_w = h_j = \zeta_0 \frac{v_c^2}{2g}$$

式中：ζ_0 为流经孔口的局部阻力系数。

　　若令 H_0 表示包括行近流速水头在内的孔口作用全水头，即 $H_0 = H + \frac{\alpha_0 v_0^2}{2g}$，则收缩断面的
流速

$$v_c = \frac{1}{\sqrt{\alpha_c + \zeta_0}} \sqrt{2gH_0} = \varphi \sqrt{2gH_0} \tag{5.1.1}$$

式中：φ 为孔口自由出流的流速系数，$\varphi = \frac{1}{\sqrt{\alpha_c + \zeta_0}} \approx \frac{1}{\sqrt{1 + \zeta_0}}$，经实验测得：孔口自由出流时
$\varphi = 0.97 \sim 0.98$。

　　小孔口自由出流的流量

$$Q = A_c v_c = \varepsilon A \varphi \sqrt{2gH_0} = \mu A \sqrt{2gH_0} \tag{5.1.2}$$

式中：μ 为孔口自由出流的流量系数，$\mu = \varepsilon\varphi$，$\mu = 0.60 \sim 0.62$。

由以上分析可见，流速系数 φ 及流量系数 μ 取决于局部阻力系数 ζ_0 和收缩系数 ε。

一般而言，收缩系数 ε 取决于孔口形状、边缘情况和孔口在壁面上的位置。对于小孔口，实验证明孔口形状对流量系数 μ 的影响是微小的，因此，薄壁小孔口的流量系数主要取决于孔口在壁面上的位置。

当孔口离容器的各个壁面的距离足够大（均大于孔口边长的 3 倍以上）时，如图 5.1.2 中的孔口 1，流线在孔口四周各方向上均能够充分地收缩，边壁对流股的收缩没有影响，这种收缩称为完善收缩，前面给出的薄壁小孔口的收缩系数 $\varepsilon = 0.63 \sim 0.64$ 就是完善收缩条件下的实验值。

图 5.1.2 中的孔口 2，有的边离侧壁的距离小于该方向孔口边长的 3 倍，在这一边流线的收缩受侧壁的影响而减弱，称为不完善收缩；而图中孔口 3、4 因其底部和容器的底面位置重合，流股不可能在底部收缩，称为部分收缩，当发生不完善收缩和部分收缩时，收缩系数 ε 增加，此时应按相应的经验系数来计算 ε 值，可查有关手册和表格。

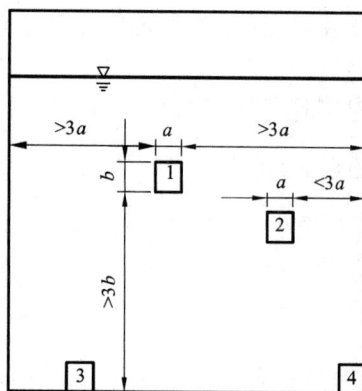

图 5.1.2　孔口位置对收缩系数的影响

【例 5.1.1】　液流从容器的垂直侧壁上的小孔口中水平射出（图 5.1.3），从收缩断面量起，水平射程为 $x = 4.8$ m，孔口中心离地面高为 $y = 2$ m，容器的液面比孔口中心高 $H = 3$ m。求孔口的流速系数 φ。

【解】　设收缩断面 A 的断面平均流速为 v，t 为流体质点由断面 A 流到地面所经过的时间，则

$$x = vt, \quad y = \frac{1}{2}gt^2$$

解得

$$v = \sqrt{\frac{gx^2}{2y}}$$

由孔口自由出流理论流速

$$v_c = \varphi\sqrt{2gH}$$

联解得流量系数

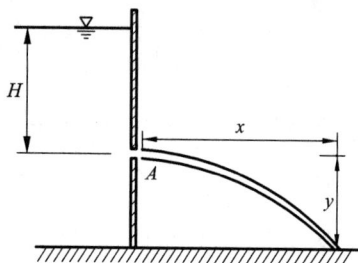

图 5.1.3　例 5.1.1 题图

$$\varphi = \frac{\sqrt{\dfrac{gx^2}{2y}}}{\sqrt{2gH}} = \sqrt{\frac{x^2}{4yH}} = \sqrt{\frac{4.8^2}{4 \times 2 \times 3}} = 0.98$$

2. 小孔口淹没出流

若从孔口流出的流股被另一部分液体所淹没，称为孔口淹没出流，如图 5.1.4 所示。

由于流线不能转折，淹没情况下流股同样发生收缩，经过收缩断面 $c-c$ 后流股会迅速扩散。据此可将局部水头损失分成两部分：流股收缩产生的局部水头损失与流股扩散产生的局

部水头损失。其中，前者与孔口自由出流相同，而后者可按突然扩大来计算。因此，可以采用与孔口自由出流相类似的方法来推导孔口淹没出流的基本公式。

以通过孔口中心的水平面为 0 - 0 基准面，对断面 1 - 1 与 2 - 2 列写伯努利方程为

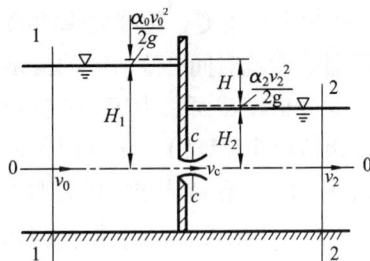

图 5.1.4　孔口淹没出流

$$H_1 + \frac{\alpha_0 v_0^2}{2g} = H_2 + \frac{\alpha_2 v_2^2}{2g} + \zeta_0 \frac{v_c^2}{2g} + \zeta_e \frac{v_c^2}{2g}$$

式中：ζ_e 为液流自收缩断面突然扩大的局部阻力系数，当 $A_2 \gg A_c$ 时，$\zeta_e \approx 1$。

令 $H_0 = \left(H_1 + \frac{\alpha_0 v_0^2}{2g}\right) - \left(H_2 + \frac{\alpha_2 v_2^2}{2g}\right)$。通常因孔口两侧容器较大，相对收缩断面流速 v_c 而言，$v_0 \approx 0$，$v_2 \approx 0$，可以直接用上、下游液面的高差 H 来代替 H_0。

则收缩断面的流速

$$v_c = \frac{1}{\sqrt{\zeta_0 + \zeta_e}} \sqrt{2gH_0} = \varphi \sqrt{2gH_0} \tag{5.1.3}$$

式中：φ 为孔口淹没出流的流速系数，$\varphi = \frac{1}{\sqrt{\zeta_0 + \zeta_e}} \approx \frac{1}{\sqrt{1 + \zeta_0}}$，与孔口自由出流的流速系数相同，$\varphi = 0.97 \sim 0.98$。

孔口的出流量

$$Q = A_c v_c = \varepsilon A \varphi \sqrt{2gH_0} = \mu A \sqrt{2gH_0} \tag{5.1.4}$$

式中：μ 为孔口淹没出流的流量系数，$\mu = \varepsilon \varphi$，由推导过程可见，与孔口自由出流的流量系数相同。

式(5.1.3)及(5.1.4)分别与孔口自由出流的流速公式(5.1.1)及流量公式(5.1.2)形式上完全相同，各项系数值也相等，不同的是自由出流的水头 H 是液面至孔口中心的高差，而淹没出流的水头乃是上、下游液面高差。

因为淹没出流孔口断面各点的水头相同，所以淹没出流无"大"、"小"孔口之分。

5.1.2　大孔口恒定自由出流

当 $\frac{d}{H} > \frac{1}{10}$ 时，孔口各点的作用水头差异较大，如果把这种孔口分成若干个小孔口，对每个小孔口可近似采用小孔口出流公式，然后再把这些小孔口的流量加起来作为大孔口的出流流量。工程上进行大孔口恒定出流流量估算时可近似采用式(5.1.2)或(5.1.4)，式中 H_0 为大孔口形心处的水头。大孔口出流多为不完善收缩，其流量系数 μ 一般较小孔口大。

5.1.3　孔口的非恒定出流

工程上还会遇到许多的孔口非恒定出流情况，如船闸、蓄水池的充水和放水等。

孔口出流过程中，容器内液面随时间变化(降低或升高)，导致孔口的流量随时间变化的流动，称为孔口的变水头出流。变水头出流是非恒定流，但如孔口面积远小于容器的过流断

面面积时，液面的变化比较缓慢，则可把整个出流过程划分为许多微小时段，在每一微小时段内，认为水头不变，孔口出流的基本公式仍适用，这样就把非恒定流问题转化为恒定流处理。容器的泄流时间、蓄水池的流量调节等问题，都可按变水头出流计算。

下面分析横截面积为 F 的柱形容器的孔口变水头自由出流(图5.1.5)。设某时刻液面高为 h，在微小时段 d_t 内，经孔口流出的液体体积

$$dV = Qdt = \mu A \sqrt{2gh}dt$$

在 dt 时段，液面下降了 dh，容器内减少的液体体积

$$dV = -Fdh$$

单位时间内经孔口流出的液体体积与容器内液体体积的减少量的应相等

$$\mu A \sqrt{2gh}dt = -Fdh$$

$$dt = -\frac{F}{\mu A \sqrt{2g}}\frac{dh}{\sqrt{h}}$$

图 5.1.5　孔口非恒定出流

对上式积分，可求得液面从 H_1 降至 H_2 所需的时间

$$t = \int_{H_1}^{H_2} \frac{-F}{\mu A \sqrt{2g}}\frac{dh}{\sqrt{h}} = \frac{2F}{\mu A \sqrt{2g}}(\sqrt{H_1} - \sqrt{H_2}) \tag{5.1.5}$$

若 $H_2 = 0$，即得容器放空时间

$$t_0 = \frac{2F\sqrt{H_1}}{\mu A \sqrt{2g}} = \frac{2FH_1}{\mu A \sqrt{2gH_1}} = \frac{2V}{Q_{max}} \tag{5.1.6}$$

式中：V 为容器放出的液体体积；Q_{max} 为开始出流时的最大流量。

式(5.1.6)表明：变水头出流容器的放空时间，等于在起始水头作用下，流出同体积液体所需时间的二倍。

5.2　管嘴出流

5.2.1　水流现象

如图 5.2.1 所示，在容器孔口上连接一段与孔口形状相同、长度为 $(3\sim4)d$ 的短管(d 为孔径)，这样的短管称为管嘴，液流流经管嘴且在出口断面满管流出的现象称为管嘴出流。

若管嘴不伸入到容器内，称为外管嘴[图5.2.1(a)、(c)、(d)、(e)]；若管嘴伸入到容器内，称为内管嘴[图5.2.1(b)]。根据工程实际的需要，管嘴可以是断面形状不变的柱状[图5.2.1(a)、(b)、(e)]，也可以是断面变化的收缩或扩散管[图5.2.1(c)、(d)]。为了减少进口水头损失，常将管嘴进口做成[图5.2.1(e)]所示的流线型。

与孔口出流一样，液流进入管嘴后，因为流线不能转折而形成收缩断面 $c-c$(图5.2.2)，该处液流与管壁分离，形成漩涡区，区内的空气随液流带走因而气压下降，形成环状真空区；通过 $c-c$ 断面后流股又逐渐扩大到全断面，到管嘴出口处液流已完全充满整个断面。

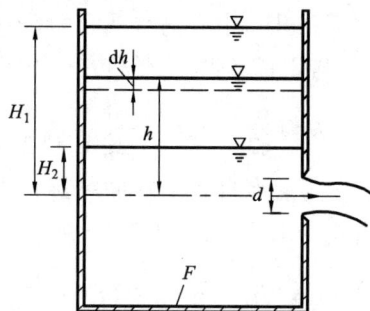

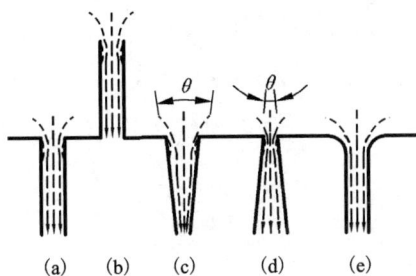

图 5.2.1　管嘴出流

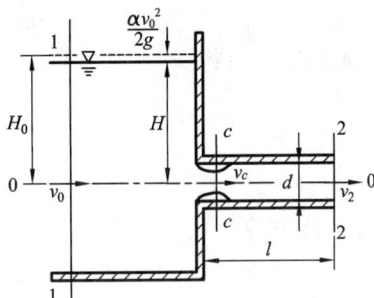

图 5.2.2　管嘴自由出流

如图 5.2.2 所示，开口容器中的液流，经过断面面积为 A 的圆柱形外管嘴自由出流，选取容器内满足渐变流条件的过流断面 1－1，流速为 v_0；管嘴出口断面 2－2，流速为 v；以过管嘴中心的水平面为基准面 0－0。对断面 1－1 和 2－2 列写伯努利方程

$$H + \frac{\alpha_0 v_0^2}{2g} = \frac{\alpha v^2}{2g} + h_w$$

因管嘴较短，沿程水头损失可以忽略，只计入局部水头损失 $h_w = h_j = \zeta \dfrac{v^2}{2g}$

令

$$H_0 = H + \frac{\alpha_0 v_0^2}{2g}$$

则

$$H_0 = (\alpha_0 + \zeta)\frac{v^2}{2g}$$

管嘴出口流速

$$v = \frac{1}{\sqrt{\alpha_0 + \zeta}}\sqrt{2gH_0} = \varphi_n \sqrt{2gH_0} \qquad (5.2.1)$$

管嘴出口流量

$$Q = Av = \varphi_n A \sqrt{2gH_0} = \mu_n A \sqrt{2gH_0} \qquad (5.2.2)$$

式中：ζ 为圆柱形外管嘴的局部阻力系数，相当于管道锐缘直角进口的局部阻力系数，$\zeta = 0.5$；φ_n 为圆柱形外管嘴的流速系数，$\varphi_n = \dfrac{1}{\sqrt{\alpha + \zeta}} = \dfrac{1}{\sqrt{1 + 0.5}} = 0.82$；$\mu_n$ 为圆柱形外管嘴流量系数，因出口无收缩，$\varepsilon = 1$，$\mu_n = \varphi_n = 0.82$。

比较公式（5.2.2）与（5.1.2），可见两式在形式上完全相同，然而流量系数 $\mu_n > \mu$，即在相同的作用水头和断面面积条件下，管嘴过流能力大于孔口过流能力。

5.2.3　圆柱形外管嘴的真空度

孔口外接管嘴后，增加了边壁阻力，过流能力不但不减小反而增大，这是为什么呢？主要是由于收缩断面出现了真空，对容器内的液体产生抽吸作用的缘故。

如图 5.2.2，对收缩断面 c－c 与出口断面 2－2 列写伯努利方程（用绝对压强）

$$\frac{p_c'}{\rho g} + \frac{\alpha_c v_c^2}{2g} = \frac{p_a}{\rho g} + \frac{\alpha v^2}{2g} + h_{jc-2}$$

$$\frac{p_a - p'_c}{\rho g} = \frac{\alpha_c v_c^2}{2g} - \frac{\alpha v^2}{2g} - h_{jc-2} \qquad (5.2.3)$$

由式(5.2.1)可得:

$$v = \varphi_n \sqrt{2gH_0}$$

则

$$\frac{v^2}{2g} = \varphi_n^2 H_0$$

由连续性方程

$$v_c = \frac{A}{A_c} v = \frac{1}{\varepsilon} v$$

$$\frac{v_c^2}{2g} = \frac{1}{\varepsilon^2} \frac{v^2}{2g} = \frac{1}{\varepsilon^2} \varphi_n^2 H_0$$

从断面 $c-c$ 流至 $2-2$ 的局部水头损失 h_{jc-2} 可按圆管突然扩大来计算

$$h_{jc-2} = \zeta_{c-2} \frac{v^2}{2g} = \left(\frac{A}{A_c} - 1\right)^2 \frac{v^2}{2g} = \left(\frac{1}{\varepsilon} - 1\right)^2 \varphi_n^2 H_0$$

收缩断面 $c-c$ 处的真空度

$$h_{vc} = \frac{p_{vc}}{\rho g} = \frac{p_a - p'_c}{\rho g}$$

将以上各项代入式(5.2.3)得

$$h_{vc} = \left[\frac{\alpha_c}{\varepsilon^2} - \alpha - \left(\frac{1}{\varepsilon} - 1\right)^2\right] \varphi_n^2 H_0 \qquad (5.2.4)$$

对圆柱形外管嘴: 将由实验得到的各项系数 $\varepsilon = 0.64$, $\varphi_n = 0.82$, 取 $\alpha = \alpha_c = 1.0$ 代入得

$$h_{vc} = \frac{p_a - p'_c}{\rho g} \approx 0.75 H_0 \qquad (5.2.5)$$

由此可见: 圆柱形外管嘴收缩断面的真空度可达作用水头的 75%, 管嘴的作用相当于将孔口自由出流的作用水头增加了 0.75 倍, 这大大提高了管嘴的出流能力。

5.2.4　圆柱形外管嘴的正常工作条件

由式(5.2.5)可见, 收缩断面 $c-c$ 的压强随作用水头 H_0 的增大而减小。实际上, 当收缩断面压强的真空度超过一定数值时, 空气会由管嘴出口处"吸入", 从而破坏原来的真空状态, 管嘴不能保持满管出流, 反而降低出流能力。根据实验结果, 当液流为水流、管嘴长度为 $(3 \sim 4)d$ 时, 管嘴正常工作的收缩断面最大真空度约为 7.0 m, 因此能够由式(5.2.5)得到作用水头必须满足的条件为

$$[H_0] \leqslant \frac{7 \ m}{0.75} \approx 9 \ \text{m}$$

此外, 当管嘴长度小于 $(3 \sim 4)d$ 时, 收缩断面与管嘴出口之间的距离太短, 液流未充分扩散以前便抵达出口, 液流没有充满管道, 收缩断面不能形成真空, 管嘴不能发挥作用; 若管嘴长度过大, 沿程水头损失增大, 出流能力减小。所以圆柱形外管嘴的正常工作条件是: (1)作用水头 $H_0 \leqslant 9$ m; (2)管嘴长度 $l = (3 \sim 4)d$。

5.3　短管的水力计算

5.3.1　有压流的有关基本概念

在工程实际中，为了输送流体，常常设置各种有压管道，如日常生活中的供水管网、煤气管路、通风管道等。这类管道的特点是：整个断面均被流体所充满，断面的周界就是湿周，管道边壁上各点均受到流体压强(一般 $p' \neq p_a$，即 $p \neq 0$)的作用，这种管道称为有压管道，流体在有压管道中的流动叫有压流或管流。

若有压流的运动要素不随时间变化，称为有压管中恒定流；若任一运动要素随时间而变，则称为有压管中非恒定流。

实际工程中的管道，根据管线布置情况可分为简单管道和复杂管道。管径不变且无分叉的管道称为简单管道，复杂管道是指由两根或两根以上的简单管道组合而成。简单管道是最常见的管道，也是复杂管道的基本组成部分，其水力计算方法是各种管道水力计算的基础。

工程中为了简化计算，还根据管道中两种水头损失在总水头损失中所占的比重，将管道分为长管与短管。长管是指以沿程水头损失为主，局部水头损失及流速水头的总和在总水头损失中所占比重很小，可忽略不计或可按沿程水头损失的百分数近似计算的管道，如城市供水的室外管网等。短管是指沿程水头损失和局部水头损失都占有一定的比重，计算时都不能忽略的管道，如水泵吸水管、虹吸管、路下涵管等。

5.3.2　简单管道短管水力计算的基本公式

短管的水力计算可分为自由出流与淹没出流两种情况。

1. 自由出流

如图 5.3.1 所示短管，出口直接流入大气，形成恒定自由出流。

以管道出口断面 2－2 形心所在的水平面为基准面，选取距管道进口最近的满足渐变流条件的上游过流断面 1－1，平均流速为 v_0，通常称为行近流速，总水头为

$$H_0 = z_1 + \frac{p_1}{\rho g} + \frac{\alpha_0 v_0^2}{2g}$$

出口断面 2－2 的流速为 v，列写断面 1－1 与 2－2 之间的伯努利方程

$$H_0 = \frac{\alpha_2 v^2}{2g} + h_w \qquad (5.3.1)$$

式中 H_0 也称为作用水头。

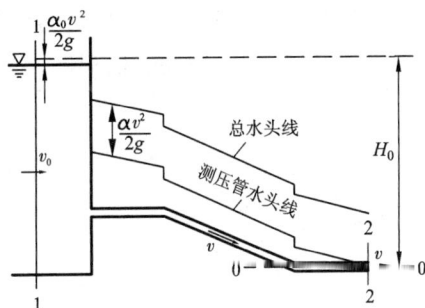

图 5.3.1　短管自由出流

上式表明：有压管道自由出流的作用水头 H_0 除了用于克服水头损失 h_w 外，另一部分转化成了流体的动能 $\frac{\alpha_2 v^2}{2g}$ 而射入大气。因为行近流速 v_0 相对管道流速 v 一般比较小，忽略不计，作用水头 H_0 可表示为上游液面与管道出口的高差 H。

式(5.3.1)中的水头损失 h_w 应当包括管路系统中所有的沿程损失与局部损失之和。

$$h_w = \sum h_f + \sum h_j = \left(\sum \lambda \frac{l}{d} + \sum \zeta \right) \frac{v^2}{2g} \tag{5.3.2}$$

将(5.3.2)代入式(5.3.1)，取 $\alpha_2 \approx 1.0$，整理得到短管出口的流速

$$v = \frac{1}{\sqrt{1 + \sum \lambda \dfrac{l}{d} + \sum \zeta}} \sqrt{2gH_0} \tag{5.3.3}$$

流量

$$Q = vA = \frac{A}{\sqrt{1 + \sum \lambda \dfrac{l}{d} + \sum \zeta}} \sqrt{2gH_0} = \mu_c A \sqrt{2gH_0} \tag{5.3.4}$$

式中：$\mu_c = \dfrac{1}{\sqrt{1 + \sum \lambda \dfrac{l}{d} + \sum \zeta}}$，称为管道自由出流的流量系数，$A$ 为管道出口断面的面积。

2. 淹没出流

如图 5.3.2 所示短管，出口在下游液面以下，形成恒定淹没出流。

取下游自由液面为基准面，设上游断面 $1-1$ 的总水头为 $H_1 = z_1 + \dfrac{p_1}{\rho g} + \dfrac{\alpha_1 v_1^2}{2g}$，下游断面 $2-2$ 的总水头为 $H_2 = z_2 + \dfrac{p_2}{\rho g} + \dfrac{\alpha_2 v_2^2}{2g}$，列写断面 $1-1$ 与 $2-2$ 之间的伯努利方程

$$H_1 = H_2 + h_w$$

或 $\qquad\qquad H_0 = h_w \qquad\qquad (5.3.5)$

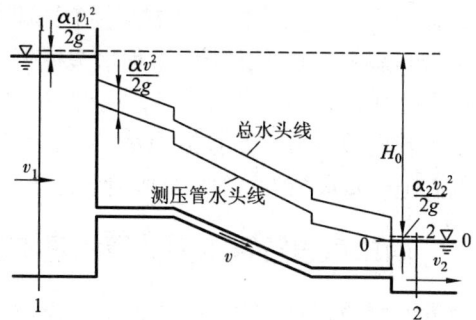

图 5.3.2 短管淹没出流

式中 $H_0 = H_1 - H_2$ 表示作用水头。

式(5.3.5)表明：淹没出流管路的作用水头 H_0 完全用于克服管路的水头损失 h_w。根据式(5.3.2)及(5.3.5)，得短管出口断面的流速为

$$v = \frac{1}{\sqrt{\sum \lambda \dfrac{l}{d} + \sum \zeta}} \sqrt{2gH_0} \tag{5.3.6}$$

出流流量为

$$Q = \frac{A}{\sqrt{\sum \lambda \dfrac{l}{d} + \sum \zeta}} \sqrt{2gH_0} = \mu_c A \sqrt{2gH_0} \tag{5.3.7}$$

式中：$\mu_c = \dfrac{1}{\sqrt{\sum \lambda \dfrac{l}{d} + \sum \zeta}}$，称为管道淹没出流的流量系数。

上、下游液面上的压强等于大气压强，若忽略两断面的流速水头，则 $H_0 \approx H$，H 为上、下游液面的高差。由以上推导可见，管流水力计算与孔口、管嘴出流是相似的。

值得注意的是，当淹没出流出口突然扩大的局部水头损失系数 $\zeta = 1$ 时（即扩大后过流断

面很大),自由出流与淹没出流的流量系数相等,比较式(5.3.7)与(5.3.4)后容易发现,这种情况下,具有相同作用水头的自由出流与淹没出流的流量是相等的。

5.3.3　短管的水力计算

由简单管道水力计算的基本公式 $Q = \mu_c A \sqrt{2gH}$ 可见,式中存在三种类型的变量:作用水头 H,输送流量 Q,管道参数(l、d、λ、ζ 等)。因此,有压管中恒定流的水力计算,主要有以下 4 种类型。

1. 工作水头 H 或水头损失 h_w 计算

即已知管道参数(l、d、λ、ζ)和输水能力 Q,计算水头损失 h_w 或通过一定流量时所必需的水头 H。

【例 5.3.1】　由水箱向管路输水(图 5.3.3)。已知供水量 $Q = 2.25$ L/s,输水管段的直径和长度分别为 $d_1 = 70$ mm, $l_1 = 25$ m; $d_2 = 40$ mm, $l_2 = 15$ m。沿程阻力系数 $\lambda_1 = 0.025$, $\lambda_2 = 0.02$,阀门的局部阻力系数 $\zeta_v = 3.5$。试求:(1)管路系统的总水头损失;(2)若管路末端所需的自由水头 $H_2 = 8$ m,求水箱液面至管路出口的高差 H_1。

(注:"自由水头"是给水设计中规定的供水管路末端所需压力的术语)

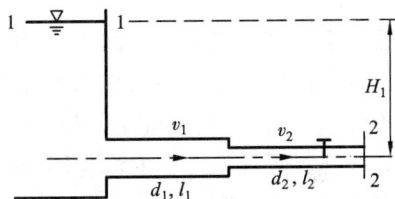

图 5.3.3　例 5.3.1 图

【解】　(1)计算管路系统的总水头损失

各段管道的流速:

$$v_1 = \frac{Q}{A_1} = \frac{4Q}{\pi d_1^2} = \frac{4 \times 2.25 \times 10^{-3}}{\pi \times 0.07^2} \text{ m/s} = 0.58 \text{ m/s}$$

$$v_2 = \frac{Q}{A_2} = \frac{4Q}{\pi d_2^2} = \frac{4 \times 2.25 \times 10^{-3}}{\pi \times 0.04^2} \text{ m/s} = 1.79 \text{ m/s}$$

水头损失包括沿程水头损失及管道入口、突然缩小、阀门等处的局部水头损失。查表 4.7.1 可得各局部阻力系数为:管道进口 $\zeta_e = 0.5$;

突然缩小　　　　　$\zeta_r = 0.5 \left(1 - \frac{A_2}{A_1}\right) = 0.5 \times \left(1 - \frac{d_2^2}{d_1^2}\right) = 0.3367$

则　　　　$h_w = h_{f1} + h_{je} + h_{f2} + h_{jr} + h_{jv}$

$$= \left(\lambda_1 \frac{l_1}{d_1} + \zeta_e\right) \frac{v_1^2}{2g} + \left(\lambda_2 \frac{l_2}{d_2} + \zeta_r + \zeta_v\right) \frac{v_2^2}{2g}$$

$$= \left[\left(0.025 \times \frac{25}{0.07} + 0.5\right) \times \frac{0.58^2}{2 \times 9.8} + \left(0.02 \times \frac{15}{0.04} + 0.3367 + 3.5\right) \times \frac{1.79^2}{2 \times 9.8}\right] \text{ m}$$

$$= 2.02 \text{ m}$$

(2)计算水箱液面高度

当管路末端的自由水头 $H_2 = 8$ m 时,对水箱内液面 1 - 1 和管路出口断面 2 - 2 列写伯努利方程

$$H_1 = H_2 + \frac{\alpha_2 v_2^2}{2g} + h_w = \left(8 + \frac{1 \times 1.79^2}{2 \times 9.8} + 2.02\right) \text{m} = 10.18 \text{ m}$$

即水箱液面至管路出口的高差 H_1 至少应有 10.18 m。

2. 输流能力 Q 或流速 v 计算

即已知管道布置和尺寸(l、d、ζ)及作用水头 H，计算输送的流量 Q 或管中流速 v。

下面介绍工程中常用的一种有压管道——虹吸管。虹吸管是一种压力输液管道，其顶部弯曲且轴线高于上游液面，如图 5.3.4 所示。应用虹吸管输送液体，可以跨越高地、公(铁)路、河流等，减少挖方、避开与其他交通方式的相互影响。

根据伯努利方程分析，只有在虹吸管内造成真空，使作用在上游液面的大气压强和虹吸管内的真空压强之间产生压差，液流才能通过虹吸管的最高处引向低处。虹吸管的真空度理论上最大可达 10 m 水柱高。但实际上，若真空度过大，虹

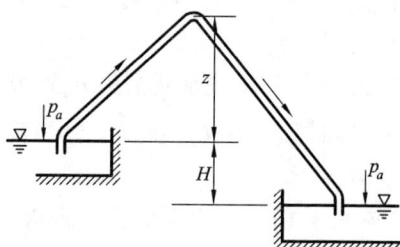

图 5.3.4　虹吸管

吸管内压强接近该温度下的汽化压强时，液体汽化产生气泡，气泡在虹吸管顶部聚集，挤缩过流断面，破坏液流的连续性，影响虹吸管的正常工作，甚至可能造成断流；同时气泡随液流进入管内高压部位时，受到压缩而突然溃灭，容易造成管壁的汽蚀破坏。因此，工程上一般控制虹吸管中最大真空度不超过允许值 $[h_v] = 7 \sim 8.5$ m 水柱，具体由工程所在地的高程而定。

虹吸管长度一般不大，应按短管计算。其计算任务主要有两个，一是计算虹吸管的输水能力，而是计算管道的最大安装高度。

【例 5.3.2】　有一渠道用直径 $d = 1$ m 的混凝土虹吸管来跨越铁路(如图 5.3.5)，渠道上游水位 68.0 m，下游水位 67.0 m，虹吸管长度 $l_1 = 8$ m，$l_2 = 12$ m，$l_3 = 15$ m，中间有 75°的折角弯头两个，每个 $\zeta_弯 = 0.365$，$\zeta_{进口} = 0.5$，$\zeta_{出口} = 1.0$。试确定：(1) 虹吸管的过流能力；(2) 当虹吸管中的最大允许真空度 $[h_{v\max}] = 7$ m 时，虹吸管的最高安装高程为多少？

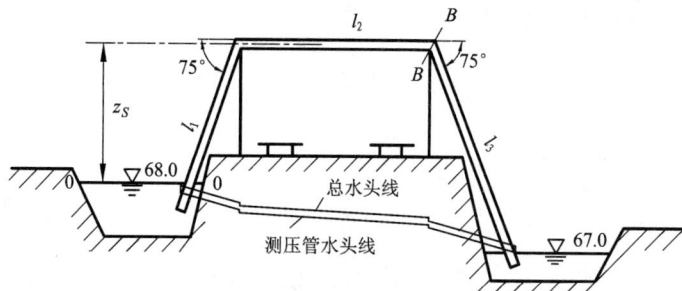

图 5.3.5　例 5.3.2 图

【解】　(1) 求虹吸管的过流能力

分析：虹吸管出口在下游水面以下，属于淹没出流；管径沿程不变，且无分叉，是简单管

道，因此采用简单管道淹没出流的公式 $Q = \mu_c A \sqrt{2gH}$ 计算。

查糙率表 4.6.2 知混凝土管 $n = 0.014$，采用曼宁公式 (4.6.12) 计算谢才系数 C

$$C = \frac{1}{n} R^{\frac{1}{6}} = \frac{1}{0.014} \times \left(\frac{\frac{\pi}{4} \cdot 1^2}{\pi \cdot 1} \right)^{\frac{1}{6}} \mathrm{m}^{\frac{1}{2}}/\mathrm{s} = 56.69 \mathrm{m}^{\frac{1}{2}}/\mathrm{s}$$

管道的沿程阻力系数

$$\lambda = \frac{8g}{C^2} = \frac{8 \times 9.8}{56.7^2} = 0.0244$$

流量系数

$$\mu_c = \frac{1}{\sqrt{0.0244 \times \frac{(8 + 12 + 15)}{1} + (0.5 + 2 \times 0.365 + 1.0)}} = 0.5694$$

虹吸管的过流能力

$$Q = \mu_c A \sqrt{2gH} = 0.5694 \times \frac{\pi}{4} \times 1 \times \sqrt{2 \times 9.8 \times (68.0 - 67.0)}\,\mathrm{m}^3/\mathrm{s} = 1.98\ \mathrm{m}^3/\mathrm{s}$$

（2）求最高安装高程 $\nabla_安$

分析：由于具有大气压强的自由表面位置高度已定，虹吸管中位置越高的地方真空度越大，所以最大真空度应当发生在管道的最高位置。对于本例题而言，管道的最高位置是一段管道，则最高位置上水头损失最大的地方应当成为安装高程的控制断面。工程上为安全起见，一般将局部水头损失视为在某个断面突然发生，损失的前后断面均可简略地按均匀流计算。因此，最大真空值发生在第二个弯头后，即图中的 $B - B$ 处。

以上游水面为基准面 $0 - 0$，对断面 $0 - 0$ 和 $B - B$ 列写伯努利方程

$$\frac{p_a}{\rho g} + \frac{\alpha_0 v_0^2}{2g} = z_s + \frac{p_B'}{\rho g} + \frac{\alpha v^2}{2g} + h_w$$

式中 z_s 为 $B - B$ 断面中心至上游渠道水面的高差。

$$h_w = \sum h_f + \sum h_j = \left(\lambda \frac{l_{0-B}}{d} + \zeta_进 + 2\zeta_弯 \right) \frac{v^2}{2g}$$

考虑到行近流速 $v_0 \approx 0$，$\alpha = 1$，$v = \frac{Q}{A} = \frac{4Q}{\pi}$，因此

$$\frac{p_a - p_B'}{\rho g} = z_s + \left(1 + \lambda \frac{l_{0-B}}{d} + \zeta_进 + 2\zeta_弯 \right) \frac{v^2}{2g}$$

式中 $\frac{p_a - p_B'}{\rho g} = h_{vB}$，根据题意 $h_{vB} \leq [h_{v\max}]$，即

$$z_s \leq [h_{v\max}] - \left(1 + \lambda \frac{l_{0-B}}{d} + \zeta_进 + 2\zeta_弯 \right) \frac{v^2}{2g}$$

$$= 7\ \mathrm{m} - \left(1 + 0.0244 \times \frac{8 + 12}{1} + 0.5 + 2 \times 0.365 \right) \times \frac{\left(\frac{4 \times 1.98}{\pi} \right)^2}{2 \times 9.8}\,\mathrm{m}$$

$$= 6.12\ \mathrm{m}$$

则　　　　　$\nabla_安 = 68.0\ \mathrm{m} + 6.12\ \mathrm{m} = 74.12\ \mathrm{m}$

3. 设计管径 d

即已知管线布置(l, ζ)、输送流量 Q 及总水头 H，求所需的断面尺寸 d。

由短管流量计算公式(5.3.4)或(5.3.7)可得 $d = \sqrt{\dfrac{4Q}{\mu_c \pi \sqrt{2gH}}}$，式中 μ_c 无论是自由出流还是淹没出流，均与管径 d 有关，所以需采用迭代法(试算法)计算 d。

以倒虹吸管为例。倒虹吸管也是一种压力输水管道，但安装方式与虹吸管刚好相反，管轴线低于上、下游水面，利用上、下游水位差进行输水。倒虹吸管常用在既不便直接跨越，采用虹吸管跨越又受到最大安装高程限制的地方，如过江横越路的有压管等。

倒虹吸管同虹吸管一样，一般不太长，要按短管计算。

【例 5.3.3】　如图 5.3.6 所示渠道横穿高速公路，采用钢筋混凝土倒虹吸管，沿程阻力系数 $\lambda = 0.025$，已知通过流量为 3 m³/s，倒虹吸管上、下游渠中水位差 $H = 3$ m，管长 $l = 50$ m，其中经过两个 30° 的折角转弯，单个局部水头损失系数为 $\zeta_b = 0.20$，进口局部水头损失系数 $\zeta_e = 0.5$，出口局部水头损失系数 $\zeta_o = 1.0$，上、下游渠中流速均为 1.5 m/s。试确定倒虹吸管直径 d。

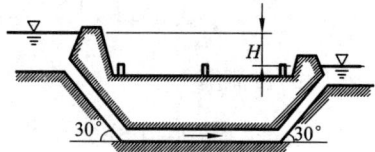

图 5.3.6　例 5.3.3 题图

【解】　由于上、下游渠中流速相同，可得作用水头 $H_0 = H$，是淹没出流，$H = h_w$。

管道断面平均流速

$$v = \frac{Q}{A} = \frac{4Q}{\pi d^2}$$

总水头损失

$$h_w = \left(\lambda \frac{l}{d} + \zeta_e + 2\zeta_b + \zeta_o \right) \frac{v^2}{2g}$$

代入伯努利方程

$$H = \left(\lambda \frac{l}{d} + \zeta_e + 2\zeta_b + \zeta_o \right) \frac{\left(\dfrac{4Q}{\pi d^2} \right)^2}{2g}$$

代入各项数据

$$3 = \left(0.025 \times \frac{50}{d} + 0.5 + 2 \times 0.2 + 1.0 \right) \frac{\left(\dfrac{4 \times 3}{\pi d^2} \right)^2}{2g}$$

整理得　　　　　　　　　　$4.03 d^5 - 1.9 d - 1.25 = 0$

通过迭代计算得到 $d = 0.95$ m，可以选取比计算值略大的标准直径 $d = 1.0$ m 作为设计管径。

在进行实际工程设计时，一般先根据流量要求和经济流速来计算管径，然后选择相应的有工业定型产品的管道标准管径。

4. 确定管路上各断面的压强

即已知管道参数(λ、ζ、l、d)、输水流量 Q 及作用水头 H，要求确定管路上各断面的压强，以校核管的强度。

在供流、消防等工程中，需要验算管路中各部位的压强是否满足工作要求；或防止因过大的真空值使汽化、空蚀等有害现象发生；有时还要校核管材的设计应力是否在安全范围以内。对于这类问题，通常不是逐点计算其压强，而是先分析沿流程测压管水头线的变化情况，画出水头线图；再就重点部位列写伯努利方程，逐点推求各重点断面的压强 p。

本节图 5.3.1、图 5.3.2 就画出了短管自由出流、淹没出流两种情况下的水头线图，图中测压管水头线与管轴线高差最大的地方就是管道的位置最大压强。从图得知：上述两种情况下的最大压强均发生在管路进口处。图 5.3.5 画出了虹吸管淹没出流时的水头线图，凡测压管水头线低于管轴线处，管路中均出现真空，可见，虹吸管中大部分管路都受负压作用，负压最大的地方出现在 $B-B$ 断面，与前面的分析结果相同。

5.4　长管的水力计算

管路的总水头损失 $h_w = \left(\sum \lambda \dfrac{l}{d} + \sum \zeta \right) \dfrac{v^2}{2g}$，其中沿程水头损失 $h_f = \lambda \dfrac{l}{d}\dfrac{v^2}{2g}$ 是与管长 l 成正比的，当管路很长时，使得 $\sum \lambda \dfrac{l}{d} \gg \sum \zeta$，此时管路的水力计算就可以忽略局部水头损失和流速水头，这种管路就是长管。

在长管的水力计算中，根据管路系统的不同特点，可以分为简单管路与复杂管路，而复杂管路又分为串联管路、并联管路、分叉管路及管网等。下面分别讨论。

5.4.1　简单管路

1. 水力计算的基本公式

如图 5.4.1，以出口断面 $2-2$ 中心所在的水平面为基准面 $0-0$，对 $1-1$ 和 $2-2$ 断面列写伯努利方程

$$H + \frac{\alpha_0 v_0^2}{2g} = \frac{\alpha v^2}{2g} + h_w$$

长管中不计局部水头损失和流速水头，则

$$H = h_f = \lambda \frac{l}{d}\frac{v^2}{2g} \qquad (5.4.1)$$

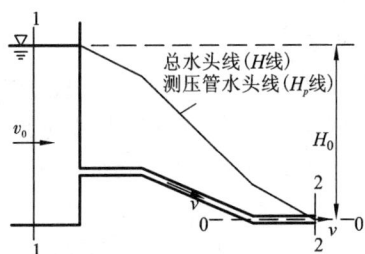

图 5.4.1　简单管道长管

上式表明：长管的全部作用水头都消耗于克服沿程水头损失，其总水头线（H 线）与测压管水头线（H_p 线）重合。

设管道直径为 d，流量为 Q，断面平均流速 $v = \dfrac{Q}{A} = \dfrac{4Q}{\pi d^2}$，代入式(5.4.1)

$$H = \lambda \frac{l}{d}\frac{1}{2g}\left(\frac{4Q}{\pi d^2}\right)^2 = \frac{8\lambda}{g\pi^2 d^5}lQ^2$$

为了计算方便，定义管路的比阻

$$S = \frac{8\lambda}{g\pi^2 d^5} \qquad (5.4.2)$$

则 $\qquad\qquad\qquad\qquad\qquad\qquad H = SlQ^2 \qquad\qquad\qquad\qquad\qquad (5.4.3)$

2. 比阻 S

从式(5.4.3)可见,当 $Q = 1 \text{ m}^3/\text{s}$ 时,$S = \dfrac{H}{l}$,即比阻 S 为单位流量通过单位长度管段产生的水头损失。S 反映了管道流动阻力的大小,流动阻力越大,比阻越大。比阻的量纲为 $L^{-6}T^2$。影响比阻大小的是沿程阻力系数 λ 和管径 d,$S = f(\lambda, d)$。

通过第 4 章的学习知道,沿程阻力系数 λ 的计算公式繁多,有的计算公式虽较精确,但使用并不方便,土建工程中多使用由谢才公式推导的比阻公式。

由谢才公式(4.6.8)得

$$v = C\sqrt{RJ} = C\sqrt{R\frac{h_f}{l}}$$

则

$$h_f = \frac{v^2 l}{C^2 R}$$

代入式(5.4.1)有

$$H = \frac{v^2 l}{C^2 R} = \frac{1}{C^2 R A^2} l Q^2$$

比较式(5.4.3)可得

$$S = \frac{1}{C^2 R A^2}$$

再将曼宁公式 $C = \dfrac{1}{n}R^{\frac{1}{6}}$,$R = \dfrac{d}{4}$,$A = \dfrac{\pi}{4}d^2$ 代入上式,得

$$S = \frac{10.3 n^2}{d^{5.33}} \tag{5.4.4}$$

【例 5.4.1】 由水塔沿长度 l 为 3500 m、直径 d 为 300 mm 的新铸铁管向工厂输水(见图 5.4.2)。设安置水塔处的地面标高 z_1 为 130.0 m,厂区地面标高 z_2 为 110.0 m,工厂所需自由水头 H_2 为 25 m。若需保证工厂供水量 Q 为 85 L/s,求水塔高度(即地面至水塔水面的垂直距离)H_1。

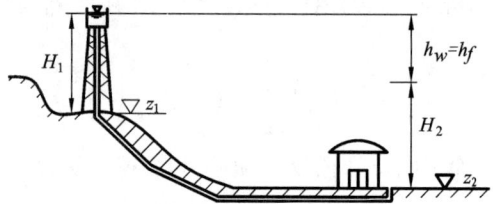

图 5.4.2 例 5.4.1 题图

【解】 给水管道常按长管计算。

$$h_f = SlQ^2$$

管道内流速

$$v = \frac{Q}{A} = \frac{4 \times 0.085 \text{ m}^3/\text{s}}{3.14 \times (0.3 \text{ m})^2} = 1.20 \text{ m/s}$$

由糙率表 4.6.2 查得新铸铁管 $n = 0.011$,代入式(5.4.4)

$$S = \frac{10.3 \times n^2}{d^{5.33}} = \left(\frac{10.3 \times 0.011^2}{0.3^{5.33}}\right) \text{s}^2/\text{m}^6 = 0.7630 \text{s}^2/\text{m}^6$$

$$h_f = SlQ^2 = (0.7630 \times 3500 \times 0.085^2) \text{m} = 19.29 \text{ m}$$

所需水塔高度

$$H_1 = z_2 + H_2 + h_f - z_1 = (110.0 + 25 + 19.29 - 130.0) \text{m} = 24.29 \text{ m}$$

5.4.2　串联管路

由直径不同的几段管道依次串接而成的管路,或是直径虽然不变,但流量变化的管路,称为串联管路。直径变化或有流量分出处称为节点。

串联管路常用于沿程向节点处供流。如图 5.4.3 中的串联管路可以沿途向 B、C 及 D 处的用户供流。为了满足用户的需要,各段管道中的流量是不同的。一般而言,流量沿程在节点分出,各段管道的流量会随分流而沿程减小。为维持管中流速在经济流速范围内,各段管道的直径不等。

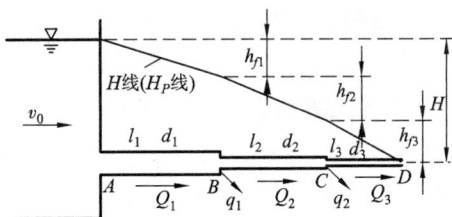

图 5.4.3　串联管路

串联管路一般按长管计算,其总水头线与测压管水头线重合,整个管段的水头线呈折线型。

串联管道流动需同时满足两个基本方程:

管路阻力方程

$$H = \sum_{i=1}^{n} h_{fi} = \sum_{i=1}^{n} S_i l_i Q_i^2 \tag{5.4.5}$$

节点连续性方程

$$Q_i = q_i + Q_{i+1} \tag{5.4.6}$$

$$流入节点的流量 = 流出节点的流量$$

式中: n 为管段总数。q_i 各节点分出的流量。

5.4.3　并联管路

凡是两条或两条以上的管道在同一点分叉又在同一点汇合的管路称为并联管路。

并联管路主要用于提高管路的可靠性或在两节点间增设新管以提高输流能力。一般按长管计算。

如图 5.4.4 所示,节点 B、C 间由 3 条管道并联,整个管路又是由 3 段管道串联而成。B、C 两点为各并联支管所共有,如在 B、C 两点设置测压管,显然每根测压管只有一个液面,B、C 两点间有且只有一个测压管水头差。所以,单位重量的液体流过 B、C 间任何一条管道,所损失的机械能相等,即

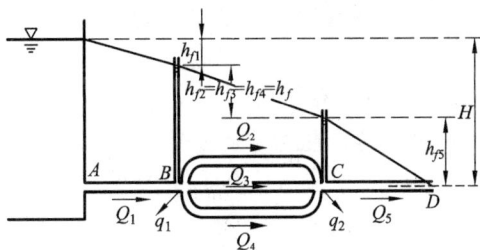

图 5.4.4　并联管路

$$h_{wBC} = h_{w2} = h_{w3} = h_{w4} \tag{5.4.7}$$

若按长管计算,则

$$h_{fBC} = h_{f2} = h_{f3} = h_{f4} \tag{5.4.8}$$

式(5.4.7)的物理意义是并联各支管的水头损失相等,即单位重量流体通过每一并联支

管的机械能损失相等。但由于各支管的长度、管径及糙率不同，通过的流量也不相同，因此，通过并联各支管流体的总机械能损失不等，流量大的，总机械能损失也大。

并联管道内的流动同串联管道一样，同样需要满足两个基本方程。

管路阻力方程

$$S_1 l_1 Q_1^2 = S_i l_i Q_i^2 = \cdots = S_n l_n Q_n^2 \tag{5.4.9}$$

节点连续性方程

$$\text{流入节点的流量} = \text{流出节点的流量} \tag{5.4.10}$$

式中 n 为并联管路中的分支数。

【例 5.4.3】　在长为 $2l$，直径为 d 的管道中间，并联一根直径相同，长为 l 的支管(图 5.4.5 中虚线)，若水头 H 不变，不计局部损失，试求并联管前后的流量之比。

【解】　依题意，不计局部损失，按长管公式计算。

并联前：$H = 2SlQ_1^2$

并联后：相当于长为 l 的管段与一并联管段串联

$$H = SlQ_2^2 + Sl\left(\frac{Q_2}{2}\right)^2 = \frac{5}{4}SlQ_2^2$$

并联前后上下游水位差 H 保持不变

$$2SlQ_1^2 = \frac{5}{4}SlQ_2^2$$

得

$$\frac{Q_2}{Q_1} = \sqrt{\frac{8}{5}} = 1.2649$$

即并联后的流量增加约为 26%。

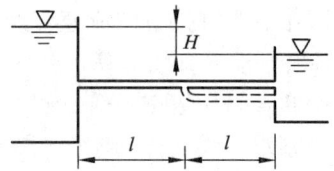

图 5.4.5　例 5.4.2 题图

5.4.4　分叉管路

凡分叉后不再会合的管路称为分叉管路。

如图 5.4.6，总管 AB 自水池引出，从 B 点分叉，然后通过两根支管 BC、BD 分别于 C、D 两点流入大气。分叉管路主要用于供水、供气管网和一管多机的电站引水管等。

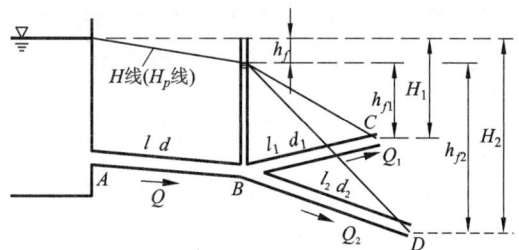

图 5.4.6　分叉管路

分叉管路一般也按长管计算。计算时可将各支管视为串联管道，采用串联管道的管路阻力方程与节点连续性方程进行计算。

5.4.5　管网

在供水、供气或通风系统中，常常需要将数段管道通过串联、并联等组合成管网，以便将水、气等流体输送到不同的用户。管网按其布置方式可分为树状管网与环状管网(图 5.4.7)。树状管网管线短，投资省，但其可靠性较差；环状管网当局部管段损坏时，能够采用其他管线向用户供流，可靠性好，但管线长，投资高。

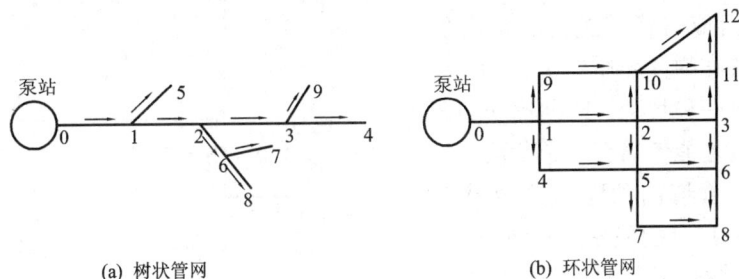

(a) 树状管网   (b) 环状管网

图 5.4.7   树状管网与环状管网

管网控制点：是在管网中某点的地形标高、要求的自由水头、从起供点至该点的水头损失三项之和为最大值的点，亦称水头最不利点。管网水力计算只要满足了控制点的需要，网内其余各点的供流要求就都能得到满足。

管网具体的水力计算，以简单管道和串联、并联管道为基础，在有关专业教材中有详述，这里不再赘述。

5.5   水击简介

5.5.1   水击现象

在有压管道中，由于某种原因（如阀门突然启闭，水泵机组突然停车等）液流受阻，速度突然发生变化，引起液体内部压强大幅度交替波动，波动压强作用在管壁、阀门或其他管路元件上好像锤击一样，故称为水击（或水锤）。水击引起的压强升高，可达管道正常工作压强的几十倍至数百倍，如处理不当将导致管道系统强烈振动，产生噪声，造成阀门破坏、管件接头断开、管道严重变形甚至爆裂等重大事故。

在前面各章的讨论中，均把液体看成是不可压缩流体，但在水击发生时，管道内的压强发生巨大变化，液体的压缩性对水击压强的大小及其在管道中的传播，将产生显著影响，因此，必须考虑液体的压缩性。有压管道中的水击属于非恒定流动。

1. 水击发生的原因

现以管道末端阀门突然关闭为例，说明水击发生的原因。

如图 5.5.1 所示，长度为 L 的有压管道，管径与管壁厚度均沿程不变，末端 A 处阀门关闭前管流为恒定流动，流速 v_0。为便于分析水击现象，忽略流速水头和水头损失，即认为恒定流时管路中测压管水头线与静止时的测压管水头线 $M—M$ 相重合，管道沿程各断面的压强相等，以 p_0 表示，各断面的压强水头均为 $\dfrac{p_0}{\rho g}$。

当不考虑液体的压缩性和管壁的弹性时，阀门 A 突然关闭，整个管路的流速应同时变为零，而且在液流惯性的作用下，整个管路的压强也应升至无穷大。而实际上，关闭阀门总需要一定的时间，同时由于液体具有压缩性，管壁具有弹性，这对水击产生缓冲作用。阀门瞬时关闭,管道中的液体不是在同一时刻停止流动,压强也不是在同一时刻增高,而是以波的形式由阀门传向管道进口。水击现象实际上是扰动波在弹性介质中的传播,阀门关闭相当于产生一种扰动,这种扰动的影响只有通过弹性波才能传播至各个断面。

图 5.5.1　水击的发生

由此可见,管道内液流速度突然变化(如阀门突然关闭)是引发水击的外在条件,液体本身具有惯性和压缩性则是发生水击的内在原因。

2. 水击波的传播过程

(1)第一阶段,增压逆波从阀门向管道进口传播

设阀门在 $t=0$ 时刻瞬时关闭,紧靠阀门处长度为 dl 的流层突然停止流动,流速由 v_0 变为零。液体压强立即增加 Δp,增高的压强称为水击压强。由于 Δp 一般很大,故 dl 层液体被压缩,密度增大,管壁膨胀。但 dl 层上游的流动并未受到阀门关闭的影响,仍以 v_0 的速度继续向下游流动,当碰到停止不动的第一层液体时,也像碰到完全关闭的阀门一样,速度立即变为零,压强升高 Δp,同样液体被压缩,周围管壁膨胀。在这种情况下,弹性波的传播使压力升高,而其传播方向又与恒定流时的流动方向相反,我们称之为增压逆波。如以 a 表示水击波的传播速度,在 $t=L/a$ 时,水击波传到管道进口 B 处,全管压强均为 $p_0+\Delta p$,处于增压状态,其液体和管壁的特征如图 5.5.2(a)、(b)所示。

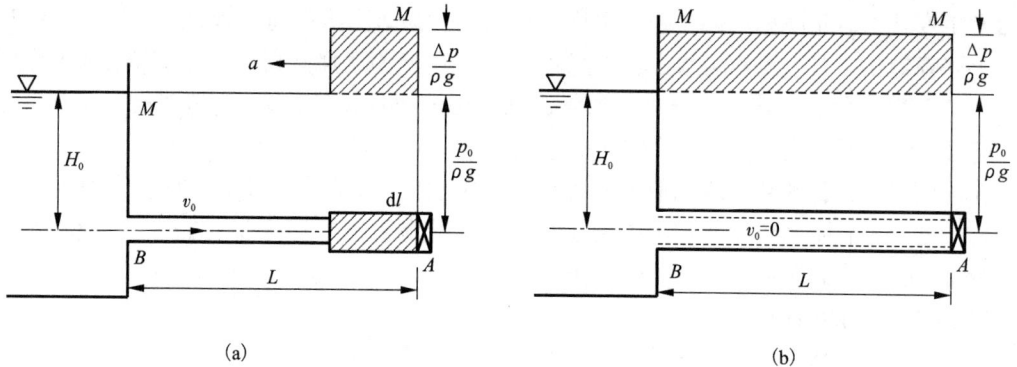

图 5.5.2　水击增压逆波从阀门向管道进口传播

$$(a)0<t<\frac{L}{a};(b)t=\frac{L}{a}$$

(2)第二阶段,减压顺波从管道进口向阀门传播

$t=L/a$ 时(第一阶段末,第二阶段开始),全管流动停止,管内压强普遍升高,密度加大,管壁膨胀。但管道进口上游的水位是不变的,进口断面 B 外侧的水池压强始终保持 p_0,不受水击的影响而改变;而内侧则是受压缩液体的压强 $p_0+\Delta p$,在压强差 Δp 作用下,管道内紧

靠进口的液体以流速 $-v_0$（负号表示与原流速 v_0 的方向相反）向水池倒流，同时压强恢复为 p_0，压缩的液体和膨胀的管壁也立即恢复原状。于是又同管内相邻的液体出现压强差，这样液体自管道进口起逐层向水池倒流。这个过程相当于第一阶段的反射波，称为减压顺波。在 $t = 2L/a$ 时，减压顺波传至阀门断面 A，全管压强恢复为 p_0，其液体和管壁的特征如图 5.5.3（a）、（b）所示。

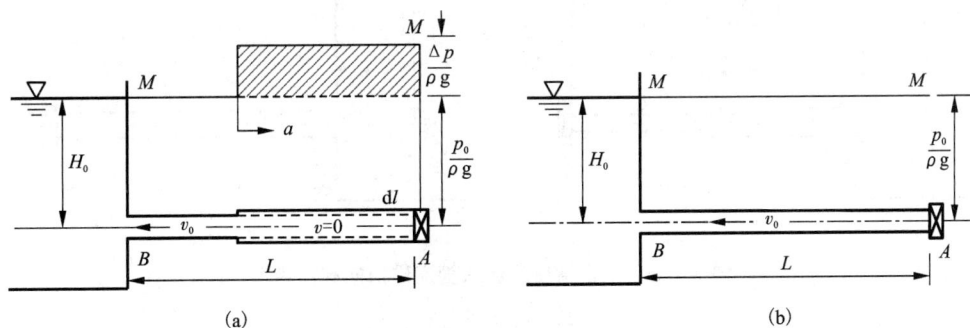

图 5.5.3 水击减压顺波从管道进口向阀门传播

$$(a) \frac{L}{a} < t < \frac{2L}{a}; \ (b) t = \frac{2L}{a}$$

（3）第三阶段，减压逆波从阀门向管道进口传播

$t = 2L/a$ 时，虽然全管压强已经恢复正常，全管液体的密度及膨胀的管壁也恢复原状，但水击波的传播并不停止，因为液流具有一个反向流速 $-v_0$，因惯性作用，液体继续向水池倒流，因阀门 A 处无液体补充，紧靠阀门处的液体停止流动，流速由 $-v_0$ 变为零，同时压强降低 Δp，随之后续各层相继停止流动，流速由 $-v_0$ 变为零，压强降低 Δp。在 $t = 3L/a$ 时，减压逆波传至管道进口 B，全管压强为 $p_0 - \Delta p$，处于减压状态。其液体和管壁的特征如图 5.5.4（a）、（b）所示。

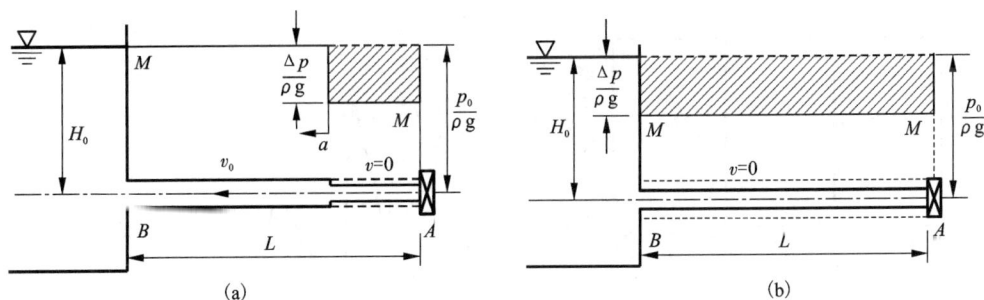

图 5.5.4 水击减压逆波从阀门向管道进口传播

$$(a) \frac{2L}{a} < t < \frac{3L}{a}; \ (b) t = \frac{3L}{a}$$

（4）第四阶段，增压顺波从管道进口向阀门传播

$t = 3L/a$ 时，管道进口 B 外侧静水压强 p_0 大于管内压强 $p_0 - \Delta p$，在压强差 Δp 作用下，液

体以速度 v_0 向管内流动,压强自进口起逐层恢复为 p_0,在 $t = 4L/a$ 时,增压顺波传至阀门断面 A,全管压强为 p_0,恢复为阀门关闭前的状态。其液体和管壁的特征如图 5.5.5(a)、(b) 所示。

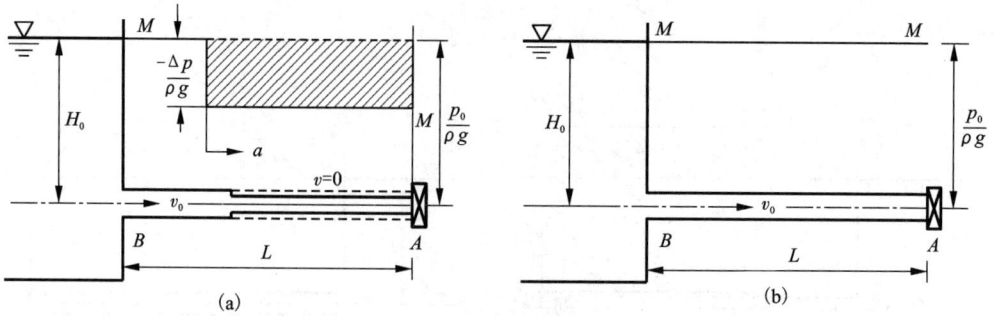

图 5.5.5　水击增压顺波从管道进口向阀门传播

$$(a) \frac{3L}{a} < t < \frac{4L}{a} ; (b) t = \frac{4L}{a}$$

$t = 4L/a$ 时,因惯性作用,液体继续以流速 v_0 流动,受到阀门阻止,于是和第一阶段开始时阀门瞬时关闭的情况相同,发生增压逆波从阀门向管道进口传播,重复上述四个阶段。至此,水击波的传播完成了一个周期。在一个周期内,水击波由阀门 A 传到进口 B,再由进口 B 传至阀门 A,共往返两次,完成了增压逆波、减压顺波、减压逆波和增压顺波 4 个传播阶段。实际水击波传播速度很快,各阶段是在极短时间内连续进行的。

在水击波的传播过程中,管道各断面的流速和压强皆随时间变化,所以水击过程是非恒定流。图 5.5.6 是阀门断面压强随时间变化的理论曲线,$t = 0$ 时,阀门瞬时关闭,压强由 p_0 增至 $p_0 + \Delta p$,一直保持到 $t = 2L/a$,即水击波往返一次的时间,称为相长 T;在 $t = 2L/a$,压强由 $p_0 + \Delta p$ 降至 $p_0 - \Delta p$,直至 $t = 4L/a$,压强由 $p_0 - \Delta p$ 恢复到 p_0,然后周期性变化。

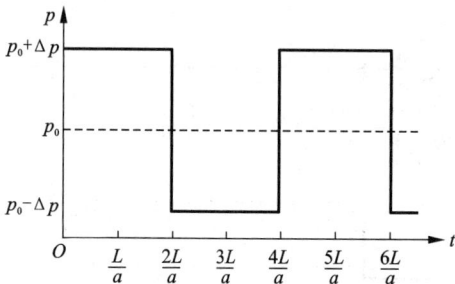

图 5.5.6　水击时阀门断面压强变化的理论曲线

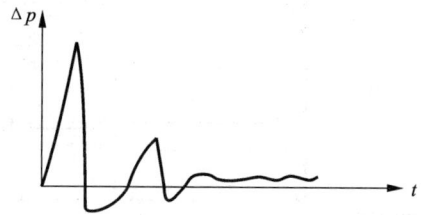

图 5.5.7　水击时实测阀门断面压强的变化曲线

如果水击波传播过程中没有能量损失,它将一直周期性地循环演变下去,但实际水击波传播过程中,由于实际流体存在粘滞摩阻力,能量不断损失,水击压强迅速衰减,阀门断面 A 实测的水击压强随时间的变化如图 5.5.7 所示。

5.5.2　水击压强的计算

物体运动状态的改变，是由于外力作用的结果。阀门关闭时液流速度的改变，必然是由于一种压强增量的作用，这个压强增量就是水击压强 Δp。在认识水击发生的原因和传播过程的基础上，进行水击压强 Δp 的计算，为设计压力管道和控制运行提供依据。

1. 直接水击

在前面的讨论中，阀门是瞬时关闭的。实际上阀门关闭总有一个过程，如关闭时间小于一个相长($t<2L/a$)，那么最早发出的水击波的反射波回到阀门以前，阀门已全关闭，这时阀门处的水击压强和阀门瞬时关闭相同，这种水击称为直接水击。下面应用质点系动量原理推导直接水击压强的公式。

设有压管流(图 5.5.8)，因阀门突然关闭，流速突然变化，发生水击，水击波的传播速度为 a，在微小时段 Δt，水击波由断面 $m-m$ 传到 $n-n$，而 $n—m$ 流段长 $\Delta l=a\Delta t$。分析 $n—m$ 段水体：水击波通过前，原流速 v_0，压强 p_0，密度 ρ，过流断面面积 A；突然关闭阀门，管路中发生水击，水击波通过后，流速降至 v，压强、密度、过流断面面积分别增至 $p_0+\Delta p$，$\rho+\Delta\rho$，$A+\Delta A$。

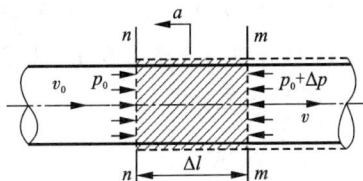

图 5.5.8　直接水击压强计算

$n—m$ 段液体原有的动量

$$\rho A v_0 \Delta l$$

水击波通过后的动量

$$(\rho+\Delta\rho)(A+\Delta A)v\Delta l$$

作用在 $n—m$ 段液体两端的压力差

$$p_0 A-(p_0+\Delta p)(A+\Delta A)$$

根据质点系动量定理得

$$\left[p_0 A-(p_0+\Delta p)(A+\Delta A)\right]\Delta t=(\rho+\Delta\rho)(A+\Delta A)v\Delta l-\rho A v_0 \Delta l$$

考虑到水击中 $\Delta\rho\ll\rho$，$\Delta A\ll A$，化简上式，得直接水击压强计算公式

$$\Delta p=\rho a(v_0-v) \tag{5.5.1}$$

阀门完全关闭，$v=0$，得最大水击压强

$$\Delta p=\rho a v_0 \tag{5.5.2}$$

或以压强水头表示

$$\Delta H=\frac{a}{g}v_0 \tag{5.5.3}$$

上式即为直接水击压强计算公式，是由俄国流体力学家儒科夫斯基(Жуковский，Н. Е)在 1898 年导出的，又称为儒科夫斯基公式。

2. 间接水击

如阀门关闭时间 $t>2L/a$，则开始关闭时发出的水击波的反射波，在阀门尚未完全关闭前，已返回阀门断面，随即变为减压逆波向管道进口传播，由于增压逆波与减压逆波相叠加，使阀门处水击压强小于直接水击压强，这种情况的水击称为间接水击。

间接水击由于正、负水击相互作用，计算更为复杂。一般情况下，间接水击压强可用下式计算

$$\Delta p = \rho a v_0 \frac{T}{T_z} \tag{5.5.4}$$

或
$$\Delta H = \frac{\Delta p}{\rho g} = \frac{a v_0}{g} \frac{T}{T_z} = \frac{v_0}{g} \frac{2L}{T_z} \tag{5.5.5}$$

式中：v_0——水击发生前管流断面平均流速；

      T——水击波相长，$T = 2L/a$；

      T_z——阀门关闭时间。

5.5.3　水击波的传播速度

式(5.5.2)表明，直接水击压强 Δp 与水击波的传播速度 a 成正比。因此，计算水击压强需要知道水击波的传播速度 a。考虑到水的压缩性和管壁的弹性变形，可得管中水击波的传播速度(推导过程从略)

$$a = \frac{a_0}{\sqrt{1 + \dfrac{K}{E} \dfrac{d}{\delta}}} \tag{5.5.6}$$

式中：a_0——水中声波的传播速度，水温10℃左右，压强为1~25个大气压时，$a_0 = 1435$ m/s；

      K——水的体积模量，$K = 2.1 \times 10^9$ Pa；

      E——管壁材料的弹性模量，见表5.5.1；

      d——管道直径；

      δ——管壁厚度。

表 5.5.1　管壁材料的弹性模量

管材	钢管	铸铁管	钢筋混凝土管	木管
$E(\text{Pa})$	20.6×10^{10}	9.8×10^{10}	19.6×10^9	9.8×10^9

对于普通钢管 $\dfrac{d}{\delta} \approx 100$，$\dfrac{K}{E} \approx \dfrac{1}{100}$，代入式(5.5.6)得 $a \approx 1000$ m/s，如阀门关闭前流速 $v_0 = 4.0$ m/s，阀门突然关闭引起的直接水击压强可由式(5.5.3)算得 $\Delta H = \dfrac{a}{g} v_0 \approx 400$ m 水柱，相当于40个大气压，是一个极大的压强，可见直接水击压强是很大的。

5.5.4　防止水击危害的措施

通过研究水击发生的原因及影响因素，可找到防止水击危害的措施。工程中常采取如下措施：

①延长阀门关闭或开启时间，避免直接水击，或降低间接水击压强；

②限制管内流速，因水击压强 Δp 与管中流速 v_0 成正比，减小流速可以减小水击压强，一般的给水管网中，限制 $v_0 < 3$ m/s；

③缩短有压管道长度、采用弹性模量较小的材质管道，缩短管长，即缩短了水击波相长，可使直接水击变为间接水击，或可以降低间接水击压强；

④设置调压塔、调压室、安全阀等措施来减缓水击压强，进行过载保护。

【例 5.5.1】 铸铁压力输水管道，直径 $D = 100$ mm，壁厚 $\delta = 5$ mm，管的允许拉应力 $[\sigma] = 46 \times 10^6$ Pa，水的体积模量 $K = 2.1 \times 10^9$ Pa。管壁材料的弹性模量 $E = 9.8 \times 10^{10}$ Pa。为防止水击损坏管道，试求管道的限制流速。

【解】 此题涉及管壁内力，为分析管壁的受力情况，取单位长度管段，沿直径平面剖开，取其中的一半为隔离体，如图 5.5.9 所示。不计管内水重对压强的影响，作用在半圆曲面上的总压力为

$$P = p_c A_x = \Delta p D \cdot 1$$

该总压力 P 应与管壁截面的拉应力 T 相平衡

$$P = 2T = 2[\sigma]\delta \cdot 1$$

由管壁的允许拉应力计算水击压强

$$\Delta p D = 2[\sigma]\delta$$

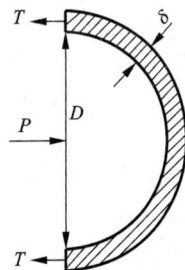

图 5.5.9 例 5.5.1 题图

$$\Delta p = \frac{2[\sigma]\delta}{D} = \left(\frac{2 \times 46 \times 10^6 \times 5}{100}\right) \text{Pa} = 4.6 \times 10^6 \text{Pa}$$

水击波传播速度

$$a = \frac{a_0}{\sqrt{1 + \dfrac{K}{E} \cdot \dfrac{D}{\delta}}} = \frac{1435}{\sqrt{1 + \dfrac{2.1 \times 10^9}{9.8 \times 10^{10}} \cdot \dfrac{100}{5}}} \text{ m/s} = 1200.61 \text{ m/s}$$

按直接水击计算限制流速

$$\Delta p = \rho a v_0$$

$$v_0 = \frac{\Delta p}{\rho a} = \left(\frac{4.6 \times 10^6}{1000 \times 1200.61}\right) \text{m/s} = 3.83 \text{ m/s}$$

即为防止水击损坏管道，须限制管道中流速 $v_0 < 3.83$ m/s。

本章小结

本章是流体力学基本理论在有压流中的应用，主要是运用伯努利方程、连续性方程和水头损失规律，分析计算有压流动。

1. 由短(孔口)到长(长管)的水力特点

(1)孔口、管嘴只有局部水头损失，不计沿程水头损失：$h_w = h_j$

(2)短管的局部水头损失和沿程水头损失都要计入：$h_w = h_f + h_j$

(3)长管的局部水头损失和流速水头之和与沿程水头损失相比很小，可按沿程损失的某一百分数估算或忽略不计：$h_w = h_f$

2. 流量计算通式

$$Q = \mu A \sqrt{2gH_0}$$

根据不同出流情况，选用相应的流量系数。

①孔口自由出流和淹没出流的基本公式相同，各项系数相同，作用水头的算法不同。

②正常工作条件下，圆柱形外管嘴的过流能力大于孔口的过流能力，其原因是在收缩断面产生真空。

③短管的水力计算可分为自由出流与淹没出流，两种情况淹没系数虽然形式上不同，但若出口流入大池，则数值上相等，应计入全部水头损失求解。

自由出流　　　　　　　　　$$\mu_c = \frac{1}{\sqrt{\alpha + \sum \lambda \dfrac{l}{d} + \sum \zeta}}$$

淹没出流　　　　　　　　　$$\mu_c = \frac{1}{\sqrt{\sum \lambda \dfrac{l}{d} + \sum \zeta}}$$

④长管的水头损失：

简单管道　　　　　　　　　　　　$$H = h_f = SlQ^2$$

串联管道　　　　　　　$$h_f = S_i l_i Q_i^2 \qquad H = \sum h_{fi} = \sum S_i l_i Q_i^2$$

并联管道　　　　　　$$h_f = S_i l_i Q_i^2$$　（i 为并联系统中的任意一支管路）

3. 本章研究了两种非恒定流动

①变水头孔口出流：变水头出流容器的放空时间，等于在起始水头作用下，流出同体积液体所需时间的二倍。

②水击是有压管道中发生的弹性波传播过程，研究水击现象，计算水击压强，必须考虑水的压缩性和管壁的弹性。

思考题

5.1. 比较在正常工作条件下，作用水头 H、直径 d 相等时，小孔口的流量 Q 和圆柱形外管嘴的流量 Q_n 是否相同？为什么？

5.2. 为保证圆柱形外管嘴正常工作，其条件是管嘴长度 $l = (3 \sim 4)d$，太长或太短都不行，工作水头 $H_0 < 9$ m，太大也不行，为什么？

5.3. 工程上按什么条件将有压流分为长管和短管？有何好处？

5.4. 比较由短（孔口）到长（长管）有压管道的水力特点、流量计算公式及有关参数的异同之处。

5.5. 当有压管中阀门突然关闭时，可能会发生何种水流现象？压强、速度如何传播？

习题

一、选择题

5.1　已知孔口直径 $d = 9$ cm，当属于小孔口出流时，其作用水头为（　　）

（a）0.4 m　　　　　　　（b）0.6 m　　　　　　　（c）0.8 m　　　　　　　（d）1.0 m

5.2　如图示，1、2 两管路的工作水头 H、管径 d、管长 l 及糙率 n 均相同，两管路通过的流量 Q_1 与 Q_2 的关系为（　　）

(a)$Q_1 = Q_2$　　　　　(b)$Q_1 > Q_2$　　　　　(c)$Q_1 < Q_2$　　　　　(d)无法确定

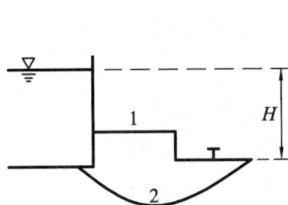

题 **5.2** 图

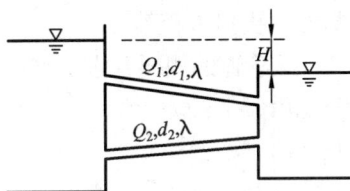

题 **5.3** 图

5.3　如图所示,两水库水位差为 H,其间以两根管路连通,已知直径 $d_1 = 2d_2$,管长 l 及沿程水头损失系数 λ 均相同,若按长管计算,则两管的流量之比为(　　)

(a)$\dfrac{Q_1}{Q_2} = 1$　　　　(b)$\dfrac{Q_1}{Q_2} = \sqrt{2}$　　　　(c)$\dfrac{Q_1}{Q_2} = 2^{\frac{5}{2}}$　　　　(d)$\dfrac{Q_1}{Q_2} = \dfrac{1}{2^{\frac{5}{2}}}$

5.4　如图所示两恒定管流,管长 l、管径 d、沿程水头损失系数 λ 及进口形式均相同,作用水头 $H = z$,则(　　)

(a)$Q_1 = Q_2$, $P_A = P_B$　　　　　　　(b)$Q_1 = Q_2$, $P_A < P_B$

(c)$Q_1 > Q_2$, $P_A > P_B$　　　　　　　(d)$Q_1 < Q_2$, $P_A < P_B$

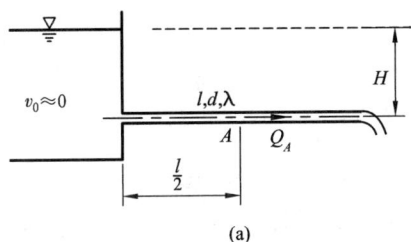　　　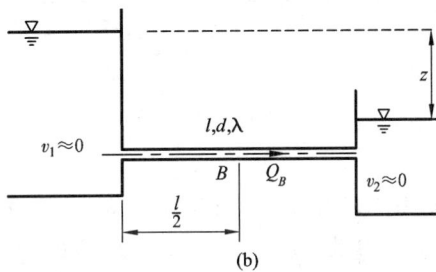

(a)　　　　　　　　　　　　　　(b)

题 **5.4** 图

5.5　图示输水管路 AB,其管壁粗糙度不大,若在铅直方向上增加管路长度 l(如图 BC),或在水平方向上加长 l(如图 BD),问这两种情况下管路流量的关系为(　　)

(a)相同　　　　　　　　　　　　(b)后者流量增加

(c)前者流量增加,后者流量减小　　　(d)无法比较

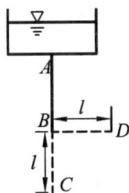

题 **5.5** 图

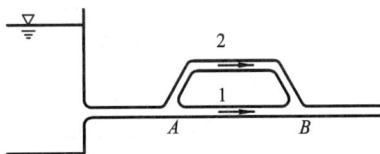

题 **5.6** 图

5.6　图示 A、B 两点间有并联两根长管道 1 和 2，则两管的(　　)

(a)总水头损失相等　　　　　　　　　　　　(b)沿程水头损失相等

(c)局部水头损失相等　　　　　　　　　　　(d)机械能损失相等

5.7　有压管道的测压管水头线(　　)

(a)只能沿程上升　　　　　　　　　　　　　(b)只能沿程下降

(c)只能沿程不变　　　　　　　　　　　　　(d)既可以沿程上升也可以沿程下降

5.8　水在等直径直管中作恒定流动时，其测压管水头线沿流程的变化是(　　)

(a)下降直线　　　　　　(b)下降曲线　　　　　　(c)下降折线　　　　　　(d)下降台阶线

5.9　并联管道阀门 K 全开时各段流量为 Q_1、Q_2，Q_3。现关小阀门 K，其他条件不变，流量的变化为(　　)

(a)Q_1、Q_2、Q_3 都减小　　　　　　　　　(b)Q_1 减小，Q_2 不变，Q_3 减小

(c)Q_1 减小，Q_2 增加，Q_3 减小　　　　　(d)Q_1 不变，Q_2 增加，Q_3 减小

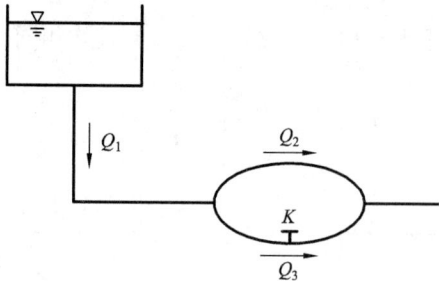

题 5.9 图

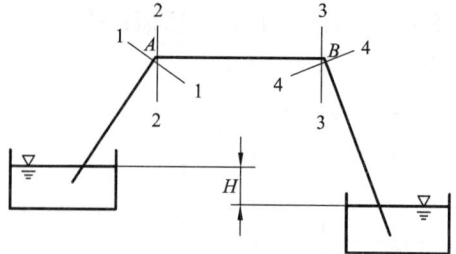

题 5.10 图

5.10　如图所示，在校核虹吸管顶部最高点的真空度时应选用下列哪个断面(　　)

(a)1-1 断面　　　　　　(b)2-2 断面　　　　　　(c)3-3 断面　　　　　　(d)4-4 断面

5.11　如图所示的 1-1、2-2 两断面间短管的水力计算基本公式采用 $Q = \dfrac{1}{\sqrt{\sum \zeta + \lambda \dfrac{l}{d}}} A \sqrt{2gH_0}$ 时，则公式中的 H_0 是(p_1 为相对压强)(　　)

(a)$H_0 = h_1 + h_2$　　　　　　　　　　　　(b)$H_0 = h_2 + \dfrac{p_1}{\rho g}$

(c)$H_0 = h_1 + h_2 + \dfrac{p_1}{\rho g}$　　　　　　　(d)$H_0 = h_2 + \dfrac{p_1 - p_a}{\rho g}$

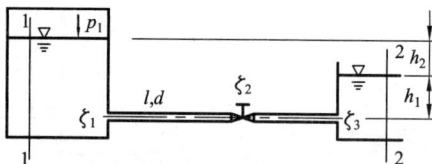

题 5.11 图

5.12　枝状管网水力计算中的"控制点"是指(　　)

(a)管线最长的供水点

(b)地面高程最高的供水点

(c)地面高程最低的供水点

(d)水头损失、自由水头和地面高程三项之和最大的供水点

二、计算题

5.13　有一薄壁圆形小孔口，其直径 $d=10$ mm，水头 $H=2$ m。现测得射流收缩断面的直径 $d_c=8$ mm，在 32.8 秒内经孔口流出的水量为 0.01 m³。试求该孔口的收缩系数 ε、流量系数 μ、流速系数 φ 及孔口局部阻力系数 ζ_0。

5.14　水从 A 水箱通过直径为 10 cm 的孔口流入 B 水箱，流量系数为 0.62。设上游水箱的水面高程 $H_1=3$ m 保持不变。试求：(1)B 水箱中无水时，求通过孔口的流量；(2)B 水箱水面高程 $H_2=2$ m 时，通过孔口的流量；(3)A 箱水面压力 $p_{0A}=2000$ Pa，$H_1=3$ m，B 水箱水面压力 $p_{0B}=0$，$H_2=2$ m 时，求通过孔口的流量。

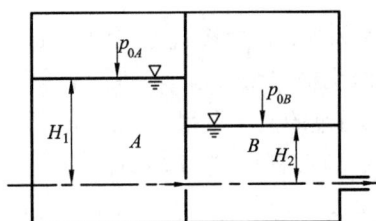

题 5.14 图

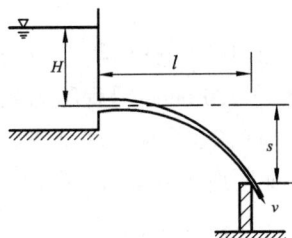

题 5.15 图

5.15　如图所示小孔口射流，孔口距某墙顶的距离 $l=4$ m，铅直距离 $s=2$ m，假设不计射流经过小孔口的水头损失，试求：射流恰好从墙顶越过的最小水池水深 H_{min}。

5.16　一平底空船如图所示，其水平面积 $\Omega=8$ m²，船舷高 $h=0.5$ m，船自重 $G=9.8$ kN。现船底中央有一直径为 10 cm 的破孔，水自圆孔漏入船中，试问经过多少时间后船将沉没？

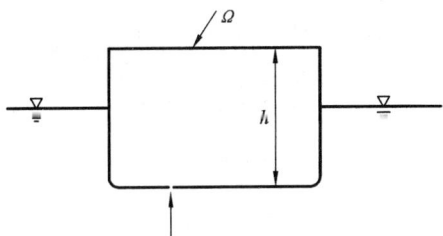

题 5.16 图

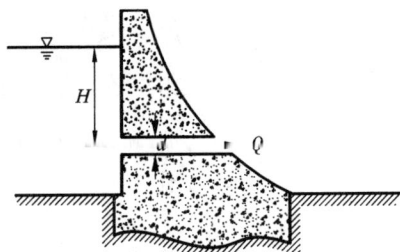

题 5.17 图

5.17　在混凝土坝中设置一泄水管如图所示，管长 $l=4$ m，管轴处的水头 $H=6$ m，现需通过流量 $Q=10$ m³/s，若流量系数 $\mu=0.82$，试决定所需管径 d，并求管中水流收缩断面处的

真空值。

5.18　通过压力容器 A 沿直径 $d = 5$ cm，长度 $l = 30$ m 的管道供水至水箱 B，若供水量 $Q = 3.5$ L/s，$H_1 = 1$ m，$H_2 = 10$ m，局部阻力系数 $\zeta_{进口} = 0.5$，$\zeta_{阀门} = 4.0$，$\zeta_{弯头} = 0.3$，$\zeta_{出口} = 1.0$，沿程阻力系数 $\lambda = 0.021$，求容器 A 液面的相对压强 p_1。

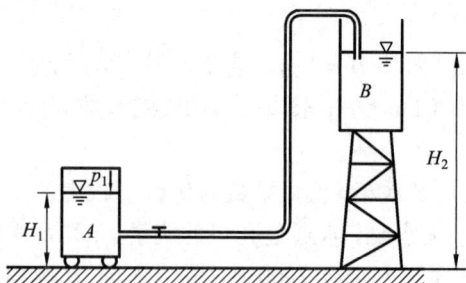

题 5.18 图

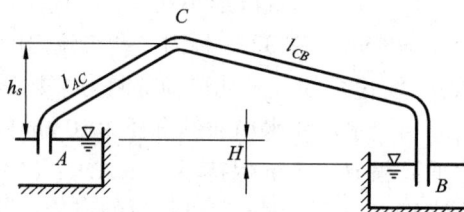

题 5.19 图

5.19　如图所示虹吸管，上下游水池的水位差 H 为 2.5 m，管长 l_{AC} 段为 15 m，l_{CB} 段为 25 m，管径 $d = 200$ mm，沿程阻力系数 $\lambda = 0.025$，入口水头损失系数 $\zeta_c = 0.5$，各转弯的水头损失系数均为 0.2，管顶允许真空高度 $[h_v] = 7$ m。试求通过的流量及最大允许超高 h_s。

5.20　如图所示虹吸管，由河道 A 向渠道 B 引水，已知：管径 $d = 10$ cm，虹吸管最高断面中心点 2 高出河道水位 $z = 2$ m，点 1 至点 2 的水头损失为 $10\dfrac{v^2}{2g}$，由点 2 至点 3 的水头损失为 $2\dfrac{v^2}{2g}$，若点 2 的真空限制在 7 m 水柱高度以内，试问：

（1）虹吸管的最大流量有无限制？如有，应为多大？

（2）出水口到河道 A 水面的高差 h 有无限制？如有，应为多大？

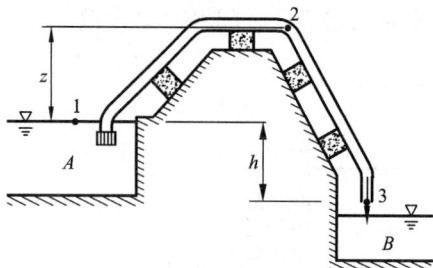

题 5.20 图

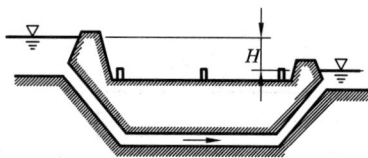

题 5.21 图

5.21　输水渠道穿越高速公路，如图所示，采用钢筋混凝土倒虹吸管，沿程阻力系数 $\lambda = 0.025$，局部阻力系数：进口 $\zeta_e = 0.6$，弯道 $\zeta_b = 0.30$，出口 $\zeta_0 = 0.5$，管长 $l = 50$ m，倒虹吸管进出口渠道水流流速 $v_0 = 0.90$ m/s。为避免管中泥沙沉积，管中流速应大于 1.8 m/s。若倒虹吸管设计流量 $Q = 0.40$ m³/s，试确定管的直径以及上下游水位差 H。

5.22　一河下圆形断面混凝土倒虹吸管，已知：粗糙系数 $n = 0.014$，上下游水位差 $H = $

1.5 m, 流量 $Q = 0.5$ m³/s, $l_1 = 20$ m, $l_2 = 30$ m, $l_3 = 20$ m, 进口局部阻力系数 $\zeta_e = 0.4$, 折角 $\theta = 30°$, 试求: 管径 d。

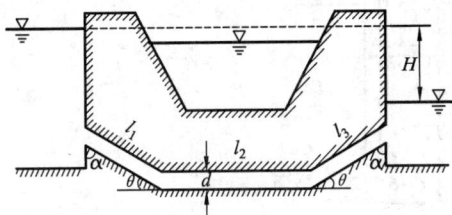

题 5.22 图

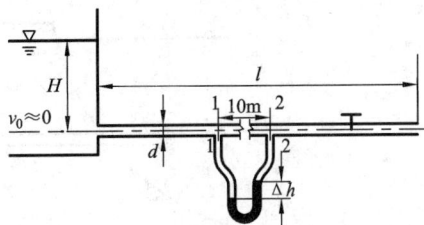

题 5.23 图

5.23   一直径为 d 的水平直管从水箱引水, 如图所示, 已知: 管径 $d = 0.1$ m, 管长 $l = 50$ m, $H = 4$ m, 进口局部水头损失系数 $\zeta_e = 0.5$, 阀门局部水头损失系数 $\zeta_v = 2.5$, 今在相距为 10 m 的 1 – 1 断面及 2 – 2 断面间设有一水银压差计, 其液面差 $\Delta h = 4$ cm, 试求通过水管的流量 Q。

5.24   水由封闭容器 A 沿垂直变直径管道流入下面的水池, 容器内 $p_0 = 2$ N/cm², 且液面保持不变, 若 $d_1 = 50$ mm, $d_2 = 75$ mm, 容器内液面与水池液面的高差 $H = 1$ m(只计局部水头损失)。求: 管道的流量 Q; 距水池液面 $h = 0.5$ m 处的管道内 B 点的压强 $p_B = ?$

5.25   图示为一水平管路恒定流, 水箱水头为 H, 已知管径 $d = 10$ cm, 管长 $l = 15$ m, 进口局部阻力系数 $\zeta = 0.5$, 沿程阻力系数 $\lambda = 0.022$, 在离出口 10 m 处安装测压管, 测得测压管水头 $h = 2$ m, 今在管道出口处加上直径为 5 cm 的管嘴, 设管嘴的水头损失忽略不计, 问此时测压管的水头 h 变为多少?

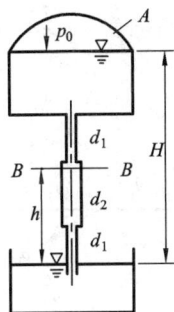

题 5.24 图

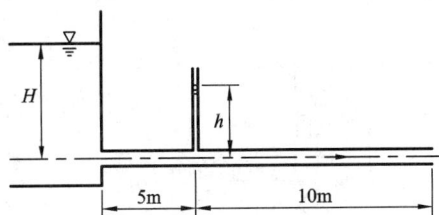

题 5.25 图

5.26   离心泵从吸水池抽水, 吸水池通过自流管与河流相通, 水池水面恒定不变, 已知自流管长 $l_1 = 20$ m, $d_1 = 150$ mm。水泵吸水管长 $l_2 = 12.0$ m, $d_2 = 150$ mm, 沿程阻力系数 $\lambda_1 = \lambda_2 = 0.03$, 局部阻力系数如图所示。水泵安装高度 $h_s = 3.5$ m, 真空表 p_M 读数为 44.1 kPa。求: (1)水泵的抽水量; (2)当泵轴线标高为 50.2 m 时, 推算河流水面高程?

156

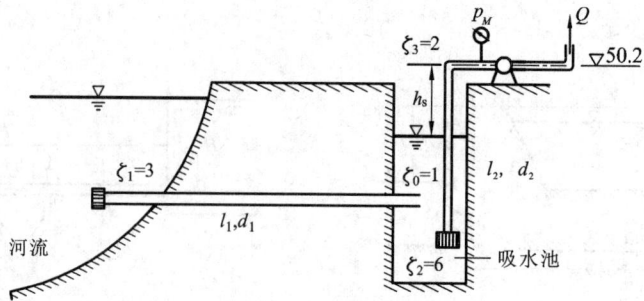

题 5.26 图

5.27 如图,某工地采用水泵和虹吸管共同临时供水。已知管径 $d = 150$ mm,管长 $l_1 + l_2 + l_3 = 10 + 20 + 30 = 60$ m,沿程阻力系数 $\lambda = 0.03$,局部阻力系数为 $\zeta_{进口} = 0.5$,$\zeta_{60°} = 0.15$,$\zeta_{30°} = 0.1$,虹吸管流量为 $Q = 30$ L/s,水泵出水口比 A 池内液面高 0.5 m,其余各参数见图。求:(1)A 池液面高程 ∇_A;(2)若水泵供水系统吸水管 $h_{w吸} = 0.2$ m,压水管 $h_{w压} = 2.8$ m,水泵的扬程 H_t 为多少时才能满足供水要求?

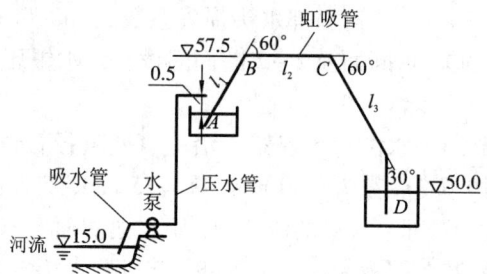

题 5.27 图

5.28 由水塔向车间供水,如图所示,采用铸铁管,管长 2500 m,管径 350 mm,水塔地面标高 $\nabla_1 = 61$ m,水塔水面距地面的高度 H_1 为 18 m,车间地面标高 $\nabla_2 = 45$ m,供水点需要的自由水头 H_2 为 25 m,求供水流量。

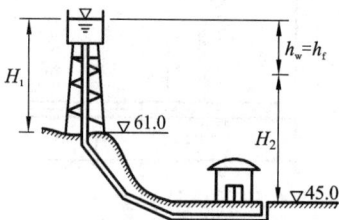

题 5.28 图

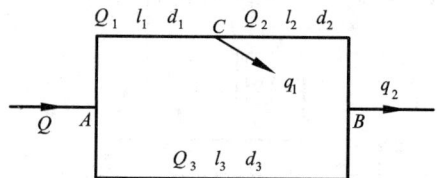

题 5.29 图

5.29 某输水管道如图所示,已知节点流量 $q_1 = 0.12$ m³/s,$q_2 = 0.08$ m³/s。并联部分由节点 A 分出,并在节点 B 重新汇合,管道均采用铸铁管,粗糙系数 $n = 0.012$,各管段管长、管径如下:$l_1 = 500$ m,$d_1 = 300$ mm,$l_2 = 500$ m,$d_2 = 200$ mm,$l_3 = 1000$ m,$d_3 = 200$ mm,求每一管段的流量和 AB 间水头损失。

5.30 某供水铸铁管道,作用水头 $H = 9$ m,管长 $l = 2500$ m,供水流量 $Q = 100$ L/s,试求

管道直径 d。为了充分利用水头和节省管材，采用 400 mm 和 350 mm 两种直径的管段串联，求每段的长度。

5.31　输水钢管直径 $d=100$ mm，壁厚 $\delta=7$ mm，流速 $v=1.2$ m/s，试求末端阀门突然关闭时的水击压强，由若该管道改为铸铁管，水击压强有何变化？

5.32　电厂引水钢管直径 $d=180$ mm，壁厚 $\delta=10$ mm，流速 $v=2$ m/s，阀门关闭前压强为 1×10^6 Pa，当阀门突然关闭时，管壁中的应力比原来增加了多少倍？

第 6 章

明渠流

6.1 概述

6.1.1 明渠、明渠流及其分类

明渠是一种人工修建或自然形成的渠槽,当液体通过渠槽流动时,形成与大气相接触的可以自由升降的液面,这种渠槽中的流动称为明渠流(或明槽流)。其自由液面上各点均受大气压强作用,相对压强等于零,所以又称为无压流。输水渠、排水沟、无压管道(隧洞)、涵洞以及天然河道中的液流都属于明渠流。

当明渠中液流的运动要素不随时间而变时,称为明渠恒定流,否则为明渠非恒定流。如果运动要素沿流程不变,称为明渠均匀流,否则为明渠非均匀流。在明渠非均匀流中,根据运动要素沿流程变化的急缓程度,分为明渠非均匀流渐变流和明渠非均匀流急变流。

6.1.2 明渠横断面

明渠的断面形状、尺寸、底坡等对液流运动有着直接的影响,为了研究明渠流的运动规律,必须首先了解。

人工明渠的横断面,通常作成对称的几何形状,常见的如梯形、矩形或圆形等。天然河道的横断面,常呈不规则的形状,如图 6.1.1 所示。

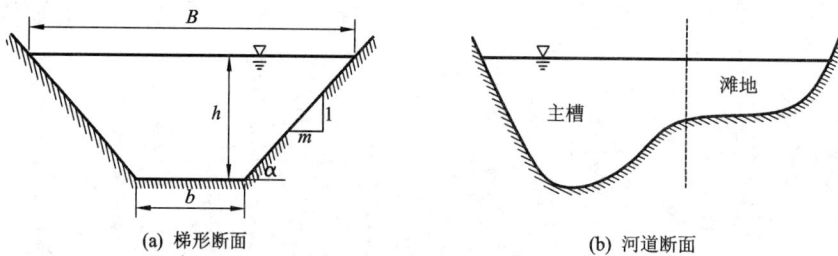

(a) 梯形断面   (b) 河道断面

图 6.1.1 明渠横断面

修建在土质地基上的明渠,往往做成如图 6.1.1(a)所示的梯形断面,图中 b 为渠道底

宽,h 为渠中水深,m 为边坡系数,表示两侧边坡的倾斜程度,m 的意义为边坡上高差为 1 时两点之间的水平距离,即 $m = \cot\alpha$。边坡系数 m 的大小应根据土的种类或渠道内壁的护面情况而定。岩石中开凿的或混凝土护面的渠道断面,常作成矩形,圆形断面通常用于排水管道和无压隧洞。

根据渠道的横断面形状、尺寸,就可以计算过流断面的几何要素。对于工程中应用最广的梯形渠道,断面的几何要素如下[见图 6.1.1(a)]。

水面宽度
$$B = b + 2mh \tag{6.1.1}$$

过流断面面积
$$A = \left(\frac{b+B}{2}\right)h = (b+mh)h \tag{6.1.2}$$

湿周
$$\chi = b + 2h\sqrt{1+m^2} \tag{6.1.3}$$

水力半径
$$R = \frac{A}{\chi} = \frac{(b+mh)}{b+2h\sqrt{1+m^2}} \tag{6.1.4}$$

断面宽深比
$$\beta = \frac{b}{h} \tag{6.1.5}$$

6.1.3　明渠水面线与底坡

明渠纵剖面与水面的交线称为水面线,与渠底的交线称为底坡线(或渠底线、河底线),如图 6.1.2 所示。

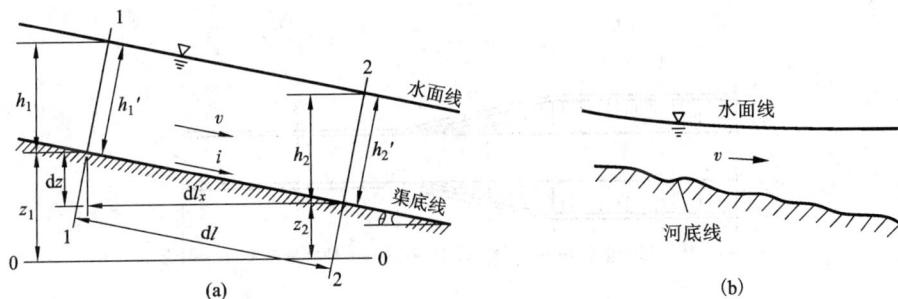

图 6.1.2　明渠的纵剖面
(a)人工明渠;(b)天然河道

对于人工渠道,渠底可看作是平面,在纵剖面图上它是一段直线,如图 6.1.2(a);天然河道的河底是起伏不平的,在纵剖面图上,河底线是一条时有起伏而总趋势是下降的曲线,如图 6.1.2(b)。

渠底高程沿流动方向单位距离的降落值称为明渠底坡,以 i 表示。如图 6.1.2(a)两过水断面 1-1、2-2,其沿渠底线的间距为 dl,两断面的渠底高程分别为 z_1 及 z_2,则渠底高程的降落值 $dz = z_2 - z_1$,按定义,底坡 i 表示为

$$i = -\frac{\mathrm{d}z}{\mathrm{d}l} = \sin\theta \tag{6.1.6}$$

式中负号是为了同水力坡度 J、测压管坡度 J_p 一样，定义底坡沿流程降低为正，若 $\mathrm{d}z<0$，则 $i>0$，称为正坡（顺坡），如图 6.1.3（a）；若渠底高程沿流程不变称为平坡（$i=0$），如图 6.1.3（b）；渠底高程沿流程增加（$i<0$）则称为负坡（逆坡），如图 6.1.3（c）。

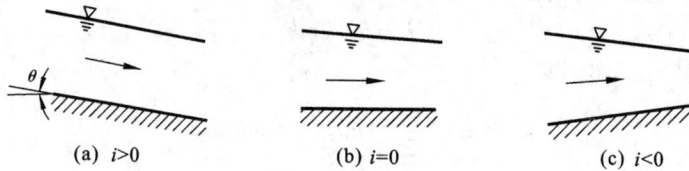

图 6.1.3　明渠底坡分类

式中 θ 为渠底线与水平线之间的夹角。实际工程中，当 θ 角很小（$\theta<6^0$）时，常用 θ 角的正切近似代替底坡 i，即

$$i \approx -\frac{\mathrm{d}z}{\mathrm{d}l_x} = \tan\theta \tag{6.1.7}$$

式中 $\mathrm{d}l_x$ 为两过流断面之间的水平距离。这样处理的好处是可用铅直深度 h 代替实际深度 h'，便于水深的量测和计算。

6.1.4　棱柱形明渠和非棱柱形明渠

按横断面是否沿流程方向变化把明渠分为棱柱形明渠和非棱柱形明渠。横断面形状及尺寸沿流程不变、底坡为常数的明渠称为棱柱形明渠，不符合这条件的就是非棱柱形明渠。如图 6.1.4 所示。

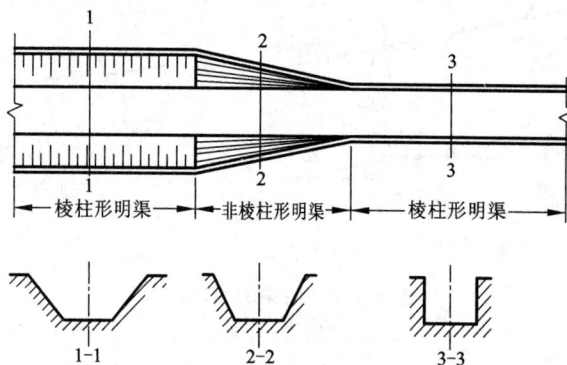

图 6.1.4　棱柱形明渠和非棱柱形明渠

人工渠道大多为梯形或矩形断面的棱柱形渠道。为了连接两条断面形状不同的渠道，在其间设置断面逐渐变化的过渡渠段，这当然是非棱柱形渠道，如图 6.1.4 中的中间段。天然河道一般为非棱柱形，但对于断面变化不大又比较顺直的河段，可以近似地当作棱柱形渠道。

6.2　明渠均匀流

6.2.1　明渠均匀流的水力特性

明渠恒定均匀流是明渠水流中最简单的流动形式。明渠均匀流理论既是渠道水力设计的基本依据，也是分析明渠非均匀流问题的基础。

明渠均匀流的流线为一簇互相平行的直线，水深和断面流速分布沿流程不变。由此推论，其断面平均流速、动能修正系数以及断面平均动能 $\dfrac{\alpha v^2}{2g}$ 也沿流程不变。因此，明渠均匀流的底坡线、水面线（即测压管水头线）和总水头线互相平行，即底坡 i、测压管坡度 J_P 和水力坡度 J 三者相等（$J = J_P = i$），如图 6.2.1 所示。

从能量观点看，明渠均匀流的动能沿程不变，而势能沿程减少，表现为水面沿流程下降，其降落值恰好等于水头损失。

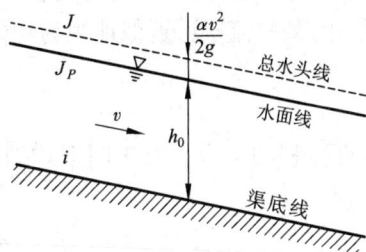

图 6.2.1　明渠均匀流

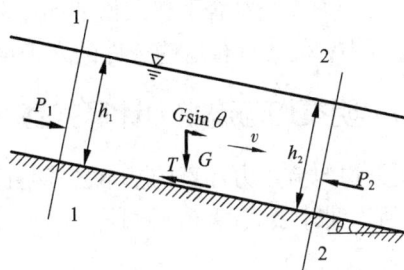

图 6.2.2　明渠均匀流的受力分析

如图 6.2.2 所示，沿流动方向取过流断面 1-1 与 2-2 间的液体为隔离体，分析其沿流程方向的受力情况：表面力有作用在两端过流断面上的液体动压力 P_1 和 P_2 及渠道表面粗糙产生的摩擦阻力 T，质量力只有重力 G 的分量。

因为均匀流是等速直线运动，没有加速度，则作用在隔离体上的外力沿流向必须平衡。即

$$P_1 + G\sin\theta - P_2 - T = 0$$

均匀流过流断面上的液体动压强符合静压强分布规律，是等深流动，故 P_1 和 P_2 大小相等方向相反，互相抵消。则

$$G\sin\theta = T \tag{6.2.1}$$

式中 $G\sin\theta$ 是重力沿流向的分力。上式表明：明渠均匀流的力学特征是重力沿流向的分力和边壁摩擦阻力相平衡。

6.2.2　明渠均匀流的形成条件

根据上面的分析可见，形成明渠均匀流是需要一定条件的。

1. 液流必须是恒定流

在明渠流中，液面可以自由升降，当发生明渠非恒定流时，最直接的反映是液面的升高

或降低，此时流线不可能再互相平行，因此明渠非恒定流中不可能形成非恒定流均匀流，明渠均匀流只可能在恒定流中形成。

2. 必须是正坡渠道

因为只有在正坡明渠中，才有可能使重力沿流向的分力与边壁摩擦阻力相平衡。平坡明渠重力沿流向没有分量，负坡明渠重力沿流向的分量与阻力的方向一致，两者均不可能平衡。

3. 棱柱形渠道，且糙率沿程不变

因为只有棱柱形明渠才能保持过流断面形状、尺寸沿程不变，而明渠表面糙率沿程不变，才能使边壁摩擦阻力沿程不变，这样才有可能保持的重力分量与阻力相平衡。

4. 明渠必须充分长，且渠道中没有建筑物的局部干扰

因为流线不能转折，只能平顺地逐渐弯曲，只有渠道充分长，才能保证流线平顺地过渡到相互平行，形成均匀流。明渠中的障碍物，如闸、坝、桥墩等在局部阻遏水流，导致非均匀流产生。

综上所述，只有在正坡、棱柱形、糙率沿程不变的长直明渠中的恒定流才能产生明渠均匀流。实际中完全符合上述条件的明渠是很少的，严格地说，真正的明渠均匀流极为少见。但在工程中，大致符合这些条件的人工渠道以及天然河道的某些流段可近似地视为均匀流。

6.2.3　明渠均匀流水力计算的基本公式

明渠均匀流水力计算的基本公式是谢才公式与连续性方程的结合。对于明渠均匀流，有 $J=i$，所以谢才公式(4.6.8)可写为

$$v = C\sqrt{Ri} \tag{6.2.2}$$

代入连续性方程 $Q=Av$ 中，得明渠均匀流基本公式

$$Q = CA\sqrt{Ri} = K\sqrt{i} \tag{6.2.3}$$

式中 $K=AC\sqrt{R}$，称为流量模数，单位为 m^3/s，它综合反映明渠断面形状、尺寸和粗糙程度对过流能力的影响。在底坡一定的情况下，流量与流量模数成正比。式中谢才系数 C 通常按曼宁公式 $C=\dfrac{1}{n}R^{\frac{1}{6}}$ 计算。可见，谢才系数 C 是糙率 n 和水力半径 R 的函数，但 R 的影响远小于 n 的影响，因此，根据实际情况正确地选定糙率，对明渠的水力计算和工程造价影响颇大。严格说来糙率 n 应与渠槽表面粗糙程度及流量、水深等因素有关，对于挟带泥沙的水流还受含沙量多少的影响。但主要的因素仍然是表面的粗糙情况。在长期的工程实践中积累了丰富的糙率 n 资料，如表4.6.2，实际应用时可参照选择。对于一些重要的河渠工程，n 值需要通过试验或实测来确定。

6.2.4　明渠水力最佳断面

从均匀流基本公式可以看出，明渠的过流能力取决于过流断面的形状、尺寸、底坡和糙率的大小。设计渠道时，底坡一般依地形条件或其他技术上的要求而定；糙率则主要取决于渠槽表面选用的建筑材料。在底坡及糙率已定的前提下，渠道的过流能力则取决于过流断面形状及尺寸。从经济观点上来说，总是希望所选定的渠道横断面在通过已知的设计流量时面积最小，或者是过流面积一定时通过的流量最大。符合这种条件的断面，其工程量最小，称

为水力最佳断面。

把曼宁公式代入明渠均匀流基本公式，可得

$$Q = AC\sqrt{Ri} = \frac{1}{n}AR^{\frac{2}{3}}i^{\frac{1}{2}} = \frac{1}{n}\frac{A^{\frac{5}{3}}}{\chi^{\frac{2}{3}}}i^{\frac{1}{2}} \qquad (6.2.4)$$

由上式可知：当渠道的底坡 i、糙率 n 及过流断面面积 A 一定时，湿周 χ 愈小（也即水力半径 R 愈大）通过的流量 Q 愈大；或者说当 i、n、Q 一定时，χ 愈小（R 愈大）所需的 A 也愈小。

由几何学知道，面积一定时圆形断面的湿周最小，水力半径最大，半圆形断面与圆形断面的水力半径相同，所以，明渠中圆形、半圆形断面是水力最佳的。但这种渠道断面不易施工，且对于无衬护的土渠，两侧边坡往往达不到稳定要求，因此，半圆形圆形断面只在渡槽、无压涵管、城市下水道等造价较高的钢筋混凝土渠槽中才采用。

工程中应用最多的是梯形断面，其边坡系数 m 通常由边坡稳定要求确定。在 m、过流断面面积 A 已定的情况下，湿周 χ 的大小因宽深比 β 而异。由 $A = (b + mh)h$，解得 $b = \frac{A}{h} - mh$，

代入湿周表达式 $\chi = b + 2h\sqrt{1+m^2}$ 中，得

$$\chi = \frac{A}{h} - mh + 2h\sqrt{1+m^2}$$

根据水力最佳断面的条件：A = 常数时，χ = 最小值，对上式求极小值

$$\frac{\mathrm{d}\chi}{\mathrm{d}h} = -\frac{A}{h^2} - m + 2\sqrt{1+m^2} = 0 \qquad (6.2.5)$$

$$\frac{\mathrm{d}^2\chi}{\mathrm{d}h^2} = \frac{2A}{h^3} > 0，说明 \chi 存在极小值$$

将 $A = (b+mh)h$ 代入式 (6.2.5) 得

$$\beta_m = \frac{b_m}{h_m} = 2(\sqrt{1+m^2} - m) \qquad (6.2.6)$$

上式就是梯形水力最佳断面时宽深比应满足的条件，β_m 称之为最佳宽深比，它仅与边坡系数 m 有关。今后凡相应于水力最佳断面的水力要素（或几何要素）均注以脚标 m。

对于矩形水力最佳断面（边坡系数 $m = 0$），有

$$\beta_m = 2 \quad 即 \quad b_m = 2h_m$$

不难证明，对于梯形或矩形水力最佳断面，均有 $R_m = \frac{h_m}{2}$，即满足水力最佳断面条件时，水力半径等于水深的一半。

需要说明的是，以上仅限于从流体力学观点讨论的水力最佳断面宽深比应满足的条件，而在实际工程中确定断面宽深比时应综合考虑施工技术、允许流速、运行维护和工程造价等多种因素的影响，"水力最佳"并不一定等于"整个工程的技术经济最佳"。比如在一般的梯形断面土渠中，边坡系数 $m > 1$，按 (6.2.6) 式求得 $\beta_m < 1$，$b_m < h_m$，水力最佳断面通常是窄而深的断面。这种断面虽然工程量小，但由于深挖高填，不便于施工及维护，未必就是最经济的断面。所以，水力最佳断面的应用是有一定局限的。

6.2.5 明渠允许流速

一条设计得合理的渠道,除了考虑上述过流断面的水力最佳等经济因素外,还必须把渠道中的流速控制在一定的范围之内,流速不应大到引起渠道内壁冲刷,也不应小到使水中的悬沙淤积。此外,根据渠道的任务(如通航、水电站引水或灌溉),也要求流速满足一定的条件。这样的流速就是允许流速。一般而言

$$[v]_{不淤} < v < [v]_{不冲} \tag{6.2.7}$$

式中: $[v]_{不冲}$ 即不冲允许流速, $[v]_{不淤}$ 是不淤允许流速,均由实验测定,可查阅有关手册。至于为满足电站引水渠和航运渠道的技术经济要求以及其他运行管理要求所需的流速,则应分别参照有关规范选定。

6.2.6 明渠均匀流的水力计算

应用明渠均匀流基本公式(6.2.3),可解决工程实践中常见的明渠均匀流的计算问题。现以应用最广的梯形渠道为例说明。

对于梯形渠道有

$$Q = AC \sqrt{Ri} = \frac{\left[(b+mh)h \right]^{\frac{5}{3}}}{n(b+2h\sqrt{1+m^2})^{\frac{2}{3}}}\sqrt{i} \tag{6.2.8}$$

式中包括 Q、b、h、i、m、n 6 个变量。一般情况下,边坡系数 m 及糙率 n 是根据渠道通过区域的土质、内壁的护面材料种类来确定。因此,梯形渠道均匀流的水力计算,通常是根据渠道所担负的生产任务、施工条件、地形及地质状况等,预先选定 Q、b、h、i 4 个变量中的 3 个,应用基本公式求另一个变量。可大致归纳为以下三种基本类型。

1. 验算渠道的输水能力

这一类型的问题大多属于对已建成渠道进行校核性的水力计算。渠道已经建成,过流断面的形状、尺寸、渠道的壁面材料及底坡都已知,只需分别计算出过流断面的水力要素 A、R 和 C 值,代入明渠均匀流基本公式,便可算出通过的流量。

【例 6.2.1】 某电站引水渠经过的土壤为中等密实黏土,岸坡已生杂草,取糙率 $n = 0.03$。已知梯形断面边坡系数 $m = 1.5$,底宽为 $b = 34$ m,底坡 $i = 1/7000$,渠底到堤顶高程差 $H = 3.2$ m,电站引水流量为 $Q = 67.0$ m³/s。现要求渠道增加供应工业用水,试计算在保证超高(水面到堤顶的高差)为 $d = 0.5$ m 的条件下,在保证电站引用流量外,尚能供应多少工业用水?

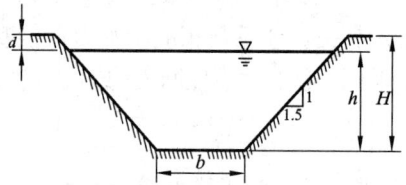

图 6.2.3 例 6.1.2 题图

【解】 由给定条件计算渠中最大水深为

$$h = H - d = 3.2 \text{ m} - 0.5 \text{ m} = 2.7 \text{ m}$$

过流断面面积

$$A = (b+mh)h = 102.7 \text{ m}^2$$

湿周

$$\chi = b + 2h\sqrt{1+m^2}$$

$$= 34.0 \text{ m} + 2 \times 2.7 \text{ m} \times \sqrt{1 + 1.5^2}$$
$$= 43.7 \text{ m}$$

水力半径　　　　　$R = \dfrac{A}{\chi} = \dfrac{102.7 \text{ m}^2}{43.7 \text{ m}} = 2.35 \text{ m}$

谢才系数　　　　　$C = \dfrac{1}{n} R^{\frac{1}{6}} = \dfrac{2.35 \frac{1}{6}}{0.03} = 38.4 \text{ m}^{\frac{1}{2}}/\text{s}$

渠中总流量　　　$Q = AC\sqrt{Ri} = 102.7 \times 38.4 \times \sqrt{\dfrac{2.35}{7000}} = 72.3 \text{ m}^3/\text{s}$

因此，除去电站引用流量 67.0 m³/s 以后，渠道还可提供工业用水 5.3m³/s。

2. 确定渠道底坡

这一类型问题可见于对流速有限制的渠道，如城市下水道，为避免堵塞淤积，要求流速不能太小；又如兼有通航要求的渠道，流速不能太大，以免航行困难。此时过流断面的形状、尺寸、壁面材料以及输水流量都已知，只需算出流量模数 $K = AC\sqrt{R}$，代入明渠均匀流基本公式 $Q = K\sqrt{i}$，便可确定渠道底坡 $i = \dfrac{Q^2}{K^2}$。

【例 6.2.2】　某城区兴建一条排水沟，沟槽断面为矩形，底宽 $b = 5.1$ m，水深 $h = 3.08$ m，采用混凝土护壁，通过设计流量 $Q = 25.6 \text{ m}^3/\text{s}$。试求沟底坡度和沟中流速，并校核是否满足不淤流速 $[v]_{\text{不淤}} = 1.5$ m/s 的要求。

【解】

$$A = bh = 5.1 \text{ m} \times 3.08 \text{ m} = 15.71 \text{ m}^2$$
$$\chi = b + 2h = 5.1 \text{ m} + 2 \times 3.08 \text{ m} = 11.26 \text{ m}$$
$$R = \dfrac{A}{\chi} = \dfrac{15.71}{11.26} \text{ m} = 1.40 \text{ m}$$

渠道内壁为混凝土，查表 4.6.2，得：糙率 $n = 0.014$

$$C = \dfrac{1}{n} R^{\frac{1}{6}} = \dfrac{1}{0.014} \times 1.4^{\frac{1}{6}} = 75.55 \text{ m}^{\frac{1}{2}}/\text{s}$$

沟底坡度

$$i = \left(\dfrac{Q}{AC\sqrt{R}}\right)^2 = \left(\dfrac{25.6}{15.71 \times 75.55 \times \sqrt{1.40}}\right)^2 = 0.00034$$

沟中流速

$$v = \dfrac{Q}{A} = \dfrac{25.6}{15.71} = 1.63 \text{ m/s} > [v]_{\text{不淤}}$$

可见，沟中流速满足不淤要求。

3. 设计渠道断面

这是明渠均匀流水力计算中最常见、最重要的一类问题。设计渠道断面是在已知渠道过流能力 Q、底坡 i、边坡系数 m 及粗糙系数 n 的条件下，确定底宽 b 和水深 h。而用一个均匀流基本公式计算两个未知量，将有多组解答，为得到确定解，需要另外补充条件。

（1）底宽 b 已定，确定相应的水深 h

如底宽 b 已由其他条件确定，则水深 h 理论上可由式（6.2.8）直接求解，但该式是一个

关于 h 的高次方程,无一般代数解法。工程上常采用试算法近似求解,其基本思路是假设一个 h 值,代入式(6.2.8)求得 Q,看与给定的 Q 是否相等,如不相等,则重新假设 h,直到与给定的 Q 值近似相等时为止。

【例6.2.3】 一引水渠为梯形断面,采用干砌块石护面,可取 $n=0.025$,边坡系数 $m=1.0$。根据地形,选用底坡 $i=1/800$,底宽 $b=6.0$ m。当设计流量 $Q=70$ m³/s 时,求渠中水深 h。

【解】 采用试算法求解。将已知的 b、n、m、i 各值代入式(6.2.8)整理得

$$Q = 1.414 \frac{[(6+h)h]^{\frac{5}{3}}}{(6+2.828h)^{\frac{2}{3}}}$$

先假定 h 分别为 2.5、3.0、3.5 m,求得相应的 Q 值,见表6.2.1:

表6.2.1 Q 值表

$h(\mathrm{m})$	2.5	3.0	3.5
$Q(\mathrm{m}^3/\mathrm{s})$	41.6	58.3	77.3

由已知 $Q=70$ m³/s,知 h 必介于 $3.0 \sim 3.5$ m 之间,减小 h 的增加量,逐步试算可得 $h=3.33$ m。

(2)水深 h 已定,确定相应的底宽 b

如水深 h 另由通航要求或施工条件确定,则底宽 b 理论上亦可由式(6.2.8)直接求解。但这是关于 b 的一个一元五次方程,亦无一般代数解法,工程上常采用试算法求解。具体解法与前述水深 h 的求解类似,不另举例。

(3)宽深比 $\beta = \dfrac{b}{h}$ 已定,确定相应的 b 与 h

小型渠道的宽深比可按水力最佳条件 $\beta = 2(\sqrt{1+m^2} - m)$ 确定。大型渠道的宽深比由综合技术经济比较给出。因宽深比 β 已定,b、h 只有一个独立未知量,用与【例6.2.3】相同的方法,可求出 b 或 h 值。

(4)限定最大允许流速 $[v]_{\max}$,确定相应的 b、h

以渠道不发生冲刷的最大允许流速 $[v]_{\max}$ 为控制条件,则渠道的过流断面面积 A 和水力半径 R 为定值,即

$$A = \frac{Q}{[v]_{\max}} = (b+mh)h \tag{6.2.9}$$

$$R = \left(\frac{n[v]_{\max}}{i^{1/2}}\right)^{\frac{3}{2}} = \frac{(b+mh)h}{b+2h\sqrt{1+m^2}} \tag{6.2.10}$$

两式联解,就可求得 b 与 h。

【例6.2.4】 某梯形断面排水沟,底坡 $i=0.005$,糙率 $n=0.025$,边坡系数 $m=1.5$,需要通过的流量 $Q=3.5$ m³/s。土质是细沙土,免冲的最大流速 $[v]_{\max}=0.32$ m/s。要求:设计排水沟断面,并考虑是否需要加固。

【解】 第一方案:按允许流速 $[v]_{\max}$ 设计。

$$A = \frac{Q}{[v]_{max}} = \frac{3.5}{0.32} = 10.9 \ m^2 = (b + 1.5h)h$$

$$R = \left(\frac{n\,[v]_{max}}{i^{1/2}}\right)^{\frac{3}{2}} = \left(\frac{0.025 \times 0.32}{0.005^{\frac{1}{2}}}\right)^{\frac{3}{2}} = 0.038 = \frac{(b + 1.5h)h}{b + 2h\sqrt{1 + 1.5^2}}$$

联解以上两式得① $h_1 = 0.04$ m, $b_1 = 287$ m; ② $h_2 = 137$ m, $b_2 = -206$ m。

显然这两组答案没有实际意义, 说明此排水沟中水流不可能在无衬护的情况下以 $v \leqslant [v]_{max}$ 通过。

第二方案: 按水力最佳断面设计。

$$\beta_m = \frac{b}{h} = 2\left(\sqrt{1 + m^2} - m\right) = 2\left(\sqrt{1 + 1.5^2} - 1.5\right) = 0.61$$

根据已知的 Q、i、n、m 和 $b = 0.61h$, 得

$$K = \frac{Q}{\sqrt{i}} = \frac{3.5}{\sqrt{0.005}} = 49.6 \ m^3/s$$

$$A = (b + mh)h = (0.61h + 1.5h)h = 2.11h^2$$

满足水力最佳条件时 $R_m = 0.5h$, 代入明渠均匀流基本方程

$$Q = AC\sqrt{Ri} = \frac{A}{n}R^{\frac{2}{3}}i^{\frac{1}{2}} = \frac{2.11h^2}{0.025}(0.5h)^{\frac{2}{3}}(0.005)^{\frac{1}{2}} = 3.77h^{\frac{8}{3}} = 3.5 \ m^3/s$$

解得: $h = 0.97$ m, $b = 0.61$ m。显然, 这是一个合适的断面尺寸。

检验流速是否在允许范围内:

$$v = \frac{1}{n}R^{\frac{2}{3}}i^{\frac{1}{2}} = \frac{1}{n}\left(\frac{h}{2}\right)^{\frac{2}{3}}i^{\frac{1}{2}} = \frac{1}{0.025}\left(\frac{0.97}{2}\right)^{\frac{2}{3}}(0.005)^{\frac{1}{2}} = 1.75 \ m/s > [v]_{max} = 0.32 \ m/s$$

这一流速比最大允许流速大得多, 说明渠道内壁需要加固。

6.3 无压圆管均匀流

在上节水力最佳断面的分析中, 已经知晓圆形断面是水力最佳断面; 另一方面, 圆形管道力学性能好, 可以预制, 便于施工, 因而在工程实践中广泛应用。无压圆管是指没有被液流充满的圆形断面管道, 主要用于城市地下排水管道与路基涵管中。因为排水流量时有变动, 为避免在流量增大时, 管道承压, 污水涌出排污口污染环境, 以及为保持管道内通风, 避免污水中溢出的有毒、可燃气体聚集, 所以排水管道通常为非满管流, 以一定的充满度流动。

6.3.1 无压圆管均匀流的特性及过流断面的几何要素

无压圆管均匀流是特定断面形式的明渠均匀流, 它的形成条件、水力特征以及基本公式都和前述明渠均匀流相同, 即:

$$J = J_P = i$$
$$Q = AC\sqrt{Ri}$$

过流断面的几何要素如图 6.3.1 所示。

d 为管道直径;h 为管中液流深度;θ 为充满角,即液流深 h 对应的圆心角;α 为充满度,$\alpha = \dfrac{h}{d}$。

充满度与充满角的关系

$$\alpha = \sin^2 \frac{\theta}{4} \qquad (6.3.1)$$

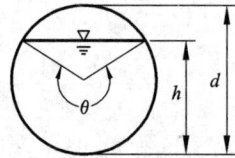

图 6.3.1   无压圆管过流断面

过流断面面积

$$A = \frac{d^2}{8}(\theta - \sin\theta) \qquad (6.3.2)$$

湿周

$$\chi = \frac{d}{2}\theta \qquad (6.3.3)$$

水力半径

$$R = \frac{d}{4}\left(1 - \frac{\sin\theta}{\theta}\right) \qquad (6.3.4)$$

水面宽度

$$B = d\sin\frac{\theta}{2} \qquad (6.3.5)$$

6.3.2   无压圆管流的最佳充满度

设圆管满流($h = d$)时的流量为 Q_0,相应的几何要素 $A_0 = \dfrac{\pi}{4}d^2$,$R_0 = \dfrac{d}{4}$,不满流时($h < d$)的流量为 Q。令 Q 与 Q_0 之比为相对流量,用 $\overline{Q}$ 表示,则

$$\overline{Q} = \frac{Q}{Q_0} = \frac{AC\sqrt{Ri}}{A_0 C_0 \sqrt{R_0 i}} = \frac{A}{A_0}\left(\frac{R}{R_0}\right)^{\frac{2}{3}} \qquad (6.3.6)$$

将两种情况下的几何要素代入上式,整理得

$$\overline{Q} = \frac{(\theta - \sin\theta)^{\frac{5}{3}}}{2\pi\theta^{\frac{2}{3}}} \qquad (6.3.7)$$

因 $\theta = 4\arcsin\sqrt{\alpha}$,所以

$$\overline{Q} = f_Q(\alpha) \qquad (6.3.8)$$

同理,定义相对流速

$$\overline{v} = \frac{v}{v_0} = \frac{C\sqrt{Ri}}{C_0\sqrt{R_0 i}} = \left(\frac{R}{R_0}\right)^{\frac{2}{3}} = \left(1 - \frac{\sin\theta}{\theta}\right)^{\frac{2}{3}} = f_v(\alpha) \qquad (6.3.9)$$

假设一系列的充满度 α,即可求得相应的相对流量 $\dfrac{Q}{Q_0}$ 和相对流速 $\dfrac{v}{v_0}$,绘制成如图 6.3.2 所示的无量纲曲线。

由图 6.3.2 可见,无压圆管均匀流的最大流速和最大流量均发生在满流之前,也就是说其水力最佳情形发生在满流之前。为什么会发生这种情况呢?让我们来分析一下。

明渠均匀流的基本公式(6.2.3)同样适用于无压圆管均匀流,即

$$Q = \frac{1}{n}\frac{A^{5/3}i^{1/2}}{\chi^{2/3}}$$

分析过流断面面积 A 和湿周 χ 随水深 h 的变化。在水深很小时,水深增加,水面增宽,

过流断面面积增加很快，接近水平管轴处增加最快。水深超过半管后，水深增加，水面宽度减小，过流断面面积增势减缓，在满流前增加最慢。湿周随水深的增加则与过流断面积不同，接近半管时增加最慢，在满流前增加最快。由此可知，在满流前（$h < d$），输水能力达最大值，相应的充满度是最佳充满度。

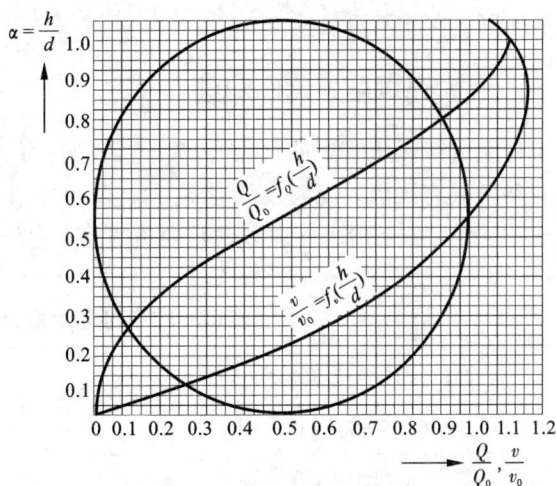

图 6.3.2 相对流量、相对流速曲线

将几何关系 $A = \dfrac{d^2}{8}(\theta - \sin\theta)$，$\chi = \dfrac{d}{2}\theta$ 代入上式得

$$Q = \frac{\sqrt{i}}{n} \frac{\left[\dfrac{d^2}{8}(\theta - \sin\theta) \right]^{\frac{5}{3}}}{\left[\dfrac{d}{2}\theta \right]^{\frac{2}{3}}}$$

对 θ 求一阶导数，并令 $\dfrac{\mathrm{d}Q}{\mathrm{d}\theta} = 0$，解得输水能力最大的水力最佳充满角

$$\theta_{Qm} = 308° \tag{6.3.10}$$

对应的水力最佳充满度

$$\alpha_{Qm} = \sin^2 \frac{\theta}{4} = 0.95 \tag{6.3.11}$$

同理，流速也是在满管前达到最大值。由

$$v = \frac{1}{n} R^{2/3} i^{1/2} = \frac{i^{1/2}}{n} \left[\frac{d}{4} \left(1 - \frac{\sin\theta}{\theta} \right) \right]^{2/3}$$

令 $\dfrac{\mathrm{d}v}{\mathrm{d}\theta} = 0$，可解得流速最大的充满角和充满度

$$\theta_{vm} = 257.5° \tag{6.3.12}$$

$$\alpha_{vm} = 0.81 \tag{6.3.13}$$

由以上分析得出，无压圆管均匀流在水深 $h = 0.95d$，即充满度 $\alpha = 0.95$ 时，输水能力最佳，此时相对流量 $\overline{Q} = 1.087$，取得最大值，即不满管流比满管流流量还要大 8.7%；在水深 $h = 0.81d$ 即充满度 $\alpha = 0.81$ 时，过流断面流速最大，此时相对流速 $\overline{v} = 1.16$，比满管流的流速大 16%。

需要说明的是，水力最佳充满度并不是设计充满度，实际采用的设计充满度尚需根据管道的工作条件以及直径的大小来确定。

6.3.3 无压圆管的水力计算

对于无压圆管均匀流，各参数之间的函数关系比梯形断面更加复杂，不易计算，工程上通常采用计算机计算。无压圆管均匀流的水力计算同样也可以归纳为三类基本问题：①输水能力计算；②确定管道坡度；③设计管道直径。计算方法与梯形断面水力计算一样，只是几何参数不同，在此不再赘述。

6.3.4　最大充满度、允许流速

工程上进行无压管道的水力计算，还需符合有关的规范规定。对于污水管道，为避免因流量变动形成有压流，充满度不能过大。现行室外排水规范规定，污水管道最大充满度见表 6.3.1 所示。至于雨水管道和雨污合流管道，允许短时承压，按满管流进行水力计算。

表 6.3.1　污水管道最大设计充满度

管径(d)或暗渠高(H)(mm)	最大设计充满度$\left(a = \dfrac{h}{d}或\dfrac{h}{H}\right)$
150 ~ 300	0.6
350 ~ 450	0.7
500 ~ 900	0.75
≥1000	0.80

为防止管道发生冲刷和淤积，最大设计流速限制金属管为 10 m/s，非金属管为 5 m/s；最小设计流速（在设计充满度下）$d \leqslant 500$ mm 时取 0.7 m/s；$d > 500$ mm 时取 0.8 m/s。

此外，对最小管径和最小设计坡度，《室外排水设计规范》亦有规定。

【例 6.3.1】　钢筋混凝土圆形污水管，管径 $d = 1500$ mm，管壁糙率 $n = 0.014$，管道坡度 $i = 0.0018$。求最大设计充满度时的流速和流量。

【解】　由表 6.3.1 查得管径 $d = 1500$ mm 的污水管最大设计充满度为 $\alpha = 0.8$，相应的过流断面几何要素为

$$\theta = 4\arcsin\sqrt{0.8} = 253.74°$$

$$A = \frac{d^2}{8}(\theta - \sin\theta) = 0.6736d^2 = 1.5156 \text{ m}^2$$

$$R = \frac{d}{4}\left(1 - \frac{\sin\theta}{\theta}\right) = 0.3042d = 0.5103 \text{ m}$$

$$C = \frac{1}{n}R^{1/6} = 63.85 \text{ m}^{\frac{1}{2}}/\text{s}$$

流速　　　　　　　　　　　$v = C\sqrt{Ri} = 1.93$ m/s
流量　　　　　　　　　　　$Q = vA = 2.93$ m³/s

本题为钢筋混凝土管，允许最大设计流速为 5 m/s，允许最小设计流速为 0.8 m/s，管道流速 $v = 1.93$ m/s，在允许范围之内。

6.4　明渠流的流态

明渠均匀流是理想化的等深、等速流动，无需研究水深沿流程的变化。明渠非均匀流是不等深、不等速的流动，总水头线、水面线和底坡线三者不平行，水深的变化与明渠流动的

状态有关。因此在讨论明渠非均匀流之前,需进一步认识明渠的流动状态。

为了区别起见,把棱柱形渠道上产生均匀流时的水深称为正常水深,用 h_0 表示,而产生非均匀流时的水深则以 h 表示。

6.4.1　干扰波的传播

一块石头丢入静水中,静水受到干扰,水面上产生的干扰波是以干扰点为中心的一系列同心圆,波以速度 c 从中心向四周扩散,如图 6.4.1(a)所示。如果在流速为 v 的水流中丢入石头,引起的干扰波形状将随着水流的速度而变化,呈现出三种形式。

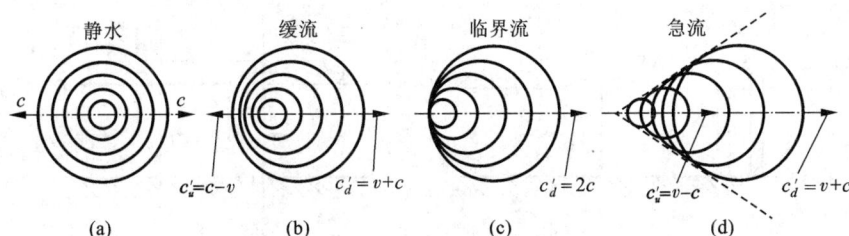

图 6.4.1　明渠中干扰波的传播

1. 渠中流速小于干扰波波速($v < c$)时

向下游传播的绝对波速 $c_d' = v + c > 0$,向上游传播的绝对波速 $c_u' = v - c < 0$。波形如图 6.4.3(b)所示。

2. 渠中流速等于干扰波波速($v = c$)时

绝对波速 $c_u' = v - c = 0$,向上游传播的干扰波停止不前;向下游传播的干扰波 $c_d' = v + c = 2c$,波形如图 6.4.3(c)所示。

3. 渠中流速大于干扰波波速($v > c$)时

绝对波速 c_u'、c_d' 均大于零,亦即两个干扰波都是向下游传播的,波形如图 6.4.3(d)所示。这是因为流速大于波速,把干扰波冲向下游的缘故。

6.4.2　明渠的流态

观察明渠中障碍物对水流的影响:若渠中流速较小,水流在遇到障碍物(如河中巨石)时,水面在障碍物处跌落,而在其上游,水面普遍壅高,一直影响到上游较远处,这种水流状态称为缓流,如图 6.4.2(a)所示,常见于底坡平缓的沟、渠及枯水季节的平原河道中。若渠中水流比较湍急,在遇到障碍物时,水面在障碍物前跃起,并在障碍物顶上一跃而过,但障碍物对上游较远处的水流并不发生影响,这种水流状态称为急流,如图 6.4.2(b)所示,多见于陡槽、险滩中。

明渠流受障碍物干扰与流动受扰动所产生的干扰,在性质上是一致的。如图 6.4.3(a),水槽中放一直立平板,迅速向右移动一下平板,形成干扰波,若槽中流速 v 小于扰动产生的波速 c,则干扰波就能向上游传播,这就是缓流;若流速 v 大于扰动产生的波速 c,则干扰波就只能向下游传播,无法向上游传播,这就是急流。

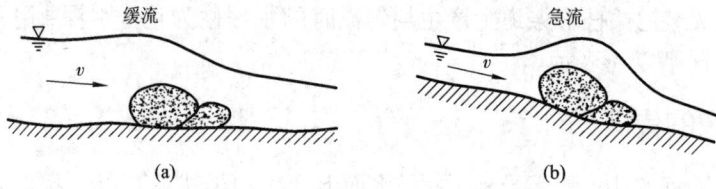

图 6.4.2　缓流和急流

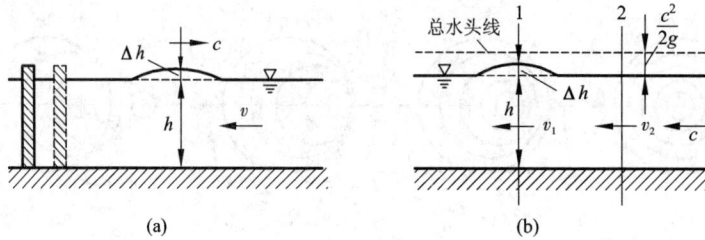

图 6.4.3　微幅干扰波

6.4.3　微幅干扰波波速

为简便计,设水槽为矩形断面,其中水体静止,水深为 h,直立平板移动后引起一孤立波以速度 c 从左向右传播。显然,由于波的传播,使得槽中形成非恒定流,为此,取运动坐标系随波峰运动,相对于这个运动坐标系而言,波是静止的,水流可视为恒定流,可以应用恒定流的三大方程。然而,对动坐标而言,原来相对地球静止的水体,则以波速 c 从右向左流动,如图 6.4.3(b) 所示,断面 1 选在波峰上,断面 2 取在波峰左边未受干扰波影响的地方。列写断面 1、2 的伯努利方程,两断面间距很近,可不计能量损失 h_w。则

$$(h+\Delta h)+\frac{\alpha_1 v_1^2}{2g}=h+\frac{\alpha_2 v_2^2}{2g}$$

式中 $v_2=c$,而 v_1 为断面 1 的平均流速,Δh 为波高。

由连续性方程得 $\qquad B(h+\Delta h)v_1=Bhv_2$

式中 B 为水面宽度,由此解出 v_1 为

$$v_1=\frac{hv_2}{h+\Delta h}=\frac{hc}{h+\Delta h}$$

将上式代入伯努利方程,并取 $\alpha_1=\alpha_2=\alpha$,得

$$h+\Delta h+\frac{\alpha c^2}{2g}\frac{h^2}{(h+\Delta h)^2}=h+\frac{\alpha c^2}{2g}$$

移项化简得

$$\frac{\alpha c^2}{2g}\Big[\frac{2h+\Delta h}{(h+\Delta h)^2}\Big]=1$$

由此解得波在静水中的传播速度为

$$c = \pm \sqrt{2g \frac{(h+\Delta h)^2}{\alpha(2h+\Delta h)}} = \pm \sqrt{gh \frac{(1+\frac{\Delta h}{h})^2}{\alpha(1+\frac{\Delta h}{2h})}} \qquad (6.4.1)$$

对于波高 Δh 远小于水深 h 的波，称之为微幅波，$\frac{\Delta h}{h} \approx 0$，忽略不计。此外，取 $\alpha = 1.0$，则静水中的波速近似等于

$$c = \pm \sqrt{gh} \qquad (6.4.2)$$

这就是拉格朗日波速方程，它表明矩形断面明渠静水中微幅波传播速度与重力加速度和水深有关。

对于非矩形断面的棱柱形渠道，上式中的水深 h 可用断面平均水深 $\bar{h}$ 代替，即

$$\bar{h} = \frac{A}{B} \qquad (6.4.3)$$

式中 $\bar{h}$ 又称为折算水深，A 为过流断面面积。

以上讲的是静水中的波速，对于速度为 v 的明渠中的干扰波速，令微幅波相对于地球的速度为 c'，称为绝对波速。根据运动叠加原理可知，绝对波速应为静水中波速和水流流速二者之和，即

$$c' = v + c = v \pm \sqrt{g\bar{h}} \qquad (6.4.4)$$

式中正号适用于波的传播方向和流动方向一致的顺波，负号则适用于逆流而上的逆波。这里 c 是相对于水流的波速，称为相对波速。

由以上讨论可知，用明渠中的波速 $c = \sqrt{g\bar{h}}$ 与渠中的实际断面平均流速相比较，可以判别明渠的流态：当 $v < c$ 时，干扰波能向上、下游传播，为缓流；当 $v = c$ 时，干扰波只能向下游传播，但干扰源不动，为临界流；当 $v > c$ 时，干扰波只能向下游传播，且干扰源也向下游移动，为急流，详见图6.4.1。

上述分析说明了外界对明渠流的扰动（例如投石于水中、直立平板在明渠中的迅速移动或闸门启闭等）有时能传至上游而有时却不能的原因。实际工程中，设置于渠槽中的各种建筑物可以看作是对水流的连续不断的扰动，如闸（桥）墩、闸门、水坝等。

6.4.4　弗汝德（Froude）数

既然缓流与急流取决于渠中流速和干扰波速的相对大小，那么流速 v 和波速 c 的比值就可作为判别缓流与急流的标准。弗汝德数 (F_r) 是渠中流速与波速的比值，是一个无量纲数。

$$Fr = \frac{v}{c} = \frac{v}{\sqrt{g\bar{h}}} \qquad (6.4.5)$$

当 $Fr < 1$ 时，为缓流；当 $Fr = 1$ 时，为临界流；当 $Fr > 1$ 时，为急流。

为了加深理解弗汝德数的物理意义，可把它的形式改写为

$$Fr = \frac{v}{\sqrt{g\bar{h}}} = \sqrt{2\frac{\frac{1}{2}mv^2}{mg\bar{h}}} = \sqrt{2\frac{平均动能}{平均势能}}$$

可以看出,弗汝德数是过流断面单位重量液体的平均动能与平均势能之比的二倍开平方,随着这个比值大小的不同,渠中流态不同。当水流的平均势能等于平均动能的 2 倍时,弗汝德数 $Fr = 1$,水流是临界流。弗汝德数愈大,意味着水流的平均动能所占的比例愈大,水流流动越急。

6.5　明渠非均匀流的若干概念

6.5.1　断面比能

图 6.5.1 为一渐变流,若以任一水平面 0 - 0 为基准面,则过流断面上单位重量液体所具有的总能量(即总水头 H)为

$$E = z + \frac{\alpha v^2}{2g} = z_0 + h\cos\theta + \frac{\alpha v^2}{2g} \tag{6.5.1}$$

式中 θ 为明渠底面与水平面的夹角。

如果我们把参考基准面选在过流断面最低点所在的水平面,即以 $0' - 0'$ 为基准面,此时单位重量液体所具有的总能量以 E_s 来表示,即

$$E_s = h\cos\theta + \frac{\alpha v^2}{2g} \tag{6.5.2}$$

E_s 称之为断面比能。

实际工程中,一般明渠底坡较小,即 $\cos\theta \approx 1$,因此

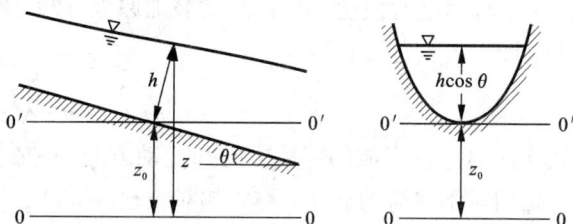

图 6.5.1　断面比能

$$E_s = h + \frac{\alpha v^2}{2g} \tag{6.5.3}$$

或写为

$$E_s = h + \frac{\alpha Q^2}{2gA^2} \tag{6.5.4}$$

1. 断面比能 E_s 沿流程的变化规律

由式(6.5.1)和(6.5.2)可得

$$E_s = E - z_0$$

将上式对流程 l 取导数

$$\frac{dE_s}{dl} = \frac{dE}{dl} - \frac{dz_0}{dl} \tag{6.5.5}$$

由水力坡度与渠道底坡的定义知,$\frac{dE}{dl} = -J$,$\frac{dz_0}{dl} = -i$,代入上式得

$$\frac{dE_s}{dl} = i - J \tag{6.5.6}$$

可见,断面比能 E_s 沿流程的变化规律取决于渠道底坡 i 与水力坡度 J 的对比:(1)当 $i > J$ 时,$\frac{dE_s}{dl} > 0$,断面比能沿流程增加;(2)$i < J$ 时,$\frac{dE_s}{dl} < 0$,断面比能沿流程减少;(3)$i = J$

时，$\dfrac{\mathrm{d}E_s}{\mathrm{d}l}=0$，断面比能沿流程不变。

2. 断面比能 E_s 与断面单位重量液体的总机械能 E 的关系

从上面的分析可知，断面比能 E_s 与断面单位重量液体的总机械能（简称为断面总能）E 是两个不同的概念：

（1）断面比能 E_s 只反映了断面总能 E 中水流运动状况的那一部分能量，两者相差一个渠底高程。计算各断面的单位总能 E 值时，基准面可以任取，但不同过流断面应取同一基准面，而计算断面比能 E_s 时则必须以各断面最低点所在的水平面为基准面；

（2）由于有能量损失，断面总能 E 总是沿流程减小，即总有 $\dfrac{\mathrm{d}E}{\mathrm{d}l}<0$；但断面比能 E_s 却不同，可以沿流程减少（$\dfrac{\mathrm{d}E_s}{\mathrm{d}l}<0$）、不变（$\dfrac{\mathrm{d}E_s}{\mathrm{d}l}=0$）甚至增加（$\dfrac{\mathrm{d}E_s}{\mathrm{d}l}>0$）。

3. 比能曲线

由（6.5.4）式可知，当流量 Q 和过流断面的形状及尺寸一定时，断面比能仅仅是水深 h 的函数，即 $E_s=f(h)$，据此可绘出断面比能随水深变化的关系曲线——比能曲线。很明显，要具体绘出一条比能曲线必须首先给定流量 Q 和断面的形状及尺寸。对于一个已经给定尺寸的断面，当通过不同流量时，其比能曲线是不相同的；同样，对某一指定的流量，断面的形状及尺寸不同时，其比能曲线也是不相同的。

假定已经给定某一流量和过流断面的形状及尺寸，现在来定性讨论比能曲线的特征。过流断面面积 A 是水深 h 的连续函数，由（6.5.4）式可知，当 $h\to0$ 时，$A\to0$，则 $\dfrac{\alpha Q^2}{2gA^2}\to\infty$，故 $E_s\to\infty$；当 $h\to\infty$ 时，尽管 $A\to\infty$，$\dfrac{\alpha Q^2}{2gA^2}\to0$，但 $E_s\approx h\to\infty$。

根据上述讨论，若以 h 为纵坐标，以 E_s 为横坐标，绘出的比能曲线是一条二次抛物线（见图 6.5.2），曲线的下端以水平线为渐近线，上端以与坐标轴成 45° 夹角并通过原点的直线 $E_s=h$ 为渐近线。该曲线在 K 点断面比能最小（$E_{s\min}$）。K 点把曲线分成上、下两支，在上支，断面比能随水深的增加而增加（$\dfrac{\mathrm{d}E_s}{\mathrm{d}h}>0$）；在下支，断面比能随水深的增加而减小（$\dfrac{\mathrm{d}E_s}{\mathrm{d}h}<0$）。

若将（6.5.4）式对水深 h 取导数，可以进一步了解比能曲线的变化规律。

$$\frac{\mathrm{d}E_s}{\mathrm{d}h}=\frac{\mathrm{d}}{\mathrm{d}h}\left(h+\frac{\alpha Q^2}{2gA^2}\right)=1-\frac{\alpha Q^2}{gA^2}\frac{\mathrm{d}A}{\mathrm{d}h} \tag{6.5.7}$$

如图 6.5.3 所示，在过流断面上当水深有一微小增加值 $\mathrm{d}h$ 时，相应的断面面积增加值 $\mathrm{d}A=B\mathrm{d}h$，即 $\dfrac{\mathrm{d}A}{\mathrm{d}h}=B$，代入上式，得

$$\frac{\mathrm{d}E_s}{\mathrm{d}h}=1-\frac{\alpha Q^2 B}{gA^3}=1-\frac{\alpha v^2}{g\dfrac{A}{B}}=1-\alpha\frac{v^2}{g\overline{h}}=1-\alpha Fr^2 \tag{6.5.8}$$

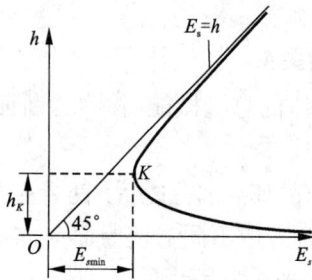

图6.5.2　断面比能曲线

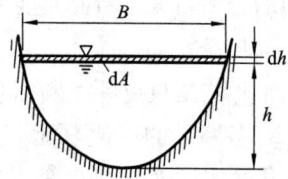

图6.5.3　明渠断面

若取 $\alpha = 1.0$，则上式可写作

$$\frac{\mathrm{d}E_S}{\mathrm{d}h} = 1 - Fr^2 \tag{6.5.9}$$

上式说明，明渠流的断面比能随水深的变化规律取决于断面上的弗汝德数。

对于缓流，$Fr < 1$，则 $\dfrac{\mathrm{d}E_S}{\mathrm{d}h} > 0$，断面比能随水深的增加而增加，对应于比能曲线的上支；

对于急流，$Fr > 1$，则 $\dfrac{\mathrm{d}E_S}{\mathrm{d}h} < 0$，断面比能随水深的增加而减少，对应于比能曲线的下支；

对于临界流，$Fr = 1$，则 $\dfrac{\mathrm{d}E_S}{\mathrm{d}h} = 0$，断面比能为最小值，对应于比能曲线的分界点 K。

6.5.2　临界水深

相应于断面比能最小值的水深称为临界水深，以 h_K 表示。令(6.5.8)式等于零，即可求得临界水深所应满足的条件

$$1 - \frac{\alpha Q^2 B}{g A^3} = 0$$

今后凡相应于临界水深的水力要素均注以脚标 K。上式可改写为

$$\frac{\alpha Q^2}{g} = \frac{A_K^3}{B_K} \tag{6.5.10}$$

当流量与过流断面形状及尺寸给定时，利用上式即可求解临界水深 h_k。

由上式可见，临界水深 h_k 只与渠道的流量 Q、断面形状及尺寸有关，而与渠道的糙率 n 及底坡 i 无关。式(6.5.10)是各种形状明渠断面临界水深计算的通式。

1. 矩形断面明渠的临界水深

令矩形断面底宽为 b，则 $B_K = b$，$A_K = bh_K$，代入(6.5.10)式后可解出

$$h_K = \sqrt[3]{\frac{\alpha Q^2}{g b^2}} = \sqrt[3]{\frac{\alpha q^2}{g}} \tag{6.5.11}$$

式中 $q = \dfrac{Q}{b}$，称为单宽流量，单位为 $\mathrm{m^3/s \cdot m}$。

2. 任意断面明渠的临界水深

若明渠断面形状为梯形或其他断面，各水力要素之间的函数关系比较复杂，代入 (6.5.

10) 式，难以求出临界水深 h_k 的解析解。这种情况下，一般采用试算法求解：给定流量 Q 后，(6.5.10)式的左端 $\dfrac{\alpha Q^2}{g}$ 为一定值，该式的右端 $\dfrac{A^3}{B}$ 仅是水深 h 的函数(给定 b 与 m)。于是可以假定若干个水深 h，算出若干个与之对应的 $\dfrac{A^3}{B}$，当某一 $\dfrac{A^3}{B}$ 值与 $\dfrac{\alpha Q^2}{g}$ 近似相等时，其相应的水深即为临界水深 h_k。

【例 6.5.1】　梯形断面渠道边坡系数 $m = 1.5$，底宽 $b = 10$ m，流量 $Q = 50$ m³/s，试求临界水深 h_k。

【解】　所求临界水深 h_k 应满足 $\dfrac{\alpha Q^2}{g} = \dfrac{A_k^3}{B_k}$。取 $\alpha = 1.0$，按已知条件有

$$\frac{\alpha Q^2}{g} = \frac{50^2}{9.8} = 255 \ m^5$$

而
$$A = (b + mh) h = (10 + 1.5h) h$$
$$B = b + 2mh = 10 + 3h$$

假设一系列 h，计算出对应的 $\dfrac{A^3}{B}$，具体见表 6.5.1。

表 6.5.1

序号	$h(m)$	$B(m)$	$A(m^2)$	$A^3(m^6)$	$A^3/B(m^5)$
1	1.20	13.60	14.15	2833	208
2	1.25	13.75	14.85	3279	238
3	1.30	13.90	15.50	3724	268

由上表可知，临界水深 h_k 必介于 1.25 m ~ 1.30 m 之间，进一步试算得 $h_k = 1.28$ m。

6.5.3　临界底坡、缓坡和陡坡

设想在流量和断面形状、尺寸一定的棱柱形明渠中，水流作均匀流动。如果改变渠槽的底坡，相应的均匀流正常水深 h_0 亦随之而改变，当底坡变至某一数值时，均匀流的正常水深 h_0 恰好与临界水深 h_k 相等，则定义此坡度为临界底坡 i_k。

若已知明渠的断面形状及尺寸，当流量给定时，在均匀流的情况下，可以将底坡 i 与渠中正常水深 h_0 的关系绘出如图 6.5.4。不难理解，当底坡 i 增大时，正常水深 h_0 将减小；反之，当 i 减小时，正常水深 h_0 将增大。从该曲线上必能找出一个正常水深 h_0 恰好与临界水深 h_k 相等的点 K。曲线上 K 点所对应的底坡即为临界底坡 i_k。

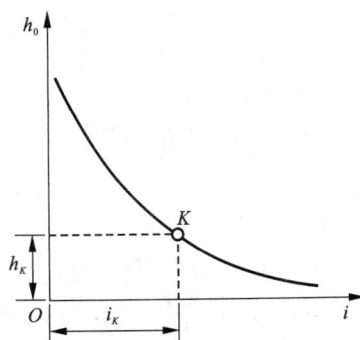

在临界底坡上作均匀流动时，一方面要满足临

图 6.5.4　临界底坡

界流的条件式 $\dfrac{\alpha Q^2}{g} = \dfrac{A_K^3}{B_K}$，另一方面又要满足均匀流基本公式 $Q = A_K C_K \sqrt{R_K i_K}$，联解上列二式可得临界底坡的计算公式

$$i_K = \frac{gA_K}{\alpha C_K^2 R_K B_K} = \frac{g\chi_K}{\alpha C_K^2 B_K} \tag{6.5.12}$$

式中 R_K、χ_K、C_K 为发生临界流时所对应的水力半径、湿周和谢才系数。

由上式可看出临界底坡 i_K 与渠道的实际底坡 i 无关。临界底坡 i_K 的出现，将正坡明渠进一步划分成三种：(1)$i < i_K$，称为缓坡；(2)$i > i_K$，称为陡坡(或急坡)；(3)$i = i_K$，称为临界坡。在上述三种底坡上，水流可以作均匀流动，也可以作非均匀流动。如果作均匀流动，由图 6.5.4 可见三种底坡上的正常水深 h_0 与临界水深 h_K 之间有如下关系：

(1)$i < i_K$ 时，则 $h_0 > h_K$，则 $v_0 < v_K$，为缓流；

(2)$i > i_K$ 时，则 $h_0 < h_K$，则 $v_0 > v_K$，为急流；

(3)$i = i_K$ 时，则 $h_0 = h_K$，则 $v_0 = v_K$，为临界流。

所以在明渠均匀流的情况下，直接用底坡的类型也可以判别水流的流态，即缓坡上的均匀流为缓流，陡坡上的均匀流为急流，临界坡上的均匀流为临界流。值得注意的是这种判别方式只适用于均匀流。

另外需要注意的是，临界底坡与明渠通过的流量有关，流量不同，临界底坡不同。

【例 6.5.2】 一条长而直的矩形断面明渠，粗糙系数 $n = 0.02$，底宽 $b = 5$ m，通过流量 $Q = 40$ m^3/s 时，正常水深 $h_0 = 2$ m。试用多种方法判断明渠水流流态。

【解】 (1)用临界水深 h_k 判别

$$q = \frac{Q}{b} = \frac{40}{5} = 8 \ \text{m}^2/\text{s}$$

$$h_k = \sqrt[3]{\frac{\alpha q^2}{g}} = \sqrt[3]{\frac{8^2}{9.8}} = 1.8692 \ \text{m} < h_0 = 2 \ \text{m}$$

水流为缓流。

(2)用弗汝德数 Fr 判别

$$v_0 = \frac{Q}{A_0} = \frac{40}{10} = 4 \ \text{m/s}$$

$$Fr = \frac{v_0}{\sqrt{gh_0}} = \frac{4}{\sqrt{9.8 \times 2}} = 0.9035 < 1$$

水流为缓流。

(3)用干扰波波速 c 判别

$$c = \sqrt{gh_0} = \sqrt{9.8 \times 2} = 4.4271 \ \text{m/s} > v_0$$

水流为缓流。

(4)用临界底坡 i_k 判别

依题意，为明渠均匀流，可直接用底坡的类型判别水流的流态。

临界流状态时：

$$A_k = bh_k = 5 \times 1.8691 = 9.3459 \ \text{m}^2$$

$$\chi_k = b + 2h_k = 5 + 2 \times 1.8692 = 8.7384 \ \text{m}$$

$$R_k = \frac{A_k}{\chi_k} = \frac{9.3459}{8.7384} = 1.0695 \text{ m}$$

$$C_k = \frac{1}{n} R^{\frac{1}{6}} = \frac{1}{0.02} \times 1.0695 \frac{1}{6} = 50.5633 \text{ m/s}^{\frac{1}{2}}$$

$$i_k = \frac{g\chi_k}{\alpha C_k^2 B_k} = \frac{9.8 \times 8.7384}{1 \times 50.5633^2 \times 5} = \frac{40^2 \times 0.02^2}{9.35^2 \times 1.07 \frac{4}{3}} = 0.006699$$

均匀流状态时:

$$A_0 = bh_0 = 5 \times 2 = 10 \text{ m}^2$$

$$\chi_0 = b + 2h_0 = 5 + 2 \times 2 = 9 \text{ m}$$

$$R_0 = \frac{A_0}{\chi_0} = \frac{10}{9} = 1.1111 \text{ m}$$

$$C_0 = \frac{1}{n} R_0 \frac{1}{6} = \frac{1}{0.02} \times 1.1111 \frac{1}{6} = 50.8858 \text{ m/s}^{\frac{1}{2}}$$

$$i = \frac{Q^2}{A^2 C^2 R} = \frac{40^2}{10^2 \times 50.8858^2 \times 1.1111} = 0.005561 < i_k$$

水流为缓流。

(5)用临界流速 v_k 判别

$$v_k = \frac{Q}{A_K} = \frac{40}{5 \times 1.8692} = 4.2799 \text{ m/s} > v_0$$

水流为缓流。

上述判别方法是等价的,具体计算以简便为准。

【例 6.5.3】 续【例 6.5.1】。渠道边壁的粗糙系数 $n = 0.022$,底坡 $i = 0.0009$。试计算渠道的正常水深 h_0,并判别渠道底坡属缓坡还是陡坡?

【解】 由临界底坡的计算公式 $i_K = \frac{gA_K}{\alpha C_K^2 R_K B_K}$ 可见,式中各个参数均与临界水深有关,

【例 6.5.1】中已试算出临界水深 $h_K = 1.28$ m,相应的水力要素计算如下:

$$A_K = (b + mh_K)h_K = (10 + 1.5 \times 1.28) \times 1.28 = 15.26 \text{ m}^2$$

$$\chi_K = b + 2h_K \sqrt{1 + m^2} = 10 + 2 \times 1.28 \times \sqrt{1 + 1.5^2} = 12.31 \text{ m}$$

$$B_K = b + 2 mh_K = 10 + 2 \times 1.5 \times 1.28 = 13.84 \text{ m}$$

$$R_K = \frac{A_K}{\chi_K} = \frac{15.26}{12.31} = 1.24 \text{ m}$$

$$C_K = \frac{1}{n} R_K^{1/6} = \frac{1}{0.022} \times 1.24^{\frac{1}{6}} = 47.11 \text{ m}^{1/2}/\text{s}$$

$$i_K = \frac{gA_K}{\alpha C_K^2 R_K B_K} = \frac{9.8 \times 15.25}{1.0 \times 47.11^2 \times 1.24 \times 13.84} = 0.0039 > i = 0.0009$$

该渠道属于缓坡渠道。

6.6 水跃和水跌

6.6.1 水跃

1. 水跃现象与有关名词

水跃是水流在很短的流程内从急流(水深 h 小于临界水深 h_k)过渡到缓流($h > h_k$)时水面突然跃起的局部水力现象,如图 6.6.1。水跃属于明渠急变流。在闸、坝及陡槽等下游,从泄水建筑物下泄的水流流速较大、水深较小,水流的弗汝德数很大,一般属于急流,而下游河道中的水流一般属于缓流,从急流过渡到缓流,必然要发生水跃,才能通过临界水深。

水跃下部是急剧扩散的主流区,水跃上部是掺有大量气泡的表面旋滚区。表面旋滚区内的液体质点在和下部主流接触处不断地被主流带走,同时又从主流得到补充,这两部分的液体质量和动量不断交换。

表面旋滚起点所在的过流断面 1—1 称为跃前断面,对应的水深 h_1 叫跃前水深;表面旋滚末端的过流断面 2—2 称为跃后断面,对应的水深 h_2 叫跃后水深。跃后水深与跃前水深之差 $h_2 - h_1 = a$,称为跃高。跃前断面至跃后断面的水平距离则称为跃长 L_j。

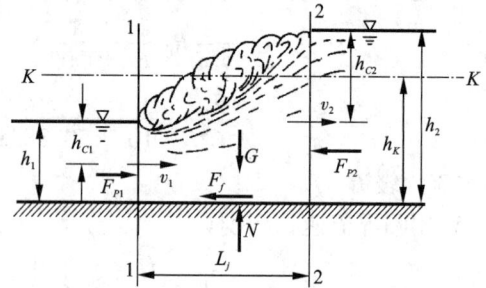

图 6.6.1 水跃

在跃前和跃后断面之间的水跃段内,水流运动要素急剧变化,紊动、混掺强烈,表面旋滚与主流间质量、动量不断交换,致使水跃段内有较大的能量损失。据实验,跃前断面的单位机械能经水跃后可减少 45% ~ 60%。因此,常利用水跃来消除泄水建筑物下游高速水流所挟带的巨大动能,以保护下游河床免受冲刷。

2. 水跃基本方程

水跃计算包括跃前、跃后水深的计算,水跃长度计算和水跃能量损失计算。在对这些水跃要素进行分析计算之前,首先要建立起水跃方程。由于水跃的能量损失很大,不可忽略,却又难以直接计算,所以不能应用伯努利方程。现用动量方程来推求恒定流平底棱柱形明渠中的水跃基本方程。

在推导过程中,进行一些简化处理,作如下假设:①忽略明渠对水流的摩擦阻力;②跃前与跃后过流断面均为渐变流断面,因而断面上动水压力可按静水压力公式计算;③跃前与跃后过流断面上的动量修正系数相等,即 $\beta_1 = \beta_2 = \beta$。

如图 6.6.1,取断面 1、2 间的水体为隔离体。作用在隔离体上的外力有:重力 G、跃前、跃后断面上的动水压力 F_{P1} 与 F_{P2}、渠底及侧壁的约束反力 N、摩擦阻力 F_f。其中 G、N 均垂直于流向,沿流向上的投影为零,而按假设 $F_f = 0$。跃前、跃后断面的平均流速用 v_1、v_2 表示,沿流向对隔离体列写动量方程

$$\rho Q \beta (v_2 - v_1) = F_{P1} - F_{P2} \qquad (6.6.1)$$

式中
$$v_1 = \frac{Q}{A_1}, \ v_2 = \frac{Q}{A_2}$$
$$F_{P1} = \rho g h_{C1} A_1, \ F_{P2} = \rho g h_{C2} A_2$$

式中 A_1、A_2 分别为跃前、跃后断面面积；h_{C1}、h_{C2} 分别为跃前、跃后断面形心点的水深。将上面的表达式代入式(6.6.1)，并令 $\beta = 1$，整理得

$$\frac{Q^2}{gA_1} + A_1 h_{C1} = \frac{Q^2}{gA_2} + A_2 h_{C2} \tag{6.6.2}$$

上式即为平坡棱柱形明渠的水跃方程。

当明渠的断面形状、尺寸、流量一定时，水跃方程的左右两边都仅是水深的函数，称此函数为水跃函数，以符号 $J(h)$ 表示，即

$$J(h) = \frac{Q^2}{gA} + A h_C \tag{6.6.3}$$

于是，水跃方程(6.6.2)可以写成如下的形式

$$J(h_1) = J(h_2) \tag{6.6.4}$$

上式表明：在棱柱形平坡明渠中，跃前水深 h_1、跃后水深 h_2 具有相同的水跃函数值，所以这两个水深通常称之为共轭水深。

应当指出，上面所导出的水跃方程(6.6.2)，在底坡不大的棱柱形正坡明渠中可能更为适用，因为正坡渠道中重力沿流程的分力可以抵消边壁摩擦阻力。

3. 水跃函数

当明渠的断面形状、尺寸及流量给定时，假设不同的水深，根据(6.6.3)式计算出相应的水跃函数值 $J(h)$，以水深 h 为纵轴，以水跃函数 $J(h)$ 为横轴，即可绘出水跃函数曲线，如图6.6.4所示。水跃函数曲线具有如下特性：

(1)当 $h > h_k$ 时(相当于水跃曲线的上半支)，$J(h)$ 随着跃后水深的减小而减小；当 $h < h_k$ 时(相当于水跃曲线的下半支)，$J(h)$ 随着跃前水深的减小而增大；

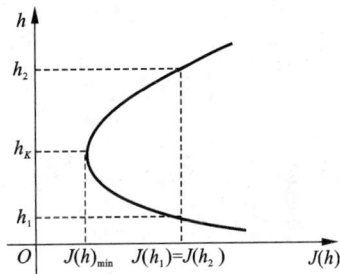

图 6.6.2　水跃函数曲线

(2)跃前水深越小，跃后水深越大；

(3)水跃函数 $J(h)$ 有一极小值 $J(h)_{min}$，与 $J(h)_{min}$ 相应的水深即为临界水深 h_k。

【例 6.6.1】 证明：与水跃函数最小值 $J(h)_{min}$ 对应的水深是临界水深 h_K。

【证明】 $J(h)$ 取得最小值应满足的条件是

$$\frac{\mathrm{d}J(h)}{\mathrm{d}h} = -\frac{Q^2 B}{gA^2} + \frac{\mathrm{d}(Ah_C)}{\mathrm{d}h} = 0 \tag{1}$$

由图6.6.3可见：式中 Ah_C 是过流断面面积 A 对于水面线 $0-0$ 的面积矩。给水深 h 以增量 Δh，并计算相应的面积矩增量 $\Delta(Ah_C)$，此增量等于两个面积矩(一是对 $0'-0'$ 轴，一是对 $0-0$

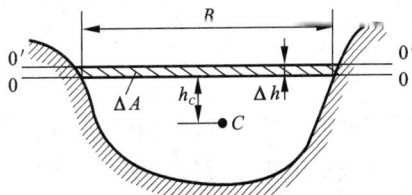

图 6.6.3　例 6.6.1 题图

轴)的差,即

$$\Delta(Ah_c) = \left[A(h_c + \Delta h) + B\Delta h \frac{\Delta h}{2} \right] - Ah_c = \left(A + B \frac{\Delta h}{2} \right) \Delta h$$

当 $\Delta h \to 0$ 时

$$\frac{\mathrm{d}(Ah_c)}{\mathrm{d}h} = \lim_{\Delta h \to 0} \frac{\Delta(Ah_c)}{\Delta h} = \lim_{\Delta h \to 0} \left(A + B \frac{\Delta h}{2} \right) = A$$

将上式代入(1),即可得到

$$\frac{Q^2}{g} = \frac{A^3}{B}$$

此式与临界水深的计算通式(6.5.10)相同,因此,与水跃函数最小值 $J(h)_{\min}$ 相应的水深是临界水深 h_K,得证。

4. 水跃共轭水深的计算

当明渠的断面形状、尺寸及流量给定时,根据水跃方程(6.6.2),即可由已知的一个共轭水深来计算另一未知的共轭水深。

对于矩形明渠,如以 b 表示渠宽,以 q 表示单宽流量,则

$$Q = bq \qquad A = bh \qquad h_c = \frac{h}{2}$$

将以上诸关系式代入水跃方程(6.6.2),则有

$$\frac{q^2}{gh_1} + \frac{h_1^2}{2} = \frac{q^2}{gh_2} + \frac{h_2^2}{2}$$

整理化简后得

$$h_1 h_2^2 + h_1^2 h_2 - \frac{2q^2}{g} = 0 \tag{6.6.5}$$

上式是对称二次方程,解得

$$h_2 = \frac{h_1}{2} \left[\sqrt{1 + 8 \frac{q^2}{gh_1^3}} - 1 \right] \tag{6.6.6}$$

或

$$h_1 = \frac{h_2}{2} \left[\sqrt{1 + 8 \frac{q^2}{gh_2^3}} - 1 \right] \tag{6.6.7}$$

因 $\dfrac{q^2}{gh^3} = \dfrac{v^2}{gh} = Fr^2$,则以上两式又可写为

$$h_2 = \frac{h_1}{2} \left[\sqrt{1 + 8Fr_1^2} - 1 \right] \tag{6.6.8}$$

或

$$h_1 = \frac{h_2}{2} \left[\sqrt{1 + 8Fr_2^2} - 1 \right] \tag{6.6.9}$$

对于梯形或其他断面形状的明渠,利用水跃方程(6.6.2)求解共轭水深时,难有解析解,工程上常采用试算法近似求解。

5. 水跃长度计算

水跃长度 L_j 的计算目前以经验公式估算为主,这类公式很多,所得结果颇不一致,其主要原因是对跃后断面位置的选择标准不同,加之水跃本身水面波动很大,跃后断面位置常前后移动,影响了观测精度。现介绍 2 个平底矩形断面明渠的水跃长度经验公式。

以跃高表示的欧勒弗托斯基(Elevetorski)公式

$$L_j = 6.9(h_2 - h_1) \tag{6.6.10}$$

含弗汝德数的陈椿庭公式

$$L_j = 9.4(Fr_1 - 1)h_1 \tag{6.6.11}$$

6. 水跃能量损失计算

对水跃的跃前、跃后断面应用伯努利方程即可导出棱柱形水平明渠水跃段水头损失的计算公式, 即

$$\Delta E = \left(h_1 + \frac{\alpha_1 v_1^2}{2g} \right) - \left(h_2 + \frac{\alpha_2 v_2^2}{2g} \right) \tag{6.6.12}$$

对于矩形断面有

$$v_1 = \frac{q}{h_1} \quad \text{及} \quad v_2 = \frac{q}{h_2}$$

代入(6.6.12)式得

$$\Delta E = h_1 - h_2 + \frac{q^2}{2g}\left(\frac{\alpha_1}{h_1^2} - \frac{\alpha_2}{h_2^2} \right) \tag{6.6.13}$$

又由(6.6.5)式得

$$\frac{q^2}{2g} = \frac{h_2 h_1^2 + h_1 h_2^2}{4}$$

令 $\alpha_1 = \alpha_2 = 1.0$, 一并代入(6.6.13)式, 整理后即得

$$\Delta E = \frac{(h_2 - h_1)^3}{4 h_1 h_2} \tag{6.6.14}$$

上式说明, 在给定流量情况下, 跃前、跃后水深相差越大, 水跃消除的能量值越大, 消能效果越好。水跃的能量损失与跃前断面的单位总能之比称为水跃的消能率 K_j

$$K_j = \frac{\Delta E}{E_1} \tag{6.6.15}$$

【例 6.6.2】　某泄水建筑物下游的矩形断面渠道, 泄流单宽流量 $q = 15 \ \text{m}^2/\text{s}$, 产生水跃, 跃前水深 $h_1 = 0.8 \ \text{m}$。试求: (1)跃后水深 h_2; (2)水跃长度 L_j; (3)水跃消能率 K_j。

【解】　(1)求跃后水深 h_2

$$Fr_1^2 = \frac{q^2}{gh_1^3} = 44.84, \quad Fr_1 = 6.70$$

则

$$h_2 = \frac{h_1}{2} \left[\sqrt{1 + 8Fr_1^2} - 1 \right] = 7.19 \ \text{m}$$

(2)求水跃长度 L_j

按(6.6.10)式计算

$$L_j = 6.9(h_2 - h_1) = 44.2 \ \text{m}$$

按(6.6.11)式计算

$$L_j = 9.4(Fr_1 - 1)h_1 = 42.9 \ \text{m}$$

可见两者有偏差。

(3)求水跃消能率 K_j

$$\Delta E = \frac{(h_2 - h_1)^3}{4h_1 h_2} = 11.34 \text{ m}$$

$$E_1 = h_1 + \frac{q^2}{2gh_1^2} = 18.6 \text{ m}$$

$$K_j = \frac{\Delta E}{E_1} = 61\%$$

6.6.2 水跌

缓流明渠中,如果渠道底坡突然变成陡坡或明渠断面突然扩大,将引起水面急剧降落。水流从缓流通过临界水深 h_k 转变为急流,这种局部水力现象称为水跌。现以平坡明渠末端为跌坎的水流为例,根据断面比能随水深的变化规律,说明水跌发生的必然性。

图6.6.4(a)所示平底明渠中的缓流,在 A 处突遇一跌坎,明渠对水流的阻力在跌坎处消失,水流受重力自由跌落。那么,跌坎上水面会降低到什么位置呢?取渠底0-0为基准面,则水流单位总能 E 等于断面比能 E_S。根据图6.6.4(b) $E_S \sim h$ 关系曲线可知,缓流状态下,水深减小时,断面比能减小,当跌坎上水面降落时,水流的断面比能将沿 $E_S \sim h$ 曲线的上支从 b 向 K 减小,临界水深 h_k 处断面比能最小,所以跌坎上的最小水深只能是临界水深 h_k。以上是按渐变流条件分析的结果,跌坎以上的理论水面线如图6.6.4(a)中虚线所示。而实际上,跌坎附近水流流线急剧弯曲,水流为急变流。实验观测得知:跌坎处水深 h_A 小于临界水深,$h_K \approx 1.4 h_A$,而临界水深 h_K 发生在跌坎断面上游 $(3 \sim 4) h_K$ 的位置,其实际水面线如图6.6.4(a)中实线所示。

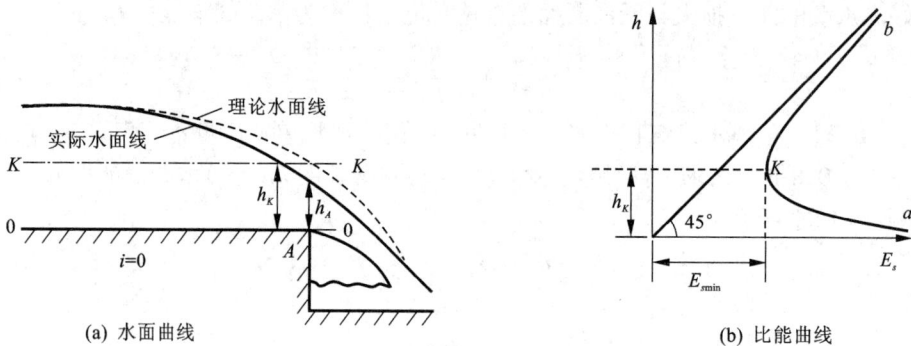

图6.6.4 水跌

以上分析了平底明渠跌坎处的水跌。类似的情况是:在来流为缓流的明渠中,如底坡突然变陡,致使下游底坡上的水流变为急流,那么,从缓流到急流必然经过临界水深 h_K,而且 h_K 只能发生在底坡突变的断面处,如图6.6.5所示。

<dd>20250514</dd>

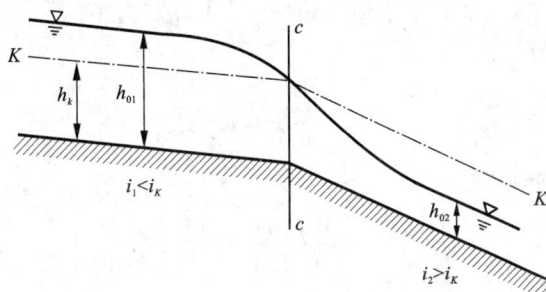

图 6.6.5　从缓流到急流的水面曲线

6.7　明渠恒定非均匀渐变流水面曲线分析

明渠非均匀流的水深沿流程变化，水面线 $h = f(l)$ 是和渠底不平行的曲线，称为水面曲线。水深沿流程变化的情况，直接关系到河渠的淹没范围、移民数量、堤防高度等诸多工程问题，具有重要的实际意义。本节定性探讨明渠非均匀流水面曲线沿流程的变化趋势。

6.7.1　棱柱形明渠水面曲线微分方程

图 6.7.1 所示为棱柱形明渠非均匀渐变流。通过的流量为 Q，底坡为 i。沿水流方向任选一微分流段 $\mathrm{d}l$，基准面为 $0-0$。上游断面 $1-1$ 的水位为 z，水深为 h；断面平均流速为 v，渠底高程为 z_0；下游断面 $2-2$ 的水位为 $z + \mathrm{d}z$，水深为 $h + \mathrm{d}h$，平均流速为 $v + \mathrm{d}v$，渠底高程为 $z_0 + \mathrm{d}z_0$；两断面间水头损失为 $\mathrm{d}h_w$。

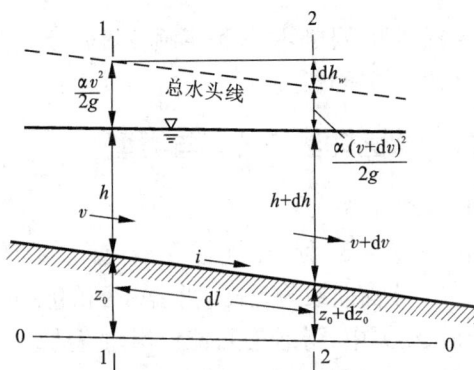

图 6.7.1　明渠非均匀渐变流

列写两断面间的伯努利方程

$$z_0 + h + \frac{\alpha v^2}{2g} = (z_0 + \mathrm{d}z_0) + (h + \mathrm{d}h)$$
$$+ \frac{\alpha (v + \mathrm{d}v)^2}{2g} + \mathrm{d}h_w$$

式中　　　$\dfrac{\alpha(v+\mathrm{d}v)^2}{2g} = \dfrac{\alpha}{2g}[v^2 + 2v\mathrm{d}v + (\mathrm{d}v)^2] = \dfrac{\alpha}{2g}[v^2 + \mathrm{d}v^2 + (\mathrm{d}v)^2]$

略去高阶项 $(\mathrm{d}v)^2$，则

$$\frac{\alpha(v+\mathrm{d}v)^2}{2g} \approx \frac{\alpha v^2}{2g} + \mathrm{d}\left(\frac{\alpha v^2}{2g}\right)$$

将上式代回伯努利方程得

$$\mathrm{d}z_0 + \mathrm{d}h + \mathrm{d}\left(\frac{\alpha v^2}{2g}\right) + \mathrm{d}h_w = 0$$

上式两边同除以 $\mathrm{d}l$ 得

$$\frac{\mathrm{d}z_0}{\mathrm{d}l} + \frac{\mathrm{d}h}{\mathrm{d}l} + \frac{\mathrm{d}}{\mathrm{d}l}\left(\frac{\alpha v^2}{2g}\right) + \frac{\mathrm{d}h_w}{\mathrm{d}l} = 0 \qquad (6.7.1)$$

由底坡定义可知

$$\frac{\mathrm{d}z_0}{\mathrm{d}l} = -i$$

流速水头沿流程的变化率

$$\frac{\mathrm{d}}{\mathrm{d}l}\left(\frac{\alpha v^2}{2g}\right) = \frac{\mathrm{d}}{\mathrm{d}l}\left(\frac{\alpha Q^2}{2gA^2}\right) = -\frac{\alpha Q^2}{gA^3}\frac{\mathrm{d}A}{\mathrm{d}l}$$

由于 $\mathrm{d}A = B\mathrm{d}h$，则

$$\frac{\mathrm{d}}{\mathrm{d}l}\left(\frac{\alpha v^2}{2g}\right) = -\frac{\alpha Q^2 B}{gA^3}\frac{\mathrm{d}h}{\mathrm{d}l} = -\alpha Fr^2 \frac{\mathrm{d}h}{\mathrm{d}l}$$

$\dfrac{\mathrm{d}h_w}{\mathrm{d}l}$ 为单位流程长度上的水头损失，即水力坡度 $J = \dfrac{\mathrm{d}h_w}{\mathrm{d}l}$。

将以上公式代入(6.7.1)式得

$$\frac{\mathrm{d}h}{\mathrm{d}l} = \frac{i - J}{1 - \alpha Fr^2} \qquad (6.7.2)$$

渐变流的水力坡度 J 近似地采用谢才公式计算：$J = \dfrac{Q^2}{K^2}$。取 $\alpha = 1$，代入(6.7.2)式得

$$\frac{\mathrm{d}h}{\mathrm{d}l} = \frac{i - \dfrac{Q^2}{K^2}}{1 - Fr^2} \qquad (6.7.3)$$

上式即为棱柱形明渠恒定渐变流微分方程，它反映了水深沿流程的变化规律，可用于分析水面曲线的形状。

6.7.2　水面曲线的分区与类型

1. 底坡分类

由式(6.7.3)可知，水深 h 沿流程 l 的变化与渠道底坡 i 及实际水流的流态(反映在 Fr 中)有关，水面曲线的型式应根据不同的底坡、不同的流态进行具体分析。

正坡明渠中，水流有可能作均匀流动，存在正常水深 h_0；另一方面它也存在着临界水深 h_K。对于流量与断面形状、尺寸一定的棱柱形明渠，其临界水深与底坡无关，各断面的 h_K 相同，临界水深 $K - K$ 线平行于渠底线。至于临界水深 h_K 和正常水深 h_0 究竟何者为大，视明渠属于缓坡($i < i_K$)、陡坡($i > i_K$)或临界坡($i = i_K$)而异。图 6.7.2 为三种正坡棱柱形明渠中，正常水深线 $N - N$ 与临界水深线 $K - K$ 的相对位置关系。对于临界底坡明渠，因 $h_0 = h_K$，故 $N - N$ 线与 $K - K$ 线重合。

平坡($i = 0$)及逆坡($i < 0$)明渠中不可能产生均匀流，所以不存在正常水深 h_0，仅有临界水深 h_K，只能画出与渠底相平行的临界水深线 $K - K$。图 6.7.3 是平坡和逆坡棱柱形明渠中 $K - K$ 线的情况。

为了便于标识，将渠道底坡用分类符号表示：缓坡($i < i_K$)为"1"类，陡坡($i > i_K$)为"2"类，临界坡 ($i = i_K$)为"3"类，平坡($i = O$)为"0"类，逆坡($i < 0$)为"′"类。

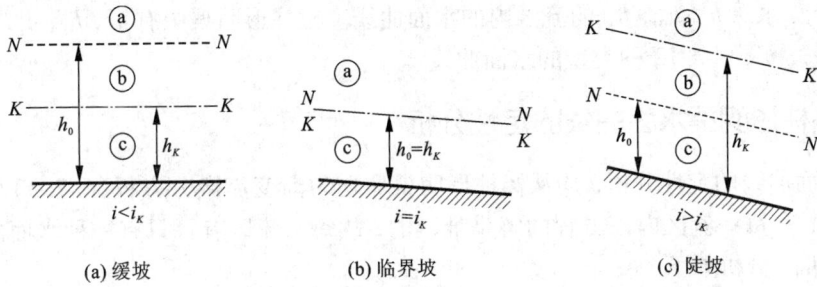

图 6.7.2　正坡明渠正常水深线与临界水深线的相对位置及流区划分

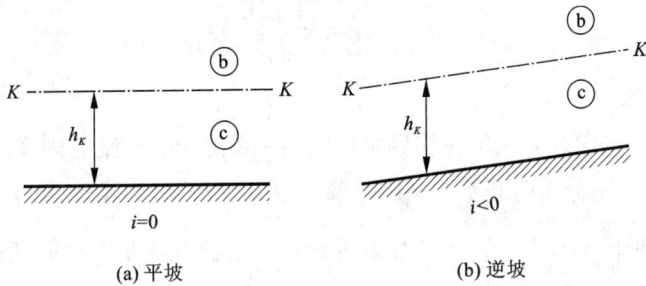

图 6.7.3　平坡、逆坡明渠中的临界水深线及流区划分

2. 水面曲线分区

明渠中的实际水深既可能大于临界水深，也可能小于临界水深，既可能高于正常水深，也可能低于正常水深。为了表征水面曲线所在的区域，将其实际可能存在的范围划分为三个流区：

ⓐ区：凡是实际水深 h 既大于临界水深 h_K 又大于正常水深 h_0，即水深在 $K-K$ 线和 $N-N$ 线二者之上的范围称为 a 区。

ⓑ区：凡是实际水深 h 介于临界水深 h_K 和正常水深 h_0 之间，即水深在 $K-K$ 线和 $N-N$ 线二者之间的范围称为 b 区。b 区可能有两种情况：$K-K$ 线在 $N-N$ 线之下（缓坡明渠）；或 $K-K$ 线在 $N-N$ 线之上（陡坡明渠），无论哪种情况都属于 b 区。

ⓒ区：凡是实际水深 h 既小于临界水深 h_K 又小于正常水深 h_0，即水深在 $N-N$ 线及 $K-K$ 线二者之下的范围称为 c 区。

对于平坡和逆坡棱柱形明渠，可以这样分析：随着正坡明渠底坡的逐渐减小，其正常水深 h_0 不断增高，$N-N$ 线不断上升，当底坡减小到正坡明渠的极限——平坡时，$N-N$ 线视为上升到无限高处，所以平坡和逆坡明渠的 $N-N$ 线在无限高处，只有 b 区与 c 区。图 6.7.2 和 6.7.3 标出了不同底坡渠道的流区

2. 水面曲线的类型

由以上分析可知，棱柱形明渠共有 5 类底坡、12 个流区。不同底坡和不同流区的水面曲线型式不同。为了便于标识，我们结合流区和底坡来共同标记水面曲线的型式：以流区为主

标，将底坡分类作为下标或上标附于流区区号上，如 a_1 型水面曲线表示缓坡($i<i_K$，即"1"类底坡)渠道上，水深 $h>h_0>h_K$ 的流区内的水面曲线。棱柱形明渠中有 a_1，b_1，c_1，a_2，b_2，c_2，a_3，c_3，b_0，c_0，b'，c' 共 12 种类型的水面曲线。

6.7.3 棱柱形明渠水面曲线的定性分析

各种水面曲线的定性分析，均从棱柱形明渠非均匀渐变流微分方程(6.7.3)得出。由数学分析可知，在每一流区内该方程的解是唯一的，故每一流区有且只有一种水面曲线。现以缓坡渠道为例，分析如下。

在正坡棱柱形明渠中，水流有可能发生均匀流动，方程 (6.7.3)中流量可以用均匀流的流量 $Q=K_0\sqrt{i}$ 去置换，K_0 表示均匀流的流量模数，因而(6.7.3)式变成如下形式

$$\frac{dh}{dl}=i\frac{1-\left(\frac{K_0}{K}\right)^2}{1-Fr^2} \tag{6.7.4}$$

1. a_1 型水面曲线

因缓坡明渠正常水深线 $N-N$ 在临界水深线 $K-K$ 之上，a_1 流区内实际水深 $h>h_0>h_K$，故 $K>K_0$，式(6.7.4)中分子为正数；又因水流为缓流，$Fr<1$，式(6.7.4)中分母亦为正数。由式(6.7.4)可推导 $\frac{dh}{dl}>0$，即 a_1 型水面曲线的水深沿流程增加，我们把这种水面曲线称为壅水曲线(又称为增深曲线)。

现进一步讨论 a_1 型水面曲线两端的发展趋势：壅水曲线越往上游水深越小，其极限情况是 $h\to h_0$，此时 $K\to K_0$，式(6.7.4)中分子$\to 0$；缓流 $Fr<1$，分母仍为正数。可知$\frac{dh}{dl}\to 0$，即水深沿流程趋向于不变，a_1 型水面曲线的上游端以 $N-N$ 线为渐近线。

壅水曲线越往下游水深愈来愈大，如果渠道是无限长，其极限情况是 $h\to\infty$，此时 $K\to\infty$，式(6.7.4)中分子$\to 1$；$Fr\to 0$，分母亦$\to 1$。此时$\frac{dh}{dl}\to i$，即水深沿流程的变化率和底坡 i 相等，不难证明，这意味着水面曲线趋近于水平线，因此 a_1 型水面曲线的下游端以水平线为渐近线。

综合可见 a_1 型水面曲线为图 6.7.4(a)所示的壅水曲线。工程实际中水库库区的水面曲线即是 a_1 型壅水曲线，如图 6.7.4(b)。

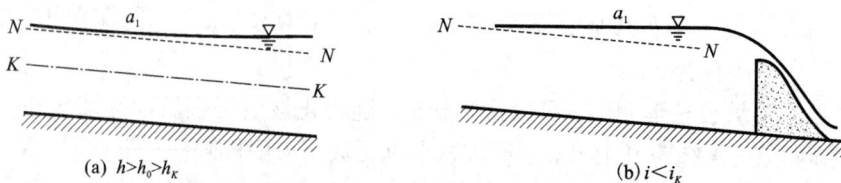

(a) $h>h_0>h_K$ (b) $i<i_K$

图 6.7.4 a_1 型水面曲线及工程实例

2. b_1 型水面曲线

该流区内 $h_K<h<h_0$，故 $K<K_0$，式(6.7.4)中分子为负数；水流仍为缓流，$Fr<1$，分母

仍为正数。可知 $\dfrac{dh}{dl}<0$，即 b_1 型水面曲线的水深沿流程减小，我们把这种水面曲线称为降水曲线（又称为降深曲线）。

现进一步讨论 b_1 型水面曲线两端的发展趋势：降水曲线越往上游水深越大，其极限情况是 $h\rightarrow h_0$，此时 $K\rightarrow K_0$，式（6.7.4）中分子→0；分母仍为正数。可知 $\dfrac{dh}{dl}\rightarrow0$，即 b_1 型水面曲线的上游端以 N-N 线为渐近线。

降水曲线越往下游水深越小，其极限情况是 $h\rightarrow h_K$，式（6.7.4）中分子为负数；$Fr\rightarrow1$，分母从大于零→0。可知 $\dfrac{dh}{dl}\rightarrow-\infty$，即 b_1 型水面曲线的下游端水深接近临界水深 h_K 时，理论上水面线将趋向于与 K-K 线垂直，这是借助于均匀流的流量计算公式得出的分析结果。但实际上此时已是急变流，水面线并不会与 K-K 线垂直，而是水面坡度变陡，以光滑曲线过渡为急流，出现水跃现象。

b_1 型水面曲线如图 6.7.5（a）所示。工程实际中如缓坡渠道末端接跌坎，渠中水面曲线为 b_1 型，如图 6.7.5（b）。

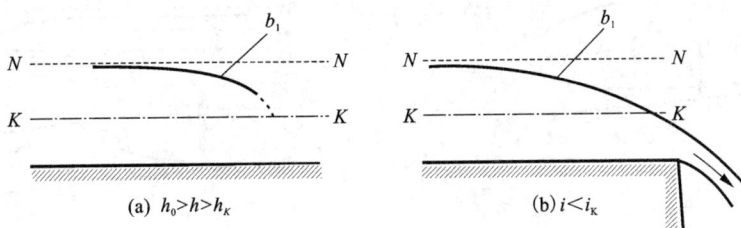

图 6.7.5　b_1 型水面曲线及工程实例

3. c_1 型水面曲线

在该流区内实际水深 $h<h_K<h_0$，故 $K<K_0$，式（6.7.4）中分子为负数；水流为急流，$Fr>1$，分母亦为负数。可知 $\dfrac{dh}{dl}>0$，水深沿流程增加，为壅水曲线。

c_1 型水面曲线两端的发展趋势：壅水曲线的下游端，水深将愈来愈大，其极限情况是 $h\rightarrow h_K$，此时 $K<K_0$，式（6.7.4）中分子为负数；$Fr\rightarrow1$，分母从小于零→0。可知 $\dfrac{dh}{dl}\rightarrow+\infty$，理论上水面线将趋向于与 K-K 线垂直，实际上是水面变陡，穿过 K-K 线而产生水跃。

c_1 型水面曲线的上游端，水深将愈来愈小，理论上其极限情况是 $h\rightarrow0$。但是，明渠中只要有流量通过，水深就不会为零，其最小值受来流条件所控制。

c_1 型水面曲线如图 6.7.6（a）所示。工程实际中如缓坡渠道上闸孔出流后的水面曲线就是 c_1 型，如图 6.7.6（b）所示。

对于陡坡、临界坡、平坡和逆坡渠道，可采用类似的方法进行分析，得到相应的水面曲线型式，限于篇幅，不再一一讨论。各类水面曲线的型式及工程实例参见表 6.7.1。

(a) $h_0 > h_K > h$　　　　　　　　(b) $i < i_K$

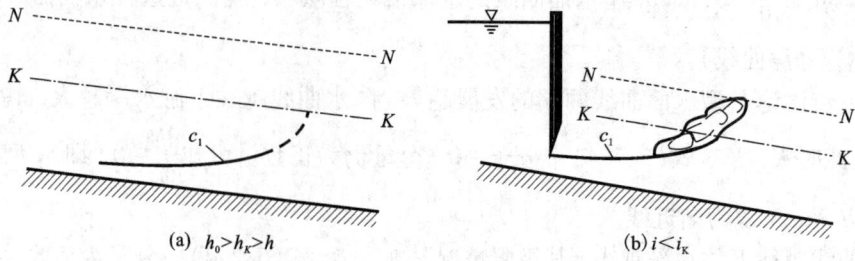

图 6.7.6　c_1 型水面曲线及工程实例

表 6.7.1　水面曲线的类型及工程实例

水面曲线类型	实　例

续表 6.7.1

水面曲线类型	实 例

6.7.4 水面曲线变化规律总结

从表 6.7.1 分析,不同底坡、不同流区上的水面曲线具有如下规律:

(1)每一个流区有且只有一种水面曲线,共 12 个流区,12 条水面曲线,其中 a 区 3 条 (a_1、a_2、a_3),b 区 4 条(b_1、b_2、b_0、b'),c 区 5 条(c_1、c_2、c_3、c_0、c');

(2)凡是 a 区与 c 区的水面曲线均为壅水曲线,凡是 b 区的水面曲线均为降水曲线;

(3)当水深趋近于正常水深($h \rightarrow h_0$)时,$\dfrac{dh}{dl} \rightarrow 0$,即水深不随流程而变,水面线以正常水深线($N$—$N$ 线)为渐近线;

(4)当水深趋近于临界水深($h \rightarrow h_k$)时,$\dfrac{dh}{dl} \rightarrow \pm \infty$,水面曲线末端有与临界水深线($K$—$K$ 线)正交的趋势:$\dfrac{dh}{dl} \rightarrow +\infty$——水跃;$\dfrac{dh}{dl} \rightarrow -\infty$——水跌。

(5)当水深很深($h \rightarrow \infty$)时,$\dfrac{dh}{dl} \rightarrow i$,水面曲线趋向于水平线。

【例 6.7.1】 试分析图 6.7.6 所示两段断面尺寸及糙率相同的长直棱柱形明渠,由于底坡变化所引起渠中非均匀流水面曲线的变化形式。已知上游及下游渠道底坡均为缓坡,但 $i_2 > i_1$。

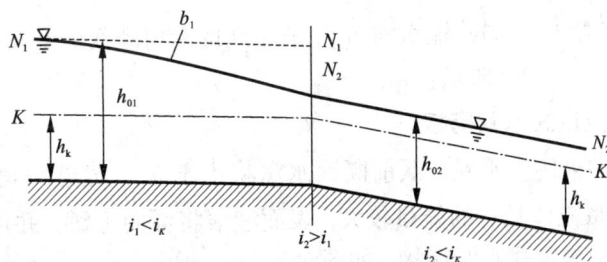

图 6.7.6 例 6.7.1 题图

【解】 根据题意，上、下游渠道均为断面尺寸和糙率相同的长直棱柱形明渠，由于有坡度的变化，将在变坡断面的上游或下游一定范围内出现非均匀流动。

首先分别画出上、下游渠道的 $K-K$ 线及 $N-N$ 线：由于上、下游渠道断面尺寸相同，故通过相同流量时两段渠道的临界水深 h_K 相等，$K-K$ 线相同。而上、下游渠道底坡不等，故正常水深 h_0 不等，因 $i_2 > i_1$，故 $h_{01} > h_{02}$，下游渠道的 $N-N$ 线低于上游渠道的 $N-N$ 线。

因渠道很长，离变坡断面的上游较远处应为均匀流，其水深为正常水深 h_{01}；下游较远处亦为均匀流，其水深为正常水深 h_{02}。由上游较大的水深 h_{01} 要转变到下游较小的水深 h_{02}，中间必然经历一段水面降落的过程。其降落有三种可能：

（1）上游渠中不降，集中在下游渠段中降落；

（2）降落完全集中在上游渠段，下游渠中不降落；

（3）在上、下游渠段分别降落一部分。

在上述三种可能情况中，若按照第一种或第三种方式降落，那么必然会出现下游渠道中 a 区发生降水曲线的情况。前面已经论证，a 区只存在壅水曲线，所以第一、第三两种降落方式不能成立，唯一合理的方式是第二种，即降水曲线全部发生在上游渠道中，由上游很远处趋近于 h_{01} 的地方，逐渐下降至变坡断面处水深降到 h_{02}，而下游渠道保持水深为 h_{02} 的均匀流，所以上游渠道水面曲线为 b_1 型降水曲线（图 6.7.6）。

6.7.5　水面曲线与水跃的三种衔接形式

以陡坡渠道接缓坡渠道为例来说明。上游渠道为陡坡，正常水深 $h_{01} < $ 临界水深 h_k，下游渠道为缓坡，$h_{02} > h_k$，水深从 h_{01} 上升到 h_{02}，要穿过临界水深 h_k，渠中肯定发生水跃。求出与 h_{01} 共轭的跃后水深 h_{012}，并与 h_{02} 比较来进行判别（设与 h_{02} 共轭的跃前水深为 h_{021}），水面曲线与水跃的衔接方式有以下 3 种。

1. $h_{02} < h_{012}$——远驱式水跃衔接

$h_{02} < h_{012}$，说明 h_{01} 与 h_{02} 不满足水跃共轭条件。若在 h_{01} 水深处起跃，则与之共轭的跃后水深 $h_{012} > h_{02}$，跃后断面之后将形成 a 区的降水曲线，这是不可能的。由上节已知，跃前水深越小，跃后水深越大。表明与 h_{02} 共轭的跃前水深应大于 h_{01}，所以急流将继续向下游流动一段距离，逐渐增深直至某一位置处水深等于 h_{021}，水跃才开始发生。水面衔接由 c_1 型壅水曲线及其后面的水跃组成，如图 6.7.7(a) 所示。跃前断面发生在变坡断面下游，称为远驱式水跃衔接。

2. $h_{02} = h_{012}$——临界式水跃衔接

下游水深 h_{02} 恰好等于 h_{01} 的共轭水深 h_{012}，故水跃的跃前断面恰好发生在变坡处，称为临界式水跃衔接，如图 6.7.7(b) 所示；

3. $h_{02} > h_{012}$——淹没式水跃衔接

在这种情况下，如果发生水跃，跃前断面水深将小于 h_{01}，显然渠道中不存在这样的断面。由于下游单位重量液体具有的能量较大，表面漩滚将涌向上游，并淹没变坡断面，水跃发生在上游渠段，称为淹没式水跃衔接，如图 6.7.7(c) 所示。

上面所述的变坡渠段水跃位置与水面曲线衔接的判别方法，对闸孔出流、坝下泄流等同样适用。

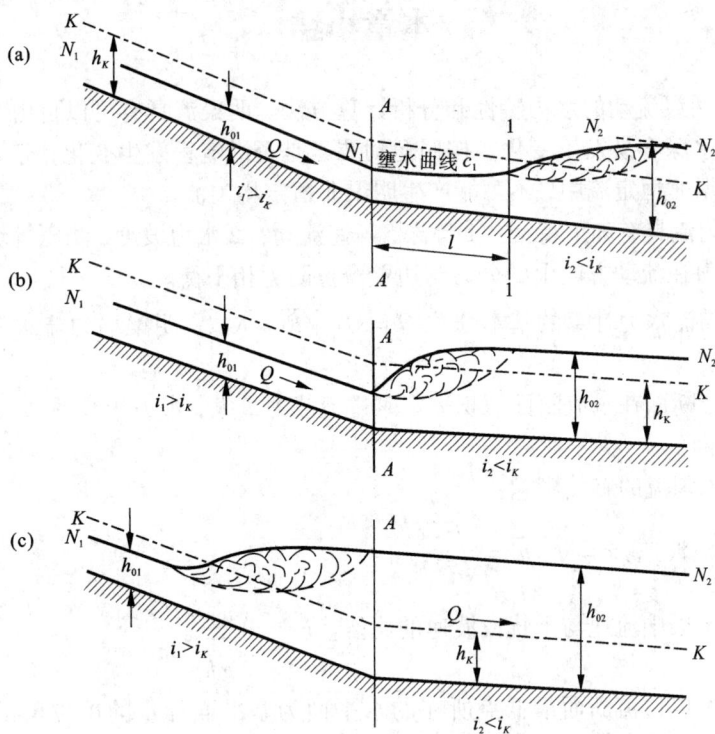

图 6.7.7　水面曲线与水跃的衔接

6.7.6　水面曲线定性分析步骤及注意事项

(1)根据明渠底坡情况,计算(或定性分析)正常水深 h_0、临界水深 h_k,绘出 N—N 线、K—K 线。

(2)找控制断面,定控制水深:

控制断面:位置确定且水深已知的断面,已知的水深称为控制水深。一般通过下面几种方法来找控制断面,定控制水深。

①当渠道为正坡又很长时,在非均匀流影响不到的地方,水流为均匀流,水深将保持正常水深,实际水面线为 N—N 线;

②水流由缓流过渡到急流时,水面线可平滑地通过临界水深,理论上 h_k 发生在变坡处;

③建筑物处的上、下游水深,一般可根据水力计算确定,可作为控制断面。如堰(闸)前水深、堰后收缩断面水深、闸孔出流后收缩断面水深等。

(3)判断水面曲线所在的区间,确定水面曲线类型。

(4)由控制断面及水流的边界条件,确定水面曲线两端的水深。

(5)注意:根据明渠中干扰波的传播性质,需注意急流应从上游控制断面向下游推求,否则可能导致错误或引起误差。

本章小结

本章介绍了明渠流动的水力特性和分析计算方法。明渠流具有可以自由升降且相对压强等于零的水面，水深容易发生变化。按照运动要素是否沿流程发生变化，分为明渠均匀流与非均匀流，在明渠非恒定流中，不可能产生明渠非恒定均匀流。

（1）明渠均匀流具有如下特征：①等深、等速流动；②水力坡度、测压管坡度与渠底坡度三者相等；③重力在流动方向上的分力与边壁摩擦阻力相平衡。

（2）明渠均匀流水力计算的基本公式 $Q = AC\sqrt{Ri} = K\sqrt{i}$。明渠均匀流水深沿程不变，称为正常水深 h_0。

（3）水力最佳断面在过流断面面积一定时过流能力最大，水力半径最大（即湿周最小）的断面是水力最佳断面。

（4）明渠非均匀流的有关概念：

①微幅干扰波波速：$c = \sqrt{g\bar{h}} = \sqrt{g\dfrac{A}{B}}$。

②弗汝德数：渠中流速与干扰波波速的比值。$Fr = \dfrac{v}{\sqrt{g\bar{h}}}$。

③断面比能：以过流断面最低点所在的水平面为基准面计量的单位重量液体的总机械能，$E_s = h + \dfrac{\alpha v^2}{2g}$。断面比能可以沿程不变、增加或减少。

④临界水深 h_k：当明渠的流量、断面形状和尺寸给定时，断面比能最小值所对应的水深。h_k 计算要满足的条件为：$\dfrac{\alpha Q^2}{g} = \dfrac{A_k^3}{B_k}$，这是各种断面明渠 h_k 计算的通式。

对于矩形断面明渠

$$h_k = \sqrt[3]{\frac{\alpha Q^2}{gb^2}} = \sqrt[3]{\frac{\alpha q^2}{g}}$$

⑤临界底坡 i_k：明渠的断面形状、尺寸及流量一定时，渠中正常水深 h_0 恰好与临界水深 h_k 相等时的渠道底坡，$i_K = \dfrac{g\chi_K}{\alpha C_K^2 B_K}$。

i_k 的出现，将正坡渠道进一步分为：缓坡 $i < i_K$、陡坡 $i > i_K$、临界坡 $i = i_K$ 等三种渠道。

临界水深 h_k 及临界底坡 i_k 只与渠道的断面形状、尺寸及流量有关，而与渠道的实际底坡 i、糙率 n 无关。

（5）明渠流有急流、缓流与临界流 3 种流态，主要判别方法有以下几种：

①用微幅波波速 c 与断面平均流速 v 相比较判别：$v < c$ 是缓流，$v = c$ 是临界流，$v > c$ 是急流；

②用弗汝德数判别：$Fr < 1$ 是缓流，$Fr = 1$ 是临界流，$Fr > 1$ 是急流；

③用临界水深 h_k 与实际水深 h 相比较判别：$h > h_k$ 是缓流，$h = h_k$ 是临界流，$h < h_k$ 是急流。临界流一定是均匀流，而急流和缓流可以是均匀流，也可以是非均匀流。

④用临界流速 v_k 与实际流速 v 相比较判别：$v > v_k$ 是急流，$v = v_k$ 是临界流，$v < v_k$ 是缓流。

⑤均匀流时还可用渠道底坡与临界底坡相比较判别：$i < i_K$ 为缓流；$i = i_K$ 为临界流；$i > i_K$ 为急流。

（6）水跃与水跌是明渠流态发生转化时，水面上升、下降经过临界水深时所出现的一种局部水流现象。由急流转化为缓流时一定发生水跃，由缓流转化为急流时一定发生水跌。

（7）棱柱形明渠非均匀渐变流微分方程 $\dfrac{dh}{dl} = \dfrac{i - J}{1 - Fr^2}$ 是定性分析水面曲线变化的理论基础，在每一流区内该方程的解是唯一的。棱柱形明渠中可能出现有 12 种水面曲线，凡位于 a 区和 c 区的都是壅水曲线，位于 b 区的都是降水曲线。

思考题

6.1　与有压管流相比，明渠流动有什么特点？

6.2　明渠均匀流的特点是什么？它有什么产生条件？在明渠非恒定流中，可否产生明渠非恒定均匀流？为什么？

6.3　两条渠道的断面形状及尺寸完全相同，通过的流量也相等。试问在下列情况下，两条渠道的正常水深、临界水深是否相等？如不等，哪条渠道的大？

（1）若糙率 n 相等，但底坡 i 不等（$i_1 > i_2$）

（2）若底坡 i 相等，但糙率 n 不等（$n_1 > n_2$）。

6.4　明渠水流有哪几种流态？各有哪些特点？有什么判别方法？

6.5　弗劳德数的物理意义是什么？为什么可以用它来判别明渠水流的流态？

6.6　什么叫断面比能？它与断面单位重量液体的总能量有何区别？

6.7　水位骤升就是水跃、水面骤降就是水跌，对吗？水跃、水跌与临界水深有何关系？

6.8　两条明渠的断面形状、尺寸、底坡和糙率均相同，而流量不同，问两明渠的临界水深是否相等？

6.9　缓坡渠道只能产生缓流、陡坡渠道只能产生急流，对吗？缓流或急流为均匀流时，只能分别在缓坡或陡坡上发生，对吗？

6.10　各种底坡的渠道，其正常水深线（N—N 线）与临界水深线（K—K 线）的相对位置如何？如何进行明渠流动分区？各流区的水面曲线的壅降水情况如何？

6.11　怎样定性分析水面曲线的变化？

习题

6.1　一梯形断面渠道，按均匀流设计。已知 Q 为 23 m³/s，水深 h 为 1.5 m，底宽 b 为 10 m，边坡系数 m 为 1.5，底坡 i 为 0.0005，求流速 v 及糙率 n。

6.2　一灌溉渠道的流量为 $Q = 13$ m³/s，渠道底坡 $i = 0.0008$，梯形断面底宽 $b = 7$ m，边坡 $m = 1.5$，块石衬砌的糙率 $n = 0.030$。请用试算法求渠中水深 h。

6.3　一条路基排水沟，底坡 $i = 0.005$，粗糙系数 $n = 0.025$，边坡系数 $m = 1.5$，要求通过流量 $Q = 3.5$ m³/s，试按水力最佳断面设计此排水沟的底宽和水深。

6.4　一梯形渠道，要求通过的流量 $Q = 19.6$ m³/s，最大允许流速 $v_{max} = 1.45$ m/s，边坡系数 $m = 1.0$，糙率 $n = 0.02$，底坡 $i = 0.0007$，求所需的水深及底宽。

6.5　有两条矩形断面渡槽,如图所示。其中一条渠道的 $b_1 = 5$ m, $h_1 = 1$ m,另一条渠道的 $b_2 = 2.5$ m, $h_2 = 2$ m。此外,糙率 $n_1 = n_2 = 0.014$,底坡 $i_1 = i_2 = 0.004$。问这两条渡槽中水流作均匀流时,其通过的流量是否相等? 如不等,流量各为多少?

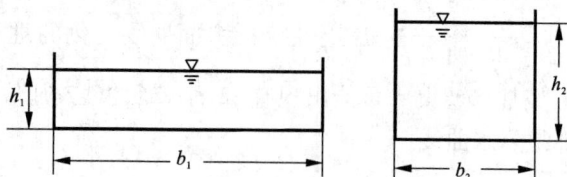

习题 6.5 图

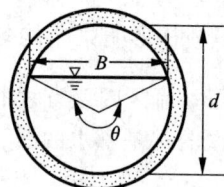

习题 6.6 图

6.6　如图所示圆形断面下水道,粗糙系数为 n,直径为 d,底坡为 i。管中部分断面过流,水面宽度为 B,所对的圆心角为 θ,求管中通过流量的表达式。

6.7　有一矩形断面变底坡渠道,流量 $Q = 30$ m^3/s,底宽 $b = 6$ m,糙率 $n = 0.02$,底坡 $i_1 = 0.001$, $i_2 = 0.005$,试求:(1)各渠段中的正常水深 h_0;(2)各渠段的临界水深 h_k;(3)判别各渠段中均匀流的流态。

6.8　某河的平均水深 $h = 4$ m,相应流速 $v = 2.5$ m/s。试判别河中水流是急流还是缓流?

6.9　一梯形断面排水沟,底宽 $b = 6$ m,边坡系数 $m = 2.0$,糙率 $n = 0.025$,通过流量 $Q = 12$ m^3/s。试求临界底坡。

6.10　证明:当断面比能 E_s 以及渠道断面形式、尺寸 (b, m) 一定时,最大流量相应的水深是临界水深。

6.11　一矩形断面平坡渠道,底宽 $b = 8$ m,当通过流量 $Q = 16$ m^3/s 时渠中发生水跃,测得跃前水深 $h_1 = 0.6$ m。试求:(1)跃后水深 h_2;(2)水跃长度 L_j;(3)水跃的能量损失 ΔE 及消能系数 K_j。

6.12　已知上、下游渠道均为长直棱柱体明渠,糙率相同,底坡如图所示。试绘出图中 2 种情况上、下游渠道中水面曲线的形式及其衔接,并标明水面曲线的型号。

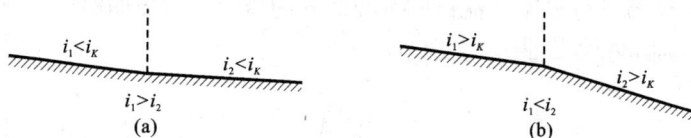

习题 6.12 图

第7章

渗流

由颗粒状或碎块材料组成，并含有许多孔隙或裂隙的物质称为孔隙介质。流体在孔隙介质中的流动称为渗流。通常，在地表面以下的土壤或岩层中的渗流称为地下水运动，是自然界最常见的渗流现象。渗流在水利、地质、采矿、石油、环境保护、化工、生物、医疗等领域都有广泛的应用。如开发利用地下水资源、防止建筑物地基发生渗透变形、基坑排水等均需应用渗流理论。

本章研究的是以土壤为代表的多孔介质中恒定渗流的基本规律，并应用这些规律来分析和解决工程中的渗流问题。

7.1 渗流基本概念

7.1.1 土壤的渗流特性

1. 土壤的分类

为了研究渗流的运动规律，首先需要对土壤进行分类。土中各处同一方向透水性能相同的土壤称为均质土；反之为非均质土。若土壤同一点各个方向透水性能相同称为各向同性土；反之为各向异性土。严格地讲，只有等直径圆球颗粒且规则排列的土壤才是均质各向同性土。实际土壤的情况非常复杂，为了使问题简化，在能够满足工程精度要求的情况下，常假定研究的土壤是均质和各向同性的。本章主要讨论这种土壤，作为研究解决复杂问题的基础。

在渗流区中有时包含若十层透水能力各不相同的土层，称为层状土壤。对每一层来说，可以当作均质各向同性土壤，见图7.1.1。图中各 K 值是表示该层土壤透水性能大小的系数，称为渗流系数（或渗透系数）。

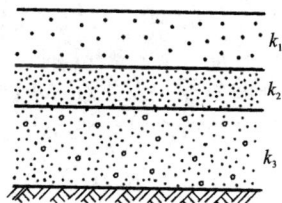

图7.1.1 层状均值各向同性土壤

2. 水在土壤中的存在状态

如图7.1.2所示，水在土壤中存在的状态可分为气态水、附着水、薄膜水、毛细水和重力水5类。气态水是以水蒸气的形式悬浮在土壤孔隙中，数量极少。附着水和薄膜水都是由于水分子与土壤颗粒分子之间的相互吸引而包围在土壤颗粒四周的水分，这两者又称为结合水，很难移动，数量也很少。毛细水是由于毛细管作用保持在土壤孔隙中，受表面张力而移动的部分。重力水填充在土壤孔隙中，受重力作用而流动。气态水、附着水、薄膜水和毛细水对渗流的影响甚微，不予考虑。本章仅研究重力水的流动规律，并把重力水的液面看成是渗流的自由表面，称为浸润面或地下水面，其表面压强为大气压强。

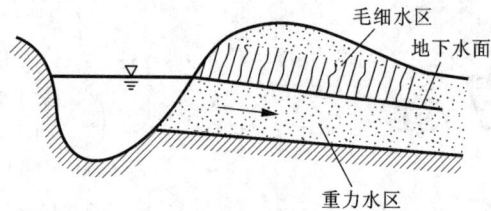

图 7.1.2　水在土壤中的存在状态

7.1.2　渗流模型

　　土壤孔隙的形状、大小及其分布情况是十分复杂的，渗流中水质点的运动轨迹也很不规则，无论是理论分析或实验研究，要确定水在土壤孔隙中流动的真实情况是非常困难的。在工程问题中，往往不需要了解孔隙中具体的流动情况，关心的只是渗流的宏观效果。因此，常采用一种假想的渗流来代替真实的渗流，这种假想的渗流称为渗流模型。

　　渗流模型不考虑渗流在土壤孔隙中流动途径的迂回曲折，只考虑渗流的主要流向，认为渗流的全部空间(包括土壤颗粒骨架和孔隙)均被流体所充满。由于渗流模型把实际并不充满全部空间的流体运动，看作是连续空间内的连续介质运动，因此，可以应用以连续函数为基础的数学分析这一工具。

　　为了使假想的渗流模型在水力特征方面和真实渗流相一致，渗流模型必须满足下列条件：

　　(1)对于同一过流断面，模型的渗流量等于实际的渗流量；

　　(2)作用于模型中某一作用面上的渗流压力等于真实的渗流压力；

　　(3)模型中任意体积内所受的阻力等于同体积内真实渗流的阻力，也就是说两者的水头损失相等。

　　可以看出，渗流模型中的流速与真实渗流的流速是不相等的。在模型中，通过微小过流断面面积 ΔA 的渗流流量为 ΔQ，则该面积的渗流平均流速为

$$v = \frac{\Delta Q}{\Delta A}$$

　　而实际的渗流只发生在 ΔA 面积内的孔隙中，设孔隙面积为 $\Delta A'$，则实际渗流的平均流速为

$$v' = \frac{\Delta Q}{\Delta A'}$$

v 与 v' 的关系为

$$v = \frac{\Delta A'}{\Delta A} v' = nv' \tag{7.1.1}$$

式中 n 为土壤的孔隙率，是一定体积的土中，空隙的体积 ω 与土体的总体积 W(包含空隙体积在内)的比值，$n = \frac{\omega}{W}$。若土壤是均质的，则面积孔隙率与体积孔隙率相等。孔隙率 $n < 1.0$，所以 $v < v'$，即渗流模型流速小于真实渗流流速。今后不加说明时，渗流流速指的是模型中的渗流流速。

　　采用渗流模型，前面各章关于分析连续介质运动的基本方法和概念均可直接应用于渗

流。例如按运动要素是否随时间变化，可以分为恒定渗流与非恒定渗流；按运动要素是否沿流程变化，可以分为均匀渗流与非均匀渗流；非均匀渗流又可进一步分为渐变渗流与急变渗流；按有无自由液面又可分为无压渗流与有压渗流等。本章重点讨论恒定无压渗流。

渗流流速往往很小，通常不超过每秒几毫米，因而其流速水头可以忽略不计。总水头 H 可以用测压管水头 H_p 来替代，即

$$H = H_p = z + \frac{p}{\rho g} \tag{7.1.2}$$

因此，渗流的总水头线与测压管水头线(在渗流中又称为浸润线或地下水面线)重合，并且只能沿流程下降。

7.2　渗流基本定律

7.2.1　渗流达西定律

1. 达西定律

1856 年，法国工程师达西(H. Darcy)在大量实验的基础上，总结出渗流水头损失与渗流流速、流量之间的基本关系式，称为达西定律。

达西实验的装置如图 7.2.1 所示，装置的主要部分是一个上端开口的直立圆筒。圆筒侧壁高差为 l 的上下两断面各装有一根测压管，筒底装一滤板 D，滤板以上装入均质的砂土。水由引水管 A 自圆筒 G 上端注入，多余的水从溢水管 B 排出，以保证筒内水位恒定。水经过土壤渗至筒底，再从管 C 流入量杯 F，在时段 t 内，流入量杯中的水体体积为 V，则渗流流量 Q 为

$$Q = \frac{V}{t} \tag{7.2.1}$$

同时测读 1、2 两断面的测压管水头 $H = z + \frac{p}{\rho g}$，由于渗流的作用水头保持不变，是恒定均匀渗流，在 l 流段上渗流的水头损失为

$$h_w = \left(z_1 + \frac{p_1}{\rho g}\right) - \left(z_2 + \frac{p_2}{\rho g}\right) = H_1 - H_2 \tag{7.2.2}$$

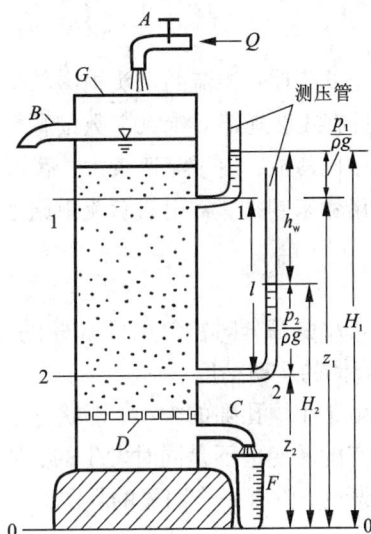

图 7.2.1　达西渗流试验装置

实验表明，对不同直径的圆筒和不同类型的土壤，通过的渗流量 Q 均与圆筒的横截面积 A 及水头损失 h_w 成正比，与两断面间的距离 l 成反比，即

$$Q \propto A \frac{h_w}{l}$$

式中 $\dfrac{h_w}{l} = J$(水力坡度)，引入比例系数 k，则

$$Q = kA \frac{h_w}{l} = kAJ \qquad (7.2.3)$$

渗流的平均流速为

$$v = kJ \qquad (7.2.4)$$

式(7.2.3)和式(7.2.4)称为渗流达西定律。

达西定律表明，渗流流速 v 或流量 Q 与水力坡度 J 的一次方成正比。式中 k 为反映土壤透水性能的综合系数，称为渗流系数，其量纲与速度的量纲相同。由式(7.2.4)可知，当 $J = 1$ 时，$k = v$，所以渗流系数的物理意义可理解为水力坡度等于一时的渗流速度。

达西实验中的渗流为均匀渗流，各点的运动状态相同，任意空间点处的渗流流速 u 等于断面平均流速 v；又由于水力坡度 $J = -\dfrac{\mathrm{d}H}{\mathrm{d}l}$，故渗流达西定律又可写为

$$u = v = kJ = -k\frac{\mathrm{d}H}{\mathrm{d}l} \qquad (7.2.5)$$

$$Q = kAJ = -kA\frac{\mathrm{d}H}{\mathrm{d}l} \qquad (7.2.6)$$

2. 达西定律的适用范围

达西实验是用均匀砂土在恒定渗流条件下进行的，因此达西定律适用于恒定均匀渗流。渗流与管流、明渠流一样，也有层流和紊流之分。由渗流达西定律(7.2.4)可知

$$h_w = \frac{l}{k}v \qquad (7.2.7)$$

上式表明：渗流的水头损失与平均流速的一次方成正比。可见达西定律只适用于层流渗流，具有线性规律。绝大多数细颗粒土壤中的渗流都是层流。在卵石、砾石等大颗粒大孔隙介质中的渗流，由于流速较大，有可能出现紊流渗流，属于非线性渗流。渗流的流态，也可用雷诺数来判别，常用的渗流雷诺数为

$$Re = \frac{vd_{10}}{\nu} \qquad (7.2.8)$$

式中：d_{10} 是筛分时占总重量 10% 的土粒所能通过的筛孔直径，称为有效粒径；v 为渗流流速；ν 为流体的运动粘度。

由于土壤孔隙的大小、形状、分布等情况十分复杂，而且变化范围较大，各种孔隙内渗流流态的转变也不是同时发生的，从整体来看，由服从达西定律的层流渗流转变为紊流渗流是逐渐的，没有一个明显的界限。实验表明，线性渗流(层流)雷诺数的变化范围为

$$Re = \frac{vd_{10}}{\nu} = 1 \sim 10 \qquad (7.2.9)$$

3. 渗流系数的确定方法

渗流系数 k 是综合反映土壤透水能力的系数，其大小取决于许多因素，主要与土壤及流体的性质有关，如土壤颗粒的形状、级配、分布密、实程度以及流体的粘度、密度等。k 值的确定是利用达西定律进行渗流计算的基础条件，有着十分重要的意义。一般采用下述方法来确定。

(1)实验室测定法

在天然土壤中取土样，使用如图 7.2.1 所示的达西实验装置，测定水头损失 h_w 与渗流量 Q，通过式(7.2.6)可求得 k 值。由于被测定的土样只是天然土壤中的一小块，而且在取样和

运送时还可能破坏原状土壤的结构,因此,取土样时应尽量保持原状土壤的结构,并需取足够数量的具有代表性的土样进行测定,才能得到较为可靠的渗流系数 k 值。

(2)现场测定法

一般是在现场钻井或挖试坑,往其中注水或从中抽水,在注水或抽水的过程中,测得流量 Q 及水头 H 值,然后应用有关公式计算渗流系数 k。此法虽然不如实验室测定简单易行,但却能保持原状土壤结构,测得的 k 值更接近真实情况,这是测定渗流系数的最有效方法,但此法规模较大,费用多,一般只在重要工程中应用。

(3)经验法

这一方法是根据土壤颗粒的大小、形状、结构、孔隙率和温度等参数,采用经验公式来估算渗流系数 k。这类公式很多,各有其局限性,只能作粗略估算。在进行渗流近似计算时,可采用表 7.2.1 中的渗流系数值。

表 7.2.1　水在土壤中的渗流系数

土壤种类	渗流系数 $k(\text{cm/s})$	土壤种类	渗流系数 $k(\text{cm/s})$
粘土	$<6 \times 10^{-6}$	粗砂	$2 \times 10^{-2} \sim 6 \times 10^{-2}$
亚粘土	$6 \times 10^{-6} \sim 1 \times 10^{-4}$	卵石	$1 \times 10^{-1} \sim 6 \times 10^{-1}$
黄土	$3 \times 10^{-4} \sim 6 \times 10^{-4}$	稍有裂隙岩石	$2 \times 10^{-2} \sim 7 \times 10^{-2}$
细砂	$1 \times 10^{-3} \sim 6 \times 10^{-3}$	裂隙多的岩石	$>7 \times 10^{-2}$

7.2.2　裘皮幼公式

1. 无压渐变渗流

地表面以下有的地层是透水的,有的则不透水,我们将地面以下第一个不透水地层以上的地下水称为潜水,通过土壤(或岩层)的孔隙,大气压强会等值地传递到潜水面上,自由表面上的相对压强均等于零,故又称为无压地下水,其间渗流类似于地表水中的明渠流(无压流),故称为无压渗流。两个不透水地层之间的地下水称为承压水,其上相对压强一般不等于零,其间渗流类似于地表水中的有压管流。

与明渠流相似,无压渗流可以是均匀流,也可以是非均匀流;非均匀渗流又分为渐变渗流和急变渗流。受自然水文地质条件的影响,无压渗流多为非均匀渐变渗流。如果渗流地域广阔,过流断面可以看作是宽阔的矩形,可按一元流动处理。无压渗流的自由液面称为浸润面(或潜水面),顺流向所作的铅垂面与浸润面的交线称为浸润线。

2. 裘皮幼公式

图 7.2.2 所示为一非均匀渐变渗流,以 0—0 为基准面,取相距为 $\text{d}l$ 的两个过流断面 1 - 1 和 2 - 2。法国学者裘皮幼(J. Puit),根据大多数地下水流的浸润面坡

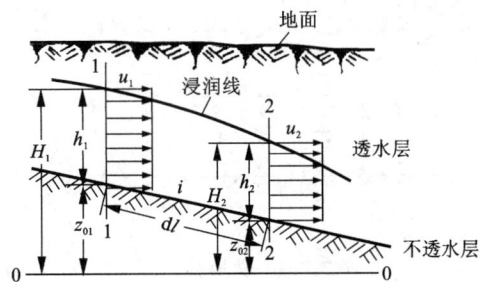

图 7.2.2　无压渐变渗流

度很小这样一个事实，提出了如下假设：渐变渗流过流断面 1、2 近于平面，流线近似于平行直线，两断面间各流线的长度都近似等于 $\mathrm{d}l$。由于渗流的测压管水头等于总水头，则两断面之间的水力坡度近似相等

$$J = \frac{H_2 - H_1}{\mathrm{d}l} = -\frac{\mathrm{d}H}{\mathrm{d}l}$$

由达西定律 $u = kJ$ 可知，渐变渗流过流断面上各点的渗流流速相等，并等于断面平均流速，即

$$v = u = kJ = -k\frac{\mathrm{d}H}{\mathrm{d}l} \qquad\qquad (7.2.10)$$

上式为渐变渗流的基本公式，称为裘皮幼公式。

裘皮幼公式与达西定律(7.2.5)在形式上相同。过流断面上各点的渗流速度与断面平均流速相等，这是达西定律与裘皮幼公式的共同之处。但达西定律适用于均匀渗流，其过流断面面积、断面平均流速沿程不变，各断面的水力坡度 J 都相同；而裘皮幼公式适用于渐变渗流，不同断面的水力坡度 J 不同，断面流速分布基本为矩形，但不同过流断面上的流速大小不同，如图 7.2.2 所示。

7.3　井和井群

井是汲取地下水源和降低地下水位最常见的集水建筑物。如通过打井开采地下水，以满足生产和生活用水的需要；施工中打井抽水降低地下水位，以保证工程顺利进行等等。

7.3.1　井的分类

按汲取的是潜水还是承压水，分为普通井和承压井。开凿在潜水层中汲取无压地下水的井称为普通井(潜水井、无压井)，如图 7.3.1 所示。穿过一层或多层不透水层，在承压含水层中汲取有压地下水的井称为承压井，如图 7.3.2 所示。有的承压层中地下水压力很大，井中水位自动升高甚至自流出井口，故又称为自流井。

按井底是否到达不透水地层分为完整井(完全井)或非完整井(不完全井)。见图 7.3.1 和图 7.3.2。

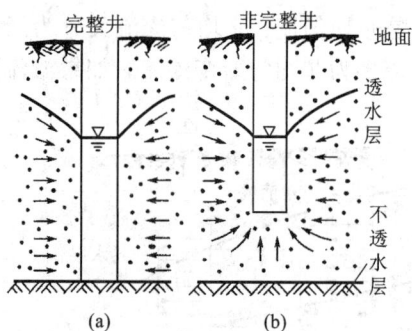

图 7.3.1　普通井

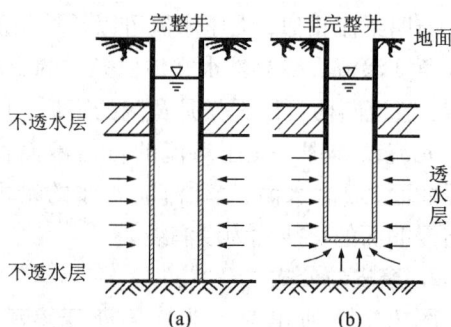

图 7.3.2　承压井

下面主要阐明如何应用裘皮幼公式进行完整井的计算。

7.3.2　普通完整井

图 7.3.3 所示为一水平不透水层上的
普通完整井，井的半径为 r_0，含水层厚度
为 H。抽水前，井中水位与地下水面齐平。
抽水后，井中水面下降，四周地下水汇入
井内，井周围地下水面也随之逐渐下降。
如果抽水流量保持不变，则井中水深 h_0 也
保持不变，井周围地下水面相应降到某一
固定位置，形成一个恒定的漏斗形浸润面。
如果含水层为均质各向同性土壤，不透水
层为水平面，则渗流流速及浸润面对称于
井的中心轴，过流断面是以井轴为中心轴，
以 r 为半径的一系列圆柱面，圆柱面的高
度 z 就是该断面浸润面的高度。在距井中
心较远的 R 处，地下水位下降极微，基本

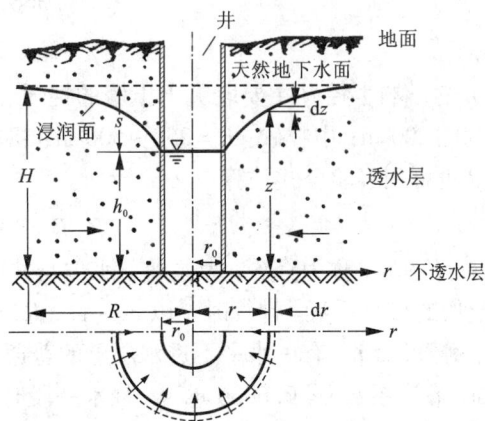

图 7.3.3　普通完整井

上保持原水位不变，该距离 R 称为井的影响半径，R 值的大小与土层的透水性能有关。

井的渗流，除井壁附近外，流线近似于平行直线，是渐变渗流，可应用裘皮幼公式进行
分析和计算。当半径有一增量 $\mathrm{d}r$ 时，纵坐标 z 的相应增量为 $\mathrm{d}z$（如图 7.3.3 所示，$\mathrm{d}r$ 及 $\mathrm{d}z$ 均
为正值），则该断面的水力坡度 J 可表示为

$$J = \frac{\mathrm{d}z}{\mathrm{d}r}$$

断面平均流速为

$$v = kJ = k\frac{\mathrm{d}z}{\mathrm{d}r}$$

过流断面为一圆柱面，面积 $A = 2\pi rz$，则渗流量为

$$Q = vA = 2\pi rzk\frac{\mathrm{d}z}{\mathrm{d}r}$$

或写作

$$2z\mathrm{d}z = \frac{Q}{\pi k}\frac{\mathrm{d}r}{r}$$

积分上式得

$$z^2 = \frac{Q}{\pi k}\ln r + C$$

式中 C 为积分常数，由边界条件确定。当 $r = r_0$ 时，$z = h_0$，得积分常数 $C = h_0^2 - \frac{Q}{\pi k}\ln r_0$。代入
上式得

$$z^2 - h_0^2 = \frac{Q}{\pi k}\ln\frac{r}{r_0} \tag{7.3.1}$$

或

$$z^2 = \frac{0.732}{k}Q\lg\frac{r}{r_0} + h_0^2 \tag{7.3.2}$$

上两式为普通完整井的浸润线方程。式中 k, r_0, h_0, Q 为已知,假设一系列 r 值,算出对应的 z 值,即可绘出浸润线。

当 $r = R$ 时, $z = H$,代入式(7.3.2)可求得井的出流量公式为

$$Q = 1.366 \frac{k(H^2 - h_0^2)}{\lg \frac{R}{r_0}} \qquad (7.3.3)$$

井的影响半径 R 主要取决于土壤的性质,可由现场抽水试验确定。根据经验,细粒砂: $R = 100 \sim 200$ m; 中粒砂: $R = 250 \sim 500$ m; 粗粒砂: $R = 700 \sim 1000$ m。

R 也可用经验公式估算

$$R = 3000 s \sqrt{k} \qquad (7.3.4)$$

式中 $s = H - h_0$,称为降深,为原地下水位与井中水位之差,即抽水稳定时井中水位的降落值; k 为土壤的渗流系数。计算时 k 以 m/s 计, R 、 s 、 H 均以 m 计。

【例 7.3.1】 有一水平不透水层上的普通完整井,井的半径 $r_0 = 0.2$ m,含水层厚度 $H = 8.0$ m,渗流系数 $k = 0.0006$ m/s。抽水一段时间后,井中水深稳定为 $h_0 = 4.0$ m。试计算井的出流量及浸润线。

【解】 井中水面降深值

$$s = H - h_0 = 8.0 \text{ m} - 4.0 \text{ m} = 4.0 \text{ m}。$$

井的影响半径

$$R = 3000 \cdot s \sqrt{k} = 3000 \times 4 \text{ m} \times \sqrt{0.0006} = 293.9 \text{ m}$$

井的渗流量

$$\begin{aligned}
Q &= 1.366 \frac{k(H^2 - h_0^2)}{\lg \frac{R}{r_0}} \\
&= 1.366 \frac{0.0006 \text{ m/s} \left[(8.0 \text{ m})^2 - (4.0 \text{ m})^2 \right]}{\lg \left(\frac{293.9 \text{ m}}{0.2 \text{ m}} \right)} \\
&= 0.0124 \text{ m}^3/\text{s}
\end{aligned}$$

井的浸润线方程

$$z^2 = \frac{0.732}{k} Q \lg \frac{r}{r_0} + h_0^2$$

设一系列的 r 值,代入上式,算出相应的 z 值,计算结果列于表 7.3.1 中。根据表中的 r 和 z 值,即可绘出井的浸润线。

表 7.3.1 例 7.3.1 题计算表

r(m)	r/r_0	$\lg r/r_0$	$0732 \frac{Q}{k} \lg \frac{r}{r_0}$	z^2(m^2)	z(m)
1	5	0.699	10.52	26.52	5.150
3	15	1.176	17.70	33.70	5.800
5	25	1.398	21.04	37.04	6.086

续表 7.3.1

$r(\mathrm{m})$	r/r_0	$\lg r/r_0$	$0732\dfrac{Q}{k}\lg\dfrac{r}{r_0}$	$z^2(\mathrm{m}^2)$	$z(\mathrm{m})$
20	100	2.000	31.00	47.00	6.856
40	200	2.301	34.63	50.63	7.115
80	400	2.602	39.16	55.16	7.427
120	600	2.778	41.81	57.81	7.603
160	800	2.903	43.69	59.69	7.725
200	1000	3.00	45.15	61.15	7.820
250	1250	3.097	46.61	62.61	7.913

7.3.2　承压完整井

设一承压完整井如图 7.3.4 所示,含水层位于两个不透水层之间。这里仅考虑最简单的情况,即两个不透水层层面均为水平,$i=0$,以及含水层厚度 t 为定值。因为是承压井,当井穿过上面一层不透水层时,承压水位会从井中上升,达到高度 H,H 为地下水的总水头,$H>t$ 才是承压井。若承压水位高于地面,在此处钻孔打井,地下水可自动流出地面,称为自流井。当从井中连续抽水达到恒定状态时,井中水深将由 H 降至 h_0,井外的观测井水位(即测压管水头线)也将下

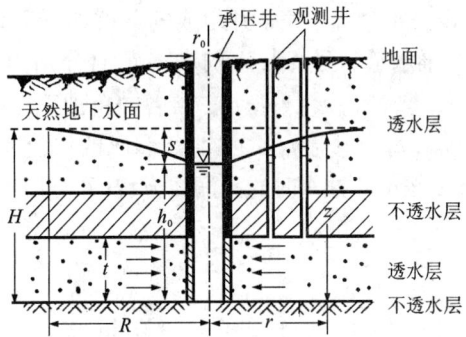

图 7.3.4　承压完整井

降,形成稳定的漏斗形曲面,如图 7.3.4 实线所示。此时和普通完整井一样,可按一元渐变渗流处理。根据裴皮幼公式,过流断面上的平均流速为

$$v = kJ = k\frac{\mathrm{d}z}{\mathrm{d}r}$$

距井中心为 r 处的过流断面面积 $A = 2\pi rt$,则渗流量为

$$Q = vA = 2\pi rtk\frac{\mathrm{d}z}{\mathrm{d}r}$$

上式分离变量后积分得

$$z = \frac{Q}{2\pi kt}\ln r + C$$

式中 C 为积分常数,由边界条件确定。当 $r=r_0$ 时,$z=h_0$,得积分常数 $C = h_0 - \dfrac{Q}{2\pi kt}\ln r_0$,代入上式得

$$z - h_0 = \frac{Q}{2\pi kt}\ln\frac{r}{r_0} = 0.366\frac{Q}{kt}\lg\frac{r}{r_0} \qquad (7.3.5)$$

上式为承压完整井的浸润线方程。

井的影响半径为 R。当 $r = R$ 时，$z = H$，代入上式得承压完整井的出流量公式

$$Q = 2.732 \frac{kt(H - h_0)}{\lg \dfrac{R}{r_0}} = 2.732 \frac{kts}{\lg \dfrac{R}{r_0}} \tag{7.3.6}$$

式中井的影响半径 R 仍可用式(7.3.4)估算。

7.3.4 井群的渗流计算

工程中抽取地下水时，常采用若干口井同时抽水，当井间的距离小于影响半径时，这些井统称为井群。每一口井都处于其他井的影响半径之内，地下水位相互干扰，致使渗流区的浸润面形状变得异常复杂。具体表现为：当井中水位降深一定时，干扰井的出流量比单独工作的单井出流量小；如果保持井的流量不变，则干扰井的水位降深要大于单井降深。干扰作用使各个井的降落漏斗叠在一起形成大面积的区域降落漏斗。在供水工程和排水(疏干)工程中，常根据需要规定了降深，计算各井的涌水量及井群的总涌水量及降深。

设由 n 个普通完整井组成的井群如图7.3.5所示。各井的半径、涌水量、至某点 A 的水平距离分别为 r_{01}，$r_{02}\cdots r_{0n}$，Q_1，Q_2，$\cdots$，Q_n，r_1，r_2，$\cdots$，r_n。若各井单独工作时，它们的井深分别为 h_{01}，h_{02}，$\cdots$，h_{0n}，在 A 点形成的渗流水位分别为 z_1，z_2，$\cdots$，z_n，按单井抽水时的浸润线方程(7.3.1)有

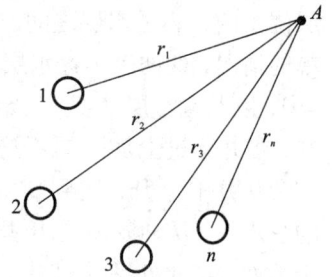

图7.3.5 普通完整井群

$$z_1^2 = h_{01}^2 + \frac{Q_1}{\pi k}\ln\frac{r_1}{r_{01}}$$

$$z_2^2 = h_{02}^2 + \frac{Q_2}{\pi k}\ln\frac{r_2}{r_{02}}$$

$$\cdots$$

$$z_n^2 - h_{0n}^2 = \frac{Q_n}{\pi k}\ln\frac{r_n}{r_{0n}}$$

当各井同时抽水时，按照势流叠加原理，可导出其公共浸润线方程为

$$z^2 = \sum_{i=1}^{n} z_i^2 = \frac{Q_1}{\pi k}\ln\frac{r_1}{r_{01}} + \frac{Q_2}{\pi k}\ln\frac{r_2}{r_{02}} + \cdots + \frac{Q_n}{\pi k}\ln\frac{r_n}{r_{0n}} + h_{01}^2 + h_{02}^2 + \cdots + h_{0n}^2$$

现考虑各井涌水量相同的情况，即

$$Q_1 = Q_2 = \cdots = Q_n = Q$$

$$h_{01} = h_{02} = \cdots = h_{0n} = h_0$$

$$z^2 = \frac{Q}{\pi k}\big[\ln(r_1 r_2 \cdots r_n) - \ln(r_{01} r_{02} \cdots r_{0n})\big] + nh_0^2 \tag{7.3.7}$$

井群也存在影响半径 R，一般 R 远大于各单井间的距离，而 A 离各单井都较远，可近似认为

$$r_1 \approx r_2 \approx \cdots \approx r_n \approx R, \; z = H$$

$$H^2 = \frac{Q}{\pi k}\big[n\ln R - \ln(r_{01} r_{02} \cdots r_{0n})\big] + nh_0^2 \tag{7.3.8}$$

将上式与式(7.3.7)相减，并改为常用对数，则

$$z^2 = H^2 - \frac{0.732Q_0}{k} \left[\lg R - \frac{1}{n} \lg(r_1 r_2 \cdots r_n) \right] \tag{7.3.9}$$

上式为普通完整井井群的浸润线方程。式中 $Q_0 = nQ$ 为井群的总出水量。

井群的影响半径 R 可采用单井 R 值。计算时，k 以 m/s 计，H、r、R 均以 m 计。当 n，r_1，r_2，$\cdots$，r_n 以及 R，k 为已知时，若测得 H 和 Q_0 值，则 A 点的水位 z 可直接由式(7.3.9)求得；若测得 H 和 z 值，也可由该式得到井群的总抽水流量 Q_0。

【例 7.3.2】 由半径 $r_0 = 0.1$ m 的 8 个普通完全井组成的井群。布置在长 60 m、宽为 40 m 的长方形周线上，用以降低基坑的地下水位，如图 7.3.6 所示。地下含水层厚度 $H = 10$ m，土壤的渗流系数 $k = 0.0001$ m/s，井群的影响半径 $R = 500$ m，总抽水量 $Q_0 = 0.02$ m³/s。试求地下水位在井群中心 A 处的降落值 s。

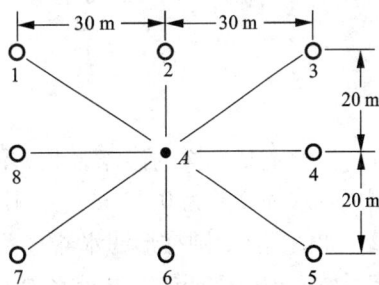

图 7.3.6 例 7.3.2 题图

【解】 各井距中心 A 的距离为

$$r_2 = r_6 = 20 \text{ m}$$

$$r_4 = r_8 = 30 \text{ m}$$

$$r_1 = r_3 = r_5 = r_7 = \sqrt{(30 \text{ m})^2 + (20 \text{ m})^2} = 36 \text{ m}$$

将有关数据代入式(7.3.9)得

$$z^2 = (10 \text{ m})^2 - \frac{0.732 \times 0.02 \text{ m}^3/\text{s}}{0.0001 \text{ m/s}} \left[\lg 500 - \frac{1}{8} \lg(36^4 \times 20^2 \times 30^2) \right]$$

$$= 82.09 \text{ m}^2$$

$$z = 9.06 \text{ m}$$

$$s = H - z = 10 \text{ m} - 9.06 \text{ m} = 0.94 \text{ m}$$

本章小结

本章介绍了渗流的水力特点、阻力定律及其在井的渗流中的应用。

(1)以渗流模型代替实际渗流，是建立渗流理论的基础。渗流模型是渗流区域边界条件保持不变，略去全部土壤颗粒，认为渗流区连续充满流体，而流量与实际渗流相同，压强、渗流阻力也与实际渗流相同的替代流场。

(2)渗流速度很小，流速水头忽略不计，由此引出的各项结论($H = H_p$，$J = J_p$)是分析渗流运动规律的前提。

(3)渗流达西定律 $v = u = kJ$ 表明，均匀渗流各点的速度与水力坡度的一次方成比例。裘皮幼公式 $v = kJ$ 则给出了非均匀渗流断面上，平均速度与水力坡度的一次方成比例，但不同过流断面的平均流速不同。

(4)井的渗流具有轴对称性，忽略运动要素沿井轴线方向的变化，则可以按照一元渐变渗流处理，应用裘皮幼公式，可导出浸润线方程和出水量公式。

思考题

(1)何谓渗流模型? 渗流模型与实际渗流相比较有何区别? 为何提出渗流模型?

(2)达西定律的适用条件是什么? 与裘皮幼公式的含义有什么不同?

(3)渗流系数 k 值与哪些因素有关? 如何确定?

(4)什么是井的影响半径? 引用这一概念的实际意义和理论缺陷是什么?

习题

7.1 为测定某土样的渗流系数 k 值,进行达西实验。圆筒直径 $d=0.2$ m,长 $l=0.40$ m,两测压管水面高差为 0.12 m,实测流量为 $Q=1.63$ cm³/s,计算 k 值。

7.2 如图所示,圆柱形滤水器直径 $d=1.0$ m,滤层厚度 1.2 m,渗流系数 $k=0.01$ cm/s,试求水深 $H=0.6$ m 时的渗流流量。

7.3 在土层中开凿一直达水平不透水层的普通井,直径 $d=$ 0.30 m,地下水深 $H=14.0$ m,土壤渗流系数 $k=0.001$ m/s。今用抽水机抽水,井水位下降 4.0 m 后达到稳定,影响半径 $R=250$ m。求抽水机出水流量 Q。

7.4 有一潜水完整井,含水层厚度 $H=8$ m,井的半径 $r_0=$ 0.5 m,渗流系数 $k=0.0015$ m/s,抽水时井中水深 $h=5$ m,试估算该井的产水量 Q。

7.5 有一完全自流井,已知井的半径 $r_0=0.1$ m,含水层厚度 $t=7.5$ m,在离井中心 $r_1=20$ m 处钻有一观测井。现做抽水试验,当抽水至稳定时,井中水位降深 $S_1=1.5$ m,试求该井的影响半径 R。

7.6 为实测某区域内土壤的渗流系数 k 值,今打一到底的普通完整井进行抽水试验,如图所示,在井的附近(影响半径范围内)设一钻孔,距井中心为 $r=80$ m,井半径为 $r_0=0.2$ m。测得抽水稳定后的流量为 $Q=2.5\times10^{-3}$ cm³/s,井中水深 $h_0=2.0$ m,钻孔水深 $h=2.8$ m。求土壤的渗流系数 k。

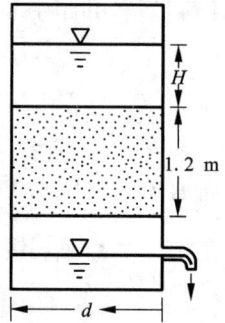

习题 7.2 图

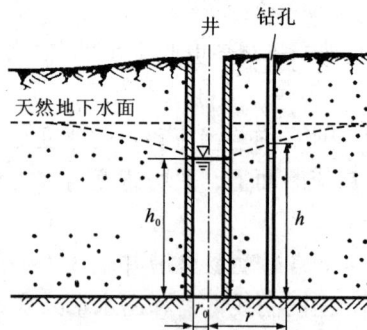

习题 7.6 图

7.7 在厚度 $t = 9.8$ m 的粗砂有压含水层中打一直径为 $d = 152$ cm 的井。渗流系数 $k = 4.2$ m/d,影响半径 $R = 150$ m。今从井中抽水,如图所示,井水位下降 $s = 4.0$ m,求抽水流量 Q。

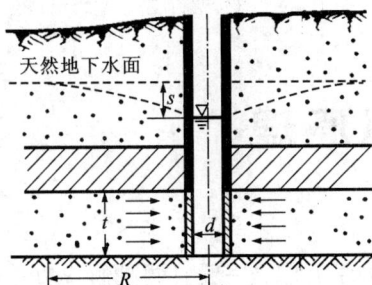

习题 7.7 图

7.8 为降低基坑地下水位,在基坑周围,沿矩形边界排列布设 8 个普通完全井如图所示。井的半径为 $r_0 = 0.15$ m,地下水含水层厚度 $H = 15$ m,渗流系数为 $k = 0.001$ m/s,各井抽水流量相等,总流量为 $Q_0 = 0.02$ cm^3/s,设井群的影响半径为 $R = 500$ m,求井群中心点 0 处地下水位降落值 Δh。

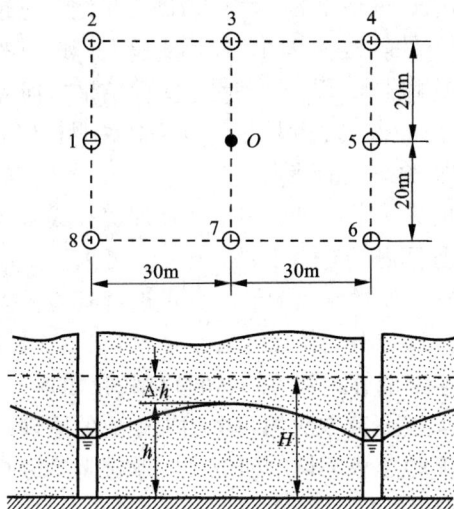

习题 7.8 图

第 8 章

量纲分析与相似原理

对工程实际中遇到的流体力学问题，一般有两种解决办法：一是理论分析，二是实验研究。理论分析的基本途径就是根据一定的边界和初始条件求解流体运动的基本方程，但是只有极少数的真实流动，可以单纯用理论分析的方法来求解，对于许多实际工程问题，往往需要应用分析和实验相结合的方法，而且很大程度上依赖于实验的结果。

实验研究通常不是在真实的原型上进行，特别是当原型尚未出现以前，只能通过模型实验来进行。即使真实的原型存在，通常也是用缩小的或放大的模型进行实验。但是，对于一个复杂的流动现象进行实验研究时，实验中的可变因素很多，实验要在理论的指导下进行，否则将是盲目的。量纲分析对表征某现象的各个物理量的量纲进行分析，从形式推理出发，建立包括有关物理量在内的描述该现象的方程。借助于量纲分析这一工具，可以得到研究模型流动与原型流动相似性的条件。另一方面，进行实验时，必须考虑以下问题：如何设计模型在相似条件下进行实验，应该测量哪些物理量，实验结果如何应用到原型等。这种使模型中的现象相似于原型中的现象的方法，就是相似方法。说明相似方法的基本原理，称为相似原理。相似原理是进行模型实验研究的依据。

量纲分析和相似原理，能为科学地组织实验及整理实验成果提供理论指导，是发展工程流体力学理论、解决实际工程问题的有力工具。比如，可以根据量纲分析对影响某一流动现象的若干变量进行组合，选择方便操作和测量的变量进行实验，这样可以大幅度减少实验工作量，而且使试验数据的整理和分析变得比较容易。又如，根据相似理论，可以自如地选择合适的模型比来进行模型试验，能够达到节约试验费用的目的。

量纲分析和相似理论是实验研究方法的两个相辅相成的原理，不仅在流体力学中有许多应用，而且也广泛地应用于其他工程领域的研究中。掌握量纲分析和相似理论，对于一个自然科学工作者来说是十分必要的。

8.1　量纲及量纲原理

8.1.1　基本概念

1. 量纲

在流体力学中涉及许多不同的物理量，如长度、时间、质量、力、速度、粘度等等，所有这些物理量均由两个因素构成：一个是物理量自身的物理属性（或称类别），即量纲（或称因次）；另一个是为量度物理属性而人为规定的的量度标准，即量度单位。量纲是物理量的实质，一个物理量的量纲是唯一的，而单位却可以有多种表示。例如长度，其物理属性是线性几何量，即长度量纲，量度单位则规定有米、厘米、英尺、光年等不同的单位。量纲是物理量的"质"的表征，表明其性质和类别，单位是物理量的"量"的表征。

约定用物理量的代表符号的大写正体表示量纲，如通常以 L 代表长度量纲，T 代表时间量纲，M 代表质量量纲。也可在物理量的代表符号前面加"dim"来表示量纲，如流量 Q 的量纲可表示为 $\dim Q = L^3 T^{-1}$。

2. 基本量纲与导出量纲

由于一个力学过程所涉及的各物理量的量纲之间有一定的联系，如速度的量纲 $\dim v = LT^{-1}$，与长度及时间的量纲相互关联。在量纲分析方法中根据物理量量纲之间的关系，把无任何联系、相互独立的量纲作为基本量纲，可以由基本量纲导出的量纲是导出量纲。

原则上基本量纲的选取带随意性，为了应用方便，并与国际单位制一致，流体力学中研究不可压缩流体运动时，普遍采用长度 L、时间 T、质量 M 作为基本量纲，即 $L - T - M$ 基本量纲系，其他物理量的量纲均为导出量纲。

如任一物理量 q 的量纲都可用三个基本量纲的指数乘积形式表示

$$\dim q = L^\alpha T^\beta M^\gamma \tag{8.1.1}$$

物理量 q 的性质由量纲指数 α、β、γ 决定：

(1) 若 $\alpha \neq 0$，$\beta = 0$，$\gamma = 0$，则 q 为几何学量，具有几何学量纲，如面积 A 的导出量纲为 $\dim A = L^2 T^0 M^0 = L^2$；

(2) 若 $\alpha \neq 0$，$\beta \neq 0$，$\gamma = 0$，则 q 为运动学量，具有运动学量纲，如速度 v 的导出量纲为 $\dim v = LT^{-1} M^0 = LT^{-1}$；

(3) 若 $\alpha \neq 0$，$\beta \neq 0$，$\gamma \neq 0$，则 q 为动力学量，具有动力学量纲，如动力粘性系数 μ 的导出量纲为 $\dim \mu = L^{-1} T^{-1} M$。

流体力学中常用的各种物理量的量纲和单位如表 8.1.1 所示。

8.1.2　无量纲量

不具量纲的量称为无量纲量，即量纲公式 8.1.1 中各量纲指数 α、β、γ 均为零，则 $\dim q = L^0 T^0 M^0 = 1$，物理量 q 是无量纲量（数），或称量纲一的量、纯数等。如圆周率 π = 圆周长/直径 = 3.14159…，角度 θ = 弧长/曲率半径，都是无量纲量。

无量纲量可由两个具有相同量纲的物理量相比得到，如水力坡度 $J = \dfrac{\Delta H}{l}$，量纲 $\dim J = \dfrac{L}{L}$ = 1；也可由几个有量纲物理量通过乘除组合而成，如雷诺数 $Re = \dfrac{vd}{\nu}$，其量纲 $\dim Re = \dim(\dfrac{vd}{\nu}) = \dfrac{LT^{-1}L}{L^2 T^{-1}} = 1$。

依据无量纲量的定义和构成，可归纳出无量纲量具有以下特点。

1. 客观性

如果用有量纲量作自变量，会因同一物理量选取单位的不同而数值不同，从而导致计算出的因变量（即结果）数值不同。因此，为使描述运动状态规律的方程式的计算结果不受人为主观选取单位的影响，需将方程中各项物理量组合成无量纲项。从这个意义上说，无量纲项组成的方程式是真正客观的方程式。如判别管流流态的临界雷诺数 $Re_k = 2300$，无论是采用国际单位制还是英制，其数值是不变的。

表 8.1.1 流体力学中的常用量纲

物理量		量纲 LTM 制	SI 单位
几何学量	长度 l	L	m
	面积 A	L^2	m^2
	体积 V	L^3	m^3
	水头 H	L	m
	面积矩 I	L^4	m^4
运动学量	时间 t	T	s
	流速 v	LT^{-1}	m/s
	加速度 a	LT^{-2}	m/s^2
	重力加速度 g	LT^{-2}	m/s^2
	角速度 ω	T^{-1}	rad/s
	流量 Q	L^3T^{-1}	m^3/s
	单宽流量 q	L^2T^{-1}	m^2/s
	环量 Γ	L^2T^{-1}	m^2/s
	流函数 ψ	L^2T^{-1}	m^2/s
	速度势 φ	L^2T^{-1}	m^2/s
	运动粘度 ν	L^2T^{-1}	m^2/s
动力学量	质量 m	M	kg
	力 F	$LT^{-2}M$	N
	密度 ρ	$L^{-3}M$	kg/m^3
	动力粘度 μ	$L^{-1}T^{-1}M$	Pa·s
	压强 p	$L^{-1}T^{-2}M$	Pa
	切应力 τ	$L^{-1}T^{-2}M$	Pa
	弹性模量 E	$L^{-1}T^{-2}M$	Pa
	表面张力 σ	$T^{-2}M$	N/m
	动量 p	$LT^{-1}M$	kg·m/s
	功、能 W, E	$L^2T^{-2}M$	J = N·m
	功率 N	$L^2T^{-3}M$	W

2. 不受运动规模影响

既然是无量纲量，其数值大小与度量单位无关，也不受运动规模的影响。如规模大小不同的流动是相似的流动，则相应的无量纲数相同。在模型试验中，常用同一个无量纲数（如雷诺数 Re 或弗劳德数 Fr）作为模型和原型流动相似的判据。

3. 可进行超越函数运算

有量纲量只能作简单的代数运算，作对数、指数、三角函数运算是没有意义的。只有无量纲化才能进行超越函数运算，如气体等温压缩所做的功 W 的计算式

$$W = p_1 V_1 \ln\left(\frac{V_2}{V_1}\right)$$

式中 $\frac{V_2}{V_1}$ 是压缩后与压缩前的体积比，只有组成这样的无量纲项，才能进行对数运算。

8.1.3　量纲一致性原则

在自然现象中，互相联系的物理量可构成物理方程。物理方程可以是单项式或多项式，甚至是微分方程，同一方程中各项又可由不同物理量组合而成。凡是正确反映客观规律的物理方程，其各项的量纲必须是一致的，这就是量纲一致性原则，也称量纲齐次性原则或量纲和谐原理。如第 3 章推导出的粘性流体总流伯努利方程

$$z_1 + \frac{p_1}{\rho g} + \frac{\alpha_1 v_1^2}{2g} = z_2 + \frac{p_2}{\rho g} + \frac{\alpha_2 v_2^2}{2g} + h_w$$

式中各项的量纲均为 L。只有两个同类型的物理量，即相同量纲的量才能相加减，否则是没有意义的。

由量纲一致性原则可得以下结论：

（1）凡正确反映客观规律的有量纲的物理方程，均可以改写成由无量纲项组成的无量纲方程，仍保持原方程的性质。如理想流体的总流伯努利方程的改写

$$z + \frac{p}{\rho g} + \frac{\alpha v^2}{2g} = C \Rightarrow 1 + \frac{p}{\rho gz} + \frac{\alpha v^2}{2gz} = C'$$

（2）量纲一致性原则规定了一个物理过程中有关物理量之间的关系。因为一个正确完整的物理方程中，各物理量量纲之间的关系是确定的，就可建立该物理过程各物理量的关系式，量纲分析方法就是根据这一原理发展起来的，它是 20 世纪初在力学上的重要发现之一。量纲一致性原则是量纲分析方法的基础。

在量纲一致的方程式中，其系数和常数应该是无量纲的。但在工程中有一些根据试验资料和观测数据整理而成的经验公式，具有带量纲的系数。如在明渠均匀流中应用很广的谢才公式，若采用曼宁公式计算谢才系数 C 值，公式变为

$$v = \frac{1}{n} R^{\frac{2}{3}} J^{\frac{1}{2}}$$

式中 v 为明渠断面的平均水流流速，量纲为 LT^{-1}，R 为水力半径，量纲为 L，n 为渠壁的粗糙系数，J 为水力坡度，n 和 J 均为无量纲量，显然上式量纲是不一致的。在运用这些经验公式时必须使用规定的单位，不得更换。这些经验公式从量纲上分析是不和谐的，表明人们对这一部分流动规律的认识尚不充分，只能用不完全的经验关系式来表示局部的规律性，这些公式将随着人们对流动本质的进一步认识而逐步被修正。

8.2　量纲分析方法

利用量纲一致性原则，流体力学中采用的量纲分析方法主要有两种：一种称瑞利法，适用于解决比较简单的问题；另一种叫 π 定理法，是一种具有普遍性的方法。

8.2.1　瑞利法

瑞利(Rayleigh)法进行量纲分析的一般步骤：

(1)列出影响某一物理过程的 n 个相关物理量的关系式：

$$f(q_1, q_2, \cdots, q_n) = 0$$

(2)将其中某个物理量 q_i 表示为其他物理量的指数乘积：

$$q_i = Kq_1^a q_2^b \cdots q_{n-1}^p$$

式中 K 为无量纲比例常数。

则其量纲式为

$$\dim q_i = \dim(q_1^a q_2^b \cdots q_{n-1}^p)$$

(3)将量纲式中各物理量的量纲按式(8.1.1)表示为基本量纲 L、T、M 的指数乘积形式，并根据量纲一致性原则，确定指数 a, b, $\cdots$, p，从而得出表达该物理过程的方程式。下面举例说明。

【例8.2.1】　据实验观察，自由落体在时间 t 内经过的距离 s 与落体重量 W、重力加速度 g 及时间 t 有关。试用瑞利法给出自由落体下落距离公式。

【解】　根据已知条件，列出相应的函数关系

$$s = f(W, g, t)$$

其指数乘积关系式可写成

$$s = KW^a g^b t^c$$

式中 K 为由试验确定的无量纲系数。

则其量纲式

$$\dim s = \dim(W^a g^b t^c)$$

选长度 L、时间 T、质量 M 为基本量纲，式中各物理量的量纲分别为：

$\dim s = L$, $\dim W = MLT^{-2}$, $\dim g = LT^{-2}$, $\dim t = T$。则有

$$L = (MLT^{-2})^a (LT^{-2})^b (T)^c$$

根据量纲一致性原则：等式两端相同量纲的指数应相等，求量纲指数

$$L: 1 = a + b$$
$$T: 0 = -2a - 2b + c$$
$$M: 0 = a$$

解方程组得 $a = 0$, $b = 1$, $c = 2$。

将各量纲指数代入指数乘积关系式，整理得

$$s = Kgt^2$$

这样，先进行量纲分析后，就只需要通过做一次实验即可测得 $K = \dfrac{1}{2}$，而不需要再多做

类似实验，包括考虑重力加速度 g 的影响去月球上做实验。

【例 8.2.2】　根据实验资料得知：层流与紊流的临界速度值 v_k 与流体的动力粘度 μ、密度 ρ，以及管道直径 d 有关。试用瑞利法建立它们的计算关系式。

【解】　根据已知条件写出下列函数关系

$$v_k = f(\mu,\ \rho,\ d)$$

其指数乘积关系式为

$$v_k = K\mu^a \rho^b d^c$$

式中 K 为由试验确定的无量纲系数。

则其量纲式

$$\dim v_k = \dim(\mu^a \rho^b d^c)$$

以 L、T、M 为基本量纲，则有

$$LT^{-1} = (ML^{-1}T^{-1})^a (ML^{-3})^b (L)^c$$

根据量纲一致性原则求量纲指数

$$L: 1 = -a - 3b + c$$
$$T: -1 = -a$$
$$M: 0 = a + b$$

解方程组得 $a = 1$，$b = -1$，$c = -1$。

将各量纲指数代入指数乘积关系式，整理得

$$v_k = K\frac{\mu}{\rho d}$$

当流态由紊流向层流过渡时，实验测得其值相对稳定，受其他外界因素影响小，可以作为判别流态的依据。由 4.2.2 可知，命名雷诺数 $Re = \frac{v\rho d}{\mu} = \frac{vd}{\nu}$，$Re_k$，$Re_k = \frac{v_k \rho d}{\mu}$ 为临界雷诺数，工程上通常取 $Re_k = 2300$。

【例 8.2.3】　求圆管层流流量的表达式。

【解】　根据实验资料，可知影响圆管层流流量大小的物理量有：一定管长之间的压强差 Δp，管长 l，管道直径 d 及流体的动力粘度 μ，可写出下列函数关系

$$Q = f(\Delta p,\ l,\ d,\ \mu)$$

其指数乘积关系式可写成

$$Q = K(\Delta p)^a (l)^b (d)^c (\mu)^d$$

式中 K 为由试验确定的无量纲系数。

其量纲式

$$\dim Q = \dim[(\Delta p)^a l^b d^c \mu^d]$$

以 L、T、M 为基本量纲，则有

$$L^3 T^{-1} = (ML^{-1}T^{-2})^a (L)^b (L)^c (ML^{-1}T^{-1})^d$$

根据量纲一致性原则求量纲指数

$$L: 3 = b + c - a - d$$
$$T: -1 = -2a - d$$
$$M: 0 = a + d$$

解方程组得 $a=1$，$b+c=3$，$d=-1$。

考虑到压强差 Δp 是针对某长度管道而言的，将其与管长 l 归为一项 $\dfrac{\Delta p}{l}$，则指数 b 取 -1，得 $c=4$。将各量纲指数代入指数乘积关系式，整理得

$$Q = K(\frac{\Delta p}{l})d^4\mu^{-1} = K\frac{\Delta p d^4}{l \mu}$$

由以上例题可以看出，用瑞利法求力学方程，当相关物理量的个数 n 小于等于4，待求的量纲指数不超过3个时，可直接根据量纲一致性原则求出各量纲指数，建立方程，如例8.2.1及例8.2.2。若相关物理量个数 n 超过4，则有 $(n-4)$ 个指数有待实验确定，需归并有关物理量，才能求得量纲指数，如例8.2.3。

8.2.2 布金汉法——π 定理

1. π 定理定义

由美国物理学家布金汉(Buckingham)1915年提出的 π 定理是量纲分析中更为通用的方法，这种方法可以把原来较多的变量改写为较少的无量纲变量，从而使问题得到简化。

π 定理：若某一物理过程存在 n 个影响因素，这 n 个变量互为函数关系，即 $f(x_1, x_2, \cdots, x_n) = 0$，选择其中 m 个变量作为基本量，则该物理过程可由 $(n-m)$ 个无量纲项所表达的关系式来描述，即

$$f'(\pi_1, \pi_2, \cdots, \pi_{n-m}) = 0 \tag{8.2.1}$$

由于这些无量纲项用 π 表示，π 定理由此得名。

2. π 定理应用步骤

(1)列出影响物理过程的全部 n 个物理量，写成一般函数关系式：

$$f(x_1, x_2, \cdots, x_n) = 0$$

(2)从 n 个物理量中选取 m 个量纲上相互独立(即其中的任一个量纲都不能由其他量纲导出)的基本物理量。对于不可压缩流体运动，通常取 $m=3$ 个基本物理量 x_1、x_2 和 x_3。在管流中，一般取 ρ、v、d 三个为基本量，明渠中取 ρ、v、H 为基本量。

(3)用这 m 个基本量依次与其余物理量组成 $(n-m)$ 个无量纲 π 项：

$$\pi_i = \frac{x_i}{x_1^{a_i} x_2^{b_i} x_3^{c_i}} (i=1, 2, \cdots, n-m)$$

式中 a_i、b_i、c_i 为各 π 项的待定指数。

(4)满足 π 为无量纲项，由量纲和谐原理求出各 π 项的指数 a_i、b_i、c_i，从而求得各 π 项表达式。

(5)将各 π 项代入描述该物理过程的 π 定理式(8.2.1)，整理得出函数关系式。从而将以有量纲量为变量的函数形式，变为以无量纲量为变量的函数形式。

注意：无量纲量 π 取倒数或取任意次方后仍为无量纲量，作为函数变量，其形式的变换不会引起物理现象的本质变化。所以，在使用 π 定理法后整理函数关系式时，可将各个 π 项乘某次方或互相乘除，尽量使其 π 项成为一般所熟知的无量纲量，如雷诺数 Re，弗劳德数 Fr，详见后面例题。

【例8.2.4】 试验研究发现圆管均匀流总流边界上的平均切应力 τ_0 与流体的性质(密度

ρ、动力粘度 μ)、管道条件(直径 d、壁面粗糙凸起高度 Δ)以及流动情况(流速 v)有关。试用 π 定理推求有压管流沿程水头损失的一般表达式。

【解】　根据已知条件列出函数关系式

$$f(\tau_0, \rho, \mu, d, \Delta, v) = 0$$

式中与有压管流沿程水头损失规律相关的物理量共有 6 个，即 $n=6$。选择 ρ、d、v 作为基本物理量，即 $m=3$。则组成 π 项个数为 $(n-m)=3$。

$$\pi_1 = \frac{\tau_0}{\rho^{a_1} d^{b_1} v^{c_1}}$$

$$\pi_2 = \frac{\mu}{\rho^{a_2} d^{b_2} v^{c_2}}$$

$$\pi_3 = \frac{\Delta}{\rho^{a_3} d^{b_3} v^{c_3}}$$

采用 L－T－M 基本量纲系，由于 π 为无量纲项，上式中各分子与分母的量纲应相同，从而求出各 π 项基本量的指数。

对 π_1：　　　　　　　$\dim \tau_0 = \dim(\rho^{a_1} d^{b_1} v^{c_1})$

$$L^{-1}T^{-2}M = (ML^{-3})^{a_1}(L)^{b_1}(LT^{-1})^{c_1} = L^{-3a_1+b_1+c_1}T^{-c_1}M^{a_1}$$

等式两端相同量纲的指数应相等

$$L: \ -1 = -3a_1 + b_1 + c_1$$
$$T: \ -2 = -c_1$$
$$M: \ 1 = a_1$$

解方程组得 $a_1=1$，$b_1=0$，$c_1=2$，代入 π 式得

$$\pi_1 = \frac{\tau_0}{\rho v^2}$$

对 π_2：　　　　　　　$\dim \mu = \dim(\rho^{a_2} d^{b_2} v^{c_2})$

$$L^{-1}T^{-1}M = (ML^{-3})^{a_2}(L)^{b_2}(LT^{-1})^{c_2} = L^{-3a_2+b_2+c_2}T^{-c_2}M^{a_2}$$

则　　　　　　　　　　　$L: \ -1 = -3a_2 + b_2 + c_2$
$$T: \ -1 = -c_2$$
$$M: \ 1 = a_2$$

解方程组得 $a_2=1$，$b_2=1$，$c_2=1$，代入 π 式

$$\pi_2 = \frac{\mu}{\rho d v} = \frac{1}{Re}$$

对 π_3：　　　　　　　$\dim \Delta = \dim(\rho^{a_3} d^{b_3} v^{c_3})$

$$L = (ML^{-3})^{a_3}(L)^{b_3}(LT^{-1})^{c_3} = L^{-3a_3+b_3+c_3}T^{-c_3}M^{a_3}$$

$$L: \ 1 = -3a_3 + b_3 + c_3$$

则　　　　　　　　　　　$T: \ 0 = -c_3$
$$M: \ 0 = a_3$$

解方程组得 $a_3=0$，$b_3=1$，$c_3=0$，代入 π 式得

$$\pi_3 = \frac{\Delta}{d}$$

将 π_1、π_2、π_3 代入无量纲公式(8.2.1)，得

$$f'(\frac{\tau_0}{\rho v^2}, \frac{1}{Re}, \frac{\Delta}{d}) = 0$$

整理得

$$\frac{\tau_0}{\rho v^2} = f''(Re, \frac{\Delta}{d})$$

$$\tau_0 = f''(Re, \frac{\Delta}{d})\rho v^2$$

若令 $\lambda = 8f''(Re, \frac{\Delta}{d})$，则

$$\tau_0 = \frac{\lambda}{8}\rho v^2 \qquad\qquad\qquad (1)$$

上式即为前面的式(4.3.7)，式中 λ 称为沿程阻力系数，它是表征沿程阻力大小的一个无量纲数，其函数关系可表示为

$$\lambda = f(Re, \frac{\Delta}{d})$$

将式(1)代入圆管均匀流的基本方程 $h_f = \frac{\tau_0 l}{\rho g R}$，其中圆管 $R = \frac{d}{4}$，则

$$h_f = \frac{\frac{\lambda}{8}\rho v^2 l}{\rho g R} = \lambda \frac{l}{4R}\frac{v^2}{2g} = \lambda \frac{l}{d}\frac{v^2}{2g}$$

可见上式为沿程水头损失的一般表达式，即第 4 章中的达西公式(4.1.1)。

【例8.2.5】 实验研究水流对光滑球形潜体的绕流阻力。已知作用力 D 与流体物理性质(包括流体的密度 ρ 和动力粘度 μ)、流动边界的特性(潜体直径 d)和流体运动特征值(来流流速 v)有关。试用 π 定理推求绕流阻力 F 的表达式。

【解】 由已知条件建立一般函数关系式

$$f(D, \rho, \mu, d, v) = 0$$

相关物理量个数 $n = 5$，选择 ρ、d、v 三个物理量作为基本量($m = 3$)，各物理量的量纲用 $L-T-M$ 基本量纲系来表示，组成 $n - m = 2$ 个 π 项

$$\pi_1 = \frac{D}{\rho^{a_1} d^{b_1} v^{c_1}}$$

$$\pi_2 = \frac{\mu}{\rho^{a_2} d^{b_2} v^{c_2}}$$

根据量纲一致性原则确定各 π 项的指数

对 π_1：
$$\dim D = \dim(\rho^{a_1} d^{b_1} v^{c_1})$$

$$LT^{-2}M = (ML^{-3})^{a_1}(L)^{b_1}(LT^{-1})^{c_1} = L^{-3a_1 + b_1 + c_1}T^{-c_1}M^{a_1}$$

等式两端相同量纲的指数应相等

$$L: 1 = -3a_1 + b_1 + c_1$$

$$T: -2 = -c_1$$

$$M: 1 = a_1$$

解方程组得 $a_1 = 1$，$b_1 = 2$，$c_1 = 2$，代入 π 式得

$$\pi_1 = \frac{D}{\rho d^2 v^2}$$

同理得

$$\pi_2 = \frac{\mu}{\rho d v} = \frac{1}{Re}$$

将 π_1、π_2 代入无量纲式式（8.2.1），得

$$f'\left(\frac{D}{\rho d^2 v^2}, Re\right) = 0$$

整理方程式得

$$D = \rho d^2 v^2 f'(Re) = \frac{8}{\pi} \frac{\pi d^2}{4} \frac{\rho v^2}{2} f'(Re) = C_D A \frac{\rho v^2}{2}$$

其中 C_D 为绕流阻力系数，其值为

$$C_D = \frac{8}{\pi} f'(Re) = f''(Re)$$

由上述表达式可知，要研究绕流阻力，即要由实验测定阻力系数 C_D 与雷诺数 Re 的关系，就只需用一个球，在一定温度的流体中实验，通过改变流动速度，整理成不同雷诺数 Re 和阻力系数 C_D 的实验曲线（详见 4.8.3），且其结论对任何绝对尺寸的球体和不同粘性系数的流体都是有效的。倘若不先进行量纲分析，则实验需分 4 次进行，依次获得绕流阻力 D 与其他 4 个量（ρ、μ、d、v）各自之间的关系，最终整理成方程式，此法虽然可行，但方法原始、费时费力，至少 4 倍于采用量纲分析法需要的时间。

【例 8.2.6】 某流动受下列物理量影响：流动速度 v、流体密度 ρ、管道直径 d、管道长度 l、表面粗糙度 Δ、压强差 Δp、重力加速度 g、动力粘性系数 μ、表面张力 σ、弹性模量 E。试用 π 定理建立这些物理量之间的关系式。

【解】 建立一般函数关系式（相关物理量个数 $n = 10$）：

$$f(v, \rho, d, \Delta p, l, \Delta, g, \mu, \sigma, E) = 0$$

选择 ρ、d、v 三个物理量作为基本量（$m = 3$），各物理量的量纲用 L – T – M 基本量纲系来表示，并组成 $n - m = 7$ 个 π 项。

以压强差 Δp 形成 $\pi_1 = \dfrac{\Delta p}{\rho^{a_1} d^{b_1} v^{c_1}}$ 为例，$\dim \Delta p = \dim(\rho^{a_1} d^{b_1} v^{c_1})$

$$L^{-1} T^{-2} M = (ML^{-3})^{a_1} (L)^{b_1} (LT^{-1})^{c_1} = L^{-3a_1 + b_1 + c_1} T^{-c_1} M^{a_1}$$

等式两端相同量纲的指数应相等

$$L: \quad -1 = -3a_1 + b_1 + c_1$$
$$T: \quad -2 = -c_1$$
$$M: \quad 1 = a_1$$

解方程组得

$$a_1 = 1,\ b_1 = 0,\ c_1 = 2$$

代入 π 式得

$$\pi_1 = \frac{\Delta p}{\rho v^2} = Eu\ (\text{欧拉数})$$

同理，可得

$$\pi_2 = \frac{l}{d}$$

$$\pi_3 = \frac{\Delta}{d}$$

$$\pi_4 = \frac{gd}{v^2} = \frac{1}{Fr^2}(\text{弗劳德数 } Fr = \frac{v}{\sqrt{gd}})$$

$$\pi_5 = \frac{\mu}{\rho dv} = \frac{1}{Re}(\text{雷诺数 } Re = \frac{\rho dv}{\mu})$$

$$\pi_6 = \frac{\sigma}{\rho v^2 d} = We(\text{韦伯数})$$

$$\pi_7 = \frac{E}{\rho v^2} = \frac{1}{M^2}(\text{马赫数 } M = \sqrt{\frac{\rho v^2}{E}})$$

则函数关系式整理成

$$f'(Eu, \frac{l}{d}, \frac{\Delta}{d}, Fr, Re, We, M) = 0$$

式中的 Eu、We、M 和 Fr、Re 均为无量纲量。

8.2.3 量纲分析方法讨论

(1)量纲分析方法的理论基础是量纲一致性原则,即凡正确反映客观规律的物理方程,量纲一定是和谐的。

(2)量纲一致性原则是判别经验公式是否完善的基础。19 世纪量纲分析原理未发现之前,水力学中积累了不少纯经验公式,每一个经验公式都有一定的试验根据,都可用于一定条件下流动现象的描述,这些公式孰是孰非,无从判断。量纲分析方法可以从量纲理论作出判别和权衡,使其中一些公式从纯经验的范围内分离出来。

(3)量纲分析方法不是万能的工具,π 定理的应用,首先必须基于对所研究的物理过程有深入的了解,π 定理本身对有关物理量的选取不能提供任何指导和启示。如果遗漏某一个具有决定性意义的物理量,可能导致建立错误的方程式;也可能因选取了没有决定性意义的物理量,造成方程中出现累赘的量纲量。研究量纲分析方法的前驱者之一瑞利,在分析流体通过恒温固体的热传导问题时,就曾遗漏了流体粘度 μ 的影响,导出了一个不全面的物理方程式。弥补量纲分析方法的局限性,既需要已有的理论分析和试验成果,也需要依靠研究者的经验和对流动现象的观察认识能力。

(4)量纲分析为组织实施试验研究、整理试验资料提供了科学的方法。可以说量纲分析方法是沟通流体力学理论和试验之间的桥梁。

8.3 相似理论基础

实际工程中的许多问题,因为流动现象复杂,单纯应用理论分析求解十分困难,往往需要结合实验研究来解决。流体力学实验方法之一是进行模型实验。所谓模型通常是指与原型(工程实物)有同样的运动规律,各运动参数存在固定比例关系的缩小物。但怎样才能保证模型和原型有同样的流动规律呢?怎样才能把模型研究结果换算为原型流动,进而预测在原型流动中将要发生的现象呢？关键要使模型和原型有相似的流动，只有这样的模型才是有效的模型，实验研究才有意义。相似理论就是研究相似现象之间的联系的理论，是模型实验的理论基础。

8.3.1　相似概念

流动相似是由几何相似的概念扩展而来的。两个几何图形，如果对应边长度成比例、对应角相等，两者就是几何相似的图形，如把其中一个图形的某一几何长度乘以比例常数，就可得到另一图形的相应长度。但这种相似仅限于静态，流体运动相似要复杂得多，除要求静态的几何相似、形式相似之外，还要求动态相似、内容相似。

表征流体运动的量主要有三种：表征流场几何形状的量（如长度、面积、体积）、表征流动状态的量（如速度、加速度）以及表征动力的量（如粘滞力、压力）。可见，两个流体系统的相似可扩展为几何相似、运动相似、动力相似、边界条件和初始条件相似四个方面。

1. 几何相似

几何相似指原型和模型两个流场的几何形状相似，即相应的线段长度成比例，相应的夹角相等。以角标 p 表示原型（Prototype），m 表示模型（Model），则有

长度比尺
$$\lambda_l = \frac{l_p}{l_m} \tag{8.3.1}$$
$$\theta_p = \theta_m$$

由长度比尺可推得相应的面积比尺和体积比尺

面积比尺
$$\lambda_A = \frac{A_p}{A_m} = \frac{l_p^2}{l_m^2} = \lambda_l^2 \tag{8.3.2}$$

体积比尺
$$\lambda_V = \frac{V_p}{V_m} = \frac{l_p^3}{l_m^3} = \lambda_l^3 \tag{8.3.3}$$

可见几何相似是通过长度比尺 λ_l 来表征的，只要各相应长度都保持固定的比尺关系，便保证了两个流动几何相似。严格来说，原型和模型的表面粗糙度也应该具有相同的长度比尺，但实际中这一点往往只能近似地做到。

要实现两个流体运动的相似，首先要满足几何相似，否则两个流动不存在相应点，更不可能进一步探讨对应点上其他物理量的相似问题，所以，几何相似是运动相似、动力相似的前提条件。

2. 运动相似

运动相似指流体运动的速度场相似，即原型与模型两个流动中相应点的速度方向相同、大小成比例。流速比尺为

$$\lambda_u = \frac{u_p}{u_m} \tag{8.3.4}$$

因为两个流动中各个相应点的速度方向相同，大小成比例，则相应断面上也具有同样的比尺。

设时间比尺为

$$\lambda_t = \frac{t_p}{t_m}$$

则平均流速比尺

$$\lambda_v = \frac{v_p}{v_m} = \frac{(l/t)_p}{(l/t)_m} = \frac{l_p \, t_m}{l_m \, t_p} = \frac{\lambda_l}{\lambda_t} = \lambda_u \tag{8.3.5}$$

各个相应点的速度相似，则加速度也相似，加速度比尺为

$$\lambda_a = \frac{a_p}{a_m} = \frac{(v/t)_p}{(v/t)_m} = \frac{v_p \, t_m}{v_m \, t_p} = \frac{\lambda_v}{\lambda_t} = \frac{\lambda_l}{\lambda_t^2} \tag{8.3.6}$$

由于流速场的研究是流体力学的重要问题，所以运动相似通常是模型实验的目的，运动相似是几何相似、动力相似的表现。

3. 动力相似

动力相似指原型与模型两个流动任何相应点上的流体质点受同名力作用，力的方向相同，大小成比例。如果原型流动中流体受到重力、粘滞力、表面张力的作用，则模型流动中流体在相应点上亦必须有这三种力的作用，并且各同名力的比例应保持相等，多（或少）一种力作用或者比例不相等就不是动力相似的流动。

自然界的液流，一般同时作用在质点上有几种力，如果这些力的合力不等于零，则质点将作加速运动。根据达朗贝尔原理，在这个不平衡力系上加上一个假想的惯性力$(I = - ma)$，便可变为一个平衡力系，这个平衡力系构成一个封闭力多边形。从这个意义上说，动力相似又可表达为原型与模型两个流动中任意相应点上的力多边形相似，相应边（即同名力）成比例，如图8.3.1。

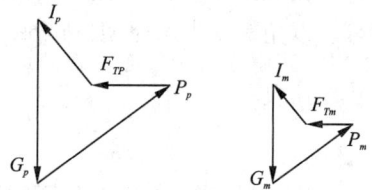

图8.3.1 同名作用力的动力相似

影响流体运动的作用力主要是重力、粘滞力和压力。如分别以符号G、F_T、P和I代表重力、粘滞力、压力和惯性力，则动力相似可表达为

$$\frac{G_p}{G_m} = \frac{F_{Tp}}{F_{Tm}} = \frac{P_p}{P_m} = \cdots = \frac{I_p}{I_m}$$

即作用力比尺

$$\lambda_G = \lambda_{F_T} = \lambda_P = \cdots = \lambda_I \tag{8.3.7}$$

因为运动相似要求速度、加速度均相似。对于不可压缩流体，密度ρ可视为常数，那么，加速度相似就意味着惯性力相似，而惯性力相似又是其他各种作用力相似的结果。所以，动力相似是运动相似的保证，动力相似是决定流动相似的主导因素。

4. 边界条件和初始条件相似

边界条件相似指原型与模型两个流动任何相应边界性质相同，如原型中是固体壁面，模型中相应部分也是固体壁面；原型中具有自由液面，模型中相应部分也应是自由液面。对于非恒定流动，还要满足初始条件相似。边界条件和初始条件相似是保证流动相似的充分条件。

也有将边界条件相似归于几何相似的，而对于恒定流动又无需考虑初始条件相似，这样流体力学相似的涵义就简述为几何相似、运动相似、动力相似三个方面。这三种相似是原型与模型保持完全相似的重要特征，它们互相联系、互为条件，是一个统一的整体，缺一不可。

8.3.2　相似准则

两个流动要实现相似，首先要满足几何相似，其次是要实现动力相似、运动相似，则前述各项比尺之间要满足一定的约束关系，这种约束关系称为相似准则。

相似准则可由三种途径获得，一是由 $N-S$ 方程（粘性流体的运动微分方程）推导获得（此处略）；二是由动力相似的定义推导获得；三是由量纲分析法推导获得（见本章第 2 节例题）。以下讨论用动力相似定义推导相似准则。

1. 牛顿相似准则——总的准则

模型和原型的流动相似，它们的物理属性必须是相同的，尽管它们的尺度不同，但它们必须服从同一运动规律，并为同一物理方程所描述，才能做到几何、运动和动力的完全相似。现以受牛顿第二定律约束的相似现象为例，来说明这一问题。

$$F = m \frac{\mathrm{d}u}{\mathrm{d}t}$$

式中 F 为作用力，m 为质量，u 为流速，t 为时间。该定律对于模型和原型中任一对应点都是适用的。

原型
$$F_p = m_p \frac{\mathrm{d}u_p}{\mathrm{d}t_p} \tag{8.3.8}$$

模型
$$F_m = m_m \frac{\mathrm{d}u_m}{\mathrm{d}t_m} \tag{8.3.9}$$

在相似系统中存在着下列的比尺关系
$$F_p = \lambda_F F_m, \; m_p = \lambda_m m_m, \; u_p = \lambda_u u_m, \; t_p = \lambda_t t_m$$

代入(8.3.8)式，整理可得
$$\frac{\lambda_F \lambda_t}{\lambda_m \lambda_u} F_m = m_m \frac{\mathrm{d}u_m}{\mathrm{d}t_m} \tag{8.3.10}$$

这样，就有表述相同数量关系的两个不同方程式(8.3.9)及(8.3.10)，两者只有在下列条件下才能统一起来：
$$\frac{\lambda_F \lambda_t}{\lambda_m \lambda_u} = 1 \tag{8.3.11}$$

上式表明，相似系统中 4 个物理量 F、m、u、t 的比尺之间的关系是受约束的，4 个相似比尺中只有 3 个是可以任意选定的；而第 4 个则必须由式(8.3.11)导出。所以相似系统中各物理量的比尺是不能任意选定的，而要受描述该运动现象的物理方程的制约。

利用密度比尺
$$\lambda_m = \frac{m_p}{m_m} = \frac{\rho_p V_p}{\rho_m V_m} = \lambda_\rho \lambda_l^3$$

将上式代入式(8.3.11)，整理后可得
$$\frac{\lambda_F}{\lambda_\rho \lambda_l^2 \lambda_u^2} = 1 \tag{8.3.12}$$

也可写作
$$\frac{F_p}{\rho_p l_p^2 v_p^2} = \frac{F_m}{\rho_m l_m^2 v_m^2} \tag{8.3.13}$$

在相似原理中把无量纲量 $Ne = \dfrac{F}{\rho l^2 v^2}$ 叫做牛顿数，则上式也可写为

$$Ne_p = Ne_m \qquad\qquad (8.3.14)$$

即两个相似流动的牛顿数应相等，这是流动相似的重要判别依据，称为牛顿相似准则。

由以上推导过程可知，牛顿数 Ne 是作用力 F 与惯性力 $I = m\dfrac{\mathrm{d}u}{\mathrm{d}t}$ 之比值，牛顿数相等就是模型与原型中两个流动的作用力与惯性力之比应相等。

作用在流体质点上的力可以分为两类，一类是试图维持原有运动状态的力，如惯性力 I；另一类是试图改变其运动状态的力，如重力 G、粘滞力 F_T、压力 P 等。流动的变化是这两类力相互作用的结果，也就是惯性力与其他各种力相互作用的结果。根据牛顿相似准则，要求两个流动的牛顿数相等，也就是要求作用在各相应点上各种企图改变其流动状态的力和维持原有运动状态的惯性力之间都有同样的比尺，这在模型试验中是很难做到的。在某一具体流动中起主导作用的力往往只有一种，因此在模型试验中只要让这种力满足相似条件即可。这种相似尽管是近似的，但实践表明，这能得到令人满意的结果。

牛顿数中的力 F 只表示所有作用力的合力，这个合力具体是由哪些力组成的并未揭示。因此牛顿相似准则只具有一般意义，要解决具体模型试验的比尺关系还必须根据描述特定运动现象的物理方程来导出各单项力相似的特定相似准则。

2. 单项力相似准则

下面根据动力相似的流动，相应点上的力多边形相似，相应边（即同名力）成比例，推导各单项力相似的动力相似准则。

惯性力　　　　　　　　　$I = ma = \rho l^3 a = \rho l^3 \dfrac{l}{t^2} = \rho l^2 v^2$

（1）雷诺准则

表征惯性力与粘性力之比的准则。当流动过程作用力主要为粘性力时，

粘性力　　　　　　　　　$F_T = \mu A \dfrac{\mathrm{d}u}{\mathrm{d}y} = \mu l v$

由式 $(8.3.7) \lambda_I = \lambda_{F_T}$，即

$$\dfrac{I_p}{I_m} = \dfrac{F_{Tp}}{F_{Tm}}$$

整理得

$$\dfrac{\rho_p v_p l_p}{\mu_p} = \dfrac{\rho_m v_m l_m}{\mu_m}$$

即　　　　　　　　　　　$Re_p = Re_m \qquad\qquad (8.3.15)$

无量纲量 $Re = \dfrac{\rho v l}{\mu} = \dfrac{v l}{\nu}$，若原型与模型流动的雷诺数相等，则粘滞作用力相似，满足雷诺准则（或称粘性力相似准则），Re 称为雷诺准数。

（2）弗劳德准则

表征惯性力与重力之比的准则。当流动过程作用力主要为重力时，

$$G = \rho g V = \rho g l^3$$

由 $\lambda_I = \lambda_G$，即 $\dfrac{I_p}{I_m} = \dfrac{G_p}{G_m}$ 整理得

$$\frac{v_p^2}{g_p l_p} = \frac{v_m^2}{g_m l_m}$$

或

$$\frac{v_p}{\sqrt{g_p l_p}} = \frac{v_m}{\sqrt{g_m l_m}}$$

即

$$Fr_p = Fr_m \tag{8.3.16}$$

无量纲量 $Fr = \dfrac{v}{\sqrt{gl}}$，若原型与模型流动的弗劳德数相等，则重力相似，满足弗劳德准则（或称重力相似准则），Fr 数为弗劳德准数。

（3）欧拉准则

表征惯性力与压力之比的准则。当流动过程作用力主要为压力时，

$$P = pA = pl^2$$

由 $\lambda_I = \lambda_P$，即 $\dfrac{I_p}{I_m} = \dfrac{P_p}{P_m}$ 整理得

$$\frac{p_p}{\rho_p v_p^2} = \frac{p_m}{\rho_m v_m^2}$$

即

$$Eu_p = Eu_m \tag{8.3.17}$$

无量纲量 $Eu = \dfrac{p}{\rho v^2}$，若原型与模型流动的欧拉数相等，则压力相似，满足欧拉准则（或称压力相似准则），Eu 数为欧拉准数。

在多数流动中，对流动起作用的是压强差 Δp，而不是压强的绝对值，欧拉数中常以相应点的压强差 Δp 代替压强 p，得

$$Eu = \frac{\Delta p}{\rho v^2} \tag{8.3.18}$$

（4）韦伯准则

表征惯性力和表面张力之比的准则。对于毛细管中的水流等，当作用力主要为表面张力 $S = \sigma l$（σ 为表面张力系数）时，由 $\lambda_I = \lambda_S$，即 $\dfrac{I_p}{I_m} = \dfrac{S_p}{S_m}$ 整理得

$$\frac{\rho_p l_p v_p^2}{\sigma_p} = \frac{\rho_m l_m v_m^2}{\sigma_m}$$

即

$$We_p = We_m \tag{8.3.19}$$

无量纲量 $We = \dfrac{\rho l v^2}{\sigma}$，称韦伯数。若原型与模型流动的韦伯数相等，则表面张力相似，满足韦伯准则（或称表面张力相似准则），We 数为韦伯准数。

（5）柯西准则

表征惯性力和弹性力之比。对于管流中的水击、高速气流等，当作用力主要为弹性力 $F_E = El^2$（E 为体积弹性模量）时，由 $\lambda_I = \lambda_{F_E}$，即 $\dfrac{I_p}{I_m} = \dfrac{F_{Ep}}{F_{Em}}$ 整理得

$$\frac{\rho_p v_p^2}{E_p} = \frac{\rho_m v_m^2}{E_m}$$

即
$$Ca_p = Ca_m \tag{8.3.20}$$

无量纲量 $Ca = \dfrac{\rho v^2}{E}$，称柯西数。若原型与模型流动的柯西数相等，则弹性力相似，满足柯西准则（或弹性力相似准则），Ca 数为柯西准数。

由气体动力学知，音速 $a = \sqrt{\dfrac{E}{\rho}}$，代入式(8.3.20)得

$$\left(\frac{v_p}{a_p}\right)^2 = \left(\frac{v_m}{a_m}\right)^2$$

将其开方得
$$\frac{v_p}{a_p} = \frac{v_m}{a_m}$$

即
$$Ma_p = Ma_m \tag{8.3.21}$$

无量纲量 $Ma = \dfrac{v}{a}$，称马赫数，也表征惯性力和弹性力之比。故在气体动力学中柯西准则又称马赫准则。

以上五个准则中，雷诺准则、弗劳德准则和欧拉准则应用比较广泛，当气流速度接近或超过音速时，要考虑满足马赫准则；当流动规模较小，表面张力作用显著时，要满足韦伯准则，模型试验中，当水流表面流速大于 0.23 m/s，水深大于 1.5 cm 时，表面张力作用不计。一般情况下，液流的表面张力、弹性力可以忽略，作用在液流上的主要作用力只有重力、摩擦力及动水压力，要使两个液流相似，弗劳德数、雷诺数及欧拉数必须相等。事实上三个准则只要有两个得到满足，其余一个就会自动满足。这是因为作用在流体质点上的三个外力与其合力的平衡力（即惯性力）构成一个封闭的力多边形（如图8.3.1所示），两个相似流动的相应点上的力多边形是相似形，只要对应点的各外力相似，则它们的合力就会自动相似；反之，若合力和其他任意两个同名力相似，则另一个同名力必定自动相似。通常动水压力是待求的量，只要粘性力、重力相似，压力将自行相似。换言之，只要对应点的雷诺数和弗劳德数相等，欧拉数就会自动相等。因此又将雷诺准则、弗劳德准则称为独立准则，欧拉准则及其他准则称为导出准则。

流体的运动是由边界条件和作用力决定的，两个流动一旦实现了几何相似和动力相似，就必然以相同的规律运动。由此得出结论，几何相似与独立准则成立是实现流体力学相似的充分和必要条件。

8.4 模型实验

模型试验是根据相似原理制成和原型相似的小尺度模型，在模型上进行试验研究，并以试验的结果预测出原型将会发生的流动现象。进行模型试验需要解决模型律选择和模型设计两个问题。

8.4.1 模型律的选择

模型律的选择就是选择一个合适的相似准则来进行模型设计。

为了使模型和原型流动完全相似，除要几何相似外，各独立的相似准则应同时满足。若满足雷诺准则 $Re_p = Re_m$，则原型与模型的速度比 $\lambda_v = \lambda_\mu \lambda_\rho^{-1} \lambda_l^{-1}$。若满足弗劳德准则 $Fr_p = Fr_m$，则原型与模型的速度比 $\lambda_v = \lambda_g^{1/2} \lambda_l^{1/2}$，取 $g_p = g_m$，即 $\lambda_g = 1$（除非在航天飞机或月球等上面做实验），得 $\lambda_v = \lambda_l^{1/2}$。

若要雷诺准则和弗劳德准则同时满足，两准则原型与模型的速度比应相等，即

$$\lambda_v = \lambda_\mu \lambda_\rho^{-1} \lambda_l^{-1} = \lambda_l^{1/2}$$

当原型和模型为同一种流体，温度也一样时，$\lambda_\mu = \lambda_\rho = 1$，得

$$\lambda_l^{-1} = \lambda_l^{1/2}$$

上式只有在原型与模型的尺寸一样，即 $l_p = l_m$，$\lambda_l = 1$ 时才能成立，这实际上已基本失去了模型试验的价值。

当原型和模型为不同种流体时，$\lambda_\mu \lambda_\rho^{-1} = \lambda_\nu \neq 1$，则 $\lambda_\nu = \lambda_l^{3/2}$。假设取长度比尺 $\lambda_l = 50$，$\nu_m = \dfrac{\nu_p}{353.6}$，即如果原型流体是水，模型就需选用运动粘度是水的 $1/353.6$ 的试验流体，这样的液体是很难找到的。工程中可通过配置不同百分比的甘油水溶液来调节粘度，但其化学性质不稳定，且需量大时，价格昂贵，不适合使用。一般的模型实验还是用水和空气作为工作介质，如水洞、水工实验池、风洞试验等。

由此可见，模型试验要同时满足各准则，做到真正的完全相似是很困难的，一般只能达到近似相似（也称局部相似），即只能保证对流动起主要作用的力相似，而忽略其他次要力的相似，这就是模型律的选择问题。

对于大多数流动现象，Fr 准则适用于水工结构、明渠水流、波浪阻力、闸孔出流、堰流等问题，Re 准则适用于有压管流、液压技术、孔口出流、水力机械、潜体流动等问题，Eu 准则则适用于自模区有压管流、风洞实验、气体绕流等问题。

8.4.2 自动模型化

当流体运动的雷诺数 Re 增大到一定界限时，惯性力与粘性力之比也大到一定程度，粘性力的影响相对减弱，即使继续提高 Re，也不再对流动现象和流动性能产生质和量的影响，此时 Re 虽然不同，但粘性效果却是一样的。产生这个现象的 Re 范围称自动模型区，Re 处于这个区时，原型和模型流动自动模型化，只需保持几何相似，不需 Re 相等，就自动实现阻力相似，即 Re 准则失去判别相似的作用。

对于有压管流，当雷诺数较小时，有压管流处于层流区、临界过渡区、紊流光滑区和紊流过渡区，沿程摩阻系数 λ 都随 Re 而变化（紊流过渡区还与相对粗糙度有关，严格来讲，还应要求模型和原型管壁相对粗糙度做到几何相似），几种流动情况的断面流速分布、沿程水头损失都与 Re 的大小有关，而与管道是否倾斜、倾斜的大小程度无关，说明这时重力不起作用，影响流速分布和流动阻力主要因素是粘性力，因此采用雷诺准则进行模型设计。随着 Re 的增大，流动进入了紊流粗糙区（即阻力平方区），沿程摩阻系数 λ 不随 Re 变化，流动阻力的大小与 Re 无关，只与相对粗糙度有关，进入自动模型区，不再使用 Re 准则。

明渠流动具有可以自由升降的自由液面，流动中重力起主要作用，所以，明渠流动模型一般都按弗劳德准则设计。而且工程上许多明渠水流处于自动模型区，按弗劳德准则设计的模型，只要模型中的流动进入自动模型区，便同时满足阻力相似。

8.4.3 模型设计

进行模型设计,通常是先根据试验场地、模型制作和量测条件定出长度比尺 λ_l;再以选定的比尺 λ_l 缩小原型的几何尺寸,得出模型的几何边界;根据对流动受力情况的分析,满足对流动起主要作用的力相似,选择模型律;最后按选用的相似准则,确定流速比尺及模型的流量。

若原型与模型采用同一种流体,即 $\lambda_\nu = 1$,由雷诺准则可推导出原型与模型各物理量的比尺与模型长度比尺 λ_l 的关系,比如由 $\dfrac{v_p l_p}{\nu_p} = \dfrac{v_m l_m}{\nu_m}$,得流速比尺 $\lambda_v = \dfrac{\nu_p l_m}{\nu_m l_p} = \lambda_\nu \lambda_l^{-1} = \lambda_l^{-1}$,流量比尺 $\lambda_Q = \lambda_v \lambda_A = \lambda_l^{-1} \lambda_l^2 = \lambda_l$。同理其他物理量的比尺,以及在 $\lambda_\nu \neq 1$ 的雷诺准则和弗劳德准则进行模型设计各物理量的相应比尺也可算出,见表 8.4.1。

表 8.4.1 模型比尺

名称	比尺		弗劳德准则
	雷诺准则		
	$\lambda_\nu = 1$	$\lambda_\nu \neq 1$	
长度比尺 λ_l	λ_l	λ_l	λ_l
流速比尺 λ_v	λ_l^{-1}	$\lambda_\nu \lambda_l^{-1}$	$\lambda_l^{\frac{1}{2}}$
流量比尺 λ_Q	λ_l	$\lambda_\nu \lambda_l$	$\lambda_l^{\frac{5}{2}}$
时间比尺 λ_t	λ_l^2	$\lambda_\nu^{-1} \lambda_l^2$	$\lambda_l^{\frac{1}{2}}$
加速度比尺 λ_a	λ_l^{-3}	$\lambda_\nu^2 \lambda_l^{-3}$	λ_l^0
力的比尺 λ_F	λ_ρ	$\lambda_\rho \lambda_\nu^2$	$\lambda_\rho \lambda_l^3$
压强比尺 λ_p	$\lambda_\rho \lambda_l^{-2}$	$\lambda_\rho \lambda_\nu^2 \lambda_l^{-2}$	$\lambda_\rho \lambda_l$
功、能比尺 λ_W	$\lambda_\rho \lambda_l$	$\lambda_\rho \lambda_\nu^2 \lambda_l$	$\lambda_\rho \lambda_l^4$
功率比尺 λ_N	$\lambda_\rho \lambda_l^{-1}$	$\lambda_\rho \lambda_\nu^3 \lambda_l^{-1}$	$\lambda_\rho \lambda_l^{\frac{7}{2}}$

【例 8.4.1】 文丘里流量计实验。已知原型介质的运动粘度 $\nu_p = 0.045 \ \text{cm}^2/\text{s}$,流量 $Q_p = 100 \ \text{L/s}$,模型的 $\nu_m = 0.01 \ \text{cm}^2/\text{s}$,实验长度比尺取 $\lambda_l = 3$。问:(1)模型流量应为多少?(2)模型实验测得,测压管水头差 $\Delta h_m = 1.05 \ \text{m}$,则原型压强水头差为多少?

【解】 (1)实验为有压管流,主要受粘性力作用,应满足雷诺准则 $Re_p = Re_m$,即

$$\frac{v_p l_p}{\nu_p} = \frac{v_m l_m}{\nu_m}$$

得速度比尺

$$\lambda_v = \frac{\nu_p l_m}{\nu_m l_p} = \frac{\nu_p}{\nu_m} \frac{1}{\lambda_l} = \frac{0.045}{0.01} \times \frac{1}{3} = 1.5$$

流量比尺

$$\lambda_Q = \lambda_v \lambda_l^2 = 1.5 \times 3^2 = 13.5$$

则模型流量
$$Q_m = \frac{Q_p}{\lambda_Q} = \frac{100}{13.5} = 7.4 \text{ L/s}$$

（2）测压管水头差反映管内的压强差，流动主要受压力作用，应满足欧拉准则 $Eu_p = Eu_m$，即

$$\frac{\Delta p_p}{\rho_p v_p^2} = \frac{\Delta p_m}{\rho_m v_m^2}$$

得
$$\lambda_{\Delta p} = \lambda_\rho \lambda_v^2$$

由于 $\Delta p = \rho g \Delta h$，所以
$$\lambda_{\Delta p} = \lambda_\rho \lambda_g \lambda_{\Delta h}$$

（2）合并以上两式得
$$\lambda_{\Delta h} = \lambda_v^2 \lambda_g^{-1} = \lambda_v^2 = 1.5^2 = 2.25$$

则原型压强水头差为
$$\Delta h_p = \Delta h_m \cdot \lambda_{\Delta h} = 1.05 \times 2.25 = 2.36 \text{ m}$$

【例 8.4.2】　如图 8.4.1 桥孔过流模型实验，已知桥墩原型长 $l_p = 20$ m，墩宽 $b_p = 4$ m，两桥台的距离 $B_p = 100$ m，水深 $h_p = 8.5$ m，河中水流平均流速 $v_p = 2.5$ m/s，试以长度比尺 $\lambda_l = 50$ 设计模型。

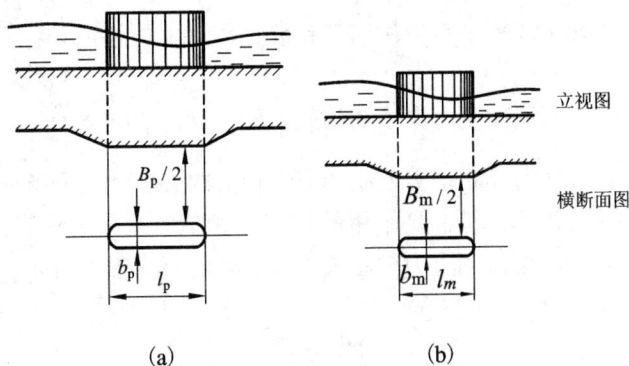

立视图

横断面图

（a）　　　　　　　　　　（b）

图 8.4.1　桥孔过流模型试验

（a）原型；（b）模型

【解】　（1）桥孔过流起主要作用的是重力，应按弗劳德准则 $Fr_p = Fr_m$ 设计模型

$$\frac{v_p}{\sqrt{g_p l_p}} = \frac{v_m}{\sqrt{g_m l_m}}$$

其中 $g_p = g_m$，即 $\lambda_g = 1$

流速
$$v_m = \frac{v_p}{\lambda_l^{1/2}} = \frac{2.5}{\sqrt{50}} = 0.35 \text{ m/s}$$

流量
$$Q_p = v_p (B_p - b_p) h_p = 2.5(100 - 4) \times 8.5 = 2040 \text{ m}^3/\text{s}$$

$$Q_m = \frac{Q_p}{\lambda_l^{1/2} \lambda_l^2} = \frac{2040}{50^{\frac{5}{2}}} = 0.1154 \text{ m}^3/\text{s} = 115.4 \text{ L/s}$$

（2）由 $\lambda_l = 50$，设计模型的几何尺寸

桥墩长：$l_m = 20/50 = 0.4$ m，桥墩宽：$b_m = 4/50 = 0.08$ m

桥台间距：$B_m = 100/50 = 2$ m，水深：$h_m = 8.5/50 = 0.17$ m

本章小结

量纲分析、相似原理是关于实验研究及其成果整理的基本理论。

（1）量纲是物理量自身的物理属性，单位是物理属性的量度标准。

（2）量纲一致性原理指出，凡正确反映客观规律的物理方程，其各项的量纲一定是一致的，这是量纲分析的理论基础。

（3）量纲分析方法有瑞利法和 π 定理，主要用于建立物理过程中有关物理量之间的函数形式。

（4）流动相似包括：几何相似、运动相似、动力相似、边界条件和初始条件相似。

（5）相似准则是模型和原型两个流动相似必须满足的条件，是模型设计和实验的依据。流体力学实验主要的相似准则有：

①雷诺准则：反映了两流动粘性力作用的相似。$Re_p = Re_m$，$Re = \dfrac{vl}{\nu}$

②弗劳德准则：反映了两流动重力作用的相似。$Fr_p = Fr_m$，$Fr = \dfrac{v}{\sqrt{gl}}$

③欧拉准则：反映了两流动压力作用的相似。$Eu_p = Eu_m$，$Eu = \dfrac{p}{\rho v^2}$

几何相似、独立相似准则成立是实现流体力学相似的必要和充分条件。

（6）模型实验应保证对流动起主要作用的作用力相似，如有压管流粘性力起主要作用，满足雷诺准则 $Re_p = Re_m$；明渠流动重力起主要作用，满足弗劳德准则 $Fr_p = Fr_m$。

思考题

8.1　什么是量纲？量纲和单位有什么不同？时间(T)、牛顿(N)、力(F)、面积(A)、秒(S)哪些是量纲？

8.2　基本的基本量纲系是哪些量纲组成的？

8.3　量纲分析方法的理论依据是什么？

8.4　无量纲 π 数是如何组织出来的？

8.5　π 定理量纲分析法中选取的三个基本量有什么要求？常选用的三个基本量是什么？

8.6　流动相似包含哪几个方面？各相似的含义是什么？

8.7　雷诺相似准数的物理意义是什么？弗劳德相似准则又称什么准则？欧拉相似准数则反映了什么力之比？

8.8　何谓相似准则？模型实验怎样选择相似准则？

习题

一、选择题

8.1 下列关于量纲分析法的描述不正确的是(   )

(a)量纲分析时,罗列流动现象的影响因素多多益善

(b)无量纲量可适用于任何规模大小的运动

(c)量纲分析的基本原理是量纲和谐定理,即量纲一致性原理

(d)基本量纲系中的基本量纲必须是相互独立、不能互相表达的量纲

8.2 进行水力模型实验,要实现明渠水流的动力相似,应选的相似准则是(   )

(a)雷诺准则　　　　　　　　　　(b)弗劳德准则

(c)欧拉准则　　　　　　　　　　(d)其他准则

8.3 下列流动中由雷诺相似准数控制着流动的特征的是(   )

(a)水平管道中不可压缩粘性流体的流动

(b)船舶在有自由表面的水域航行时

(c)自模区内流体的流动

(d)气体从静压箱经孔口淹没出流时

8.4 自动模型区管流惯性力远远＿＿＿＿粘性力(填大于、小于、等于),＿＿＿＿准则失去判别相似的作用。

(a)大于,Fr　　　　　　　　　　(b)大于,Re

(c)小于,Fr　　　　　　　　　　(d)等于,Re

8.5 溢水堰模型设计比例为 20,若测得模型流量 $Q_m = 300$ L/s,则实际流量 Q_p 为(   )

(a)537 m^3/s　　　　　　　　　(b)6 m^3/s

(c)600 m^3/s　　　　　　　　　(d)5.37 m^3/s

8.6 一高层建筑物模型在风速为 8 m/s 时,迎风面压强为 45 Pa,背风面压强为 −27 Pa,若气温不变,风速增至 12 m/s 时,建筑物迎风面和背风面压强分别为(   )

(a)55.11 Pa 和 −33.1 Pa　　　　　(b)67.5 Pa 和 −40.5 Pa

(c)82.67 Pa 和 −49.6 Pa　　　　　(d)101.25 Pa 和 −60.75 Pa

二、计算题

8.7 试由 L−T−M 基本量纲系导出运动粘度 ν、切应力 τ、体积模量 E、表面张力 σ、动量 p 和功 W 的量纲。

8.8 用量纲分析法将下列各组物理量组合成无量纲量

(a)速度 v、密度 ρ、压强 p　　　　(b)压强差 Δp、密度 ρ、运动粘度 ν

(c)面积 A、流量 Q、角速度 ω　　　(d)速度 v、密度 ρ、表面张力 σ 和长度 l

8.9 已知溢流堰过流时单宽流量 q 与堰顶水头 H、水的密度 ρ 和重力加速度 g 有关。试用瑞利法推求 q 的表达式。

8.10 水泵单位时间内抽送密度为 ρ 的流体体积 Q,单位重量流体由水泵内获得的总能量为 H(单位:米液柱高)。试用瑞利法证明水泵输出功率为 $N = K\rho gQH$。

8.11 已知文丘里流量计喉管流速 v 与流量计压强差 Δp、主管直径 d_1、喉管直径 d_2 以及

流体的密度 ρ 和运动粘度 ν 有关, 试用 π 定理确定流速关系式 $v = \sqrt{\dfrac{\Delta p}{\rho}}\varphi\left(Re, \dfrac{d_1}{d_2}\right)$。

8.12　如图所示水箱侧壁开有圆形薄壁孔口, 已知收缩断面上断面平均流速 v_c 与孔口作用水头 H、孔径 d、重力加速度 g、水的密度 ρ、水的粘度 μ 和表面张力 σ 等因素有关, 试用 π 定理推求圆形薄壁孔口出流流速 v_c 的计算公式。

8.13　为研究输水管道上直径为 600 mm 阀门的阻力特性, 采用直径 300 mm、几何相似的阀门用气流做模型实验。已知输水管道的流量为 $0.283 \ \mathrm{m^3/s}$, 水的运动粘度 $\nu = 10^{-6} \ \mathrm{m^2/s}$, 空气的运动粘度 $\nu_a = 1.6 \times 10^{-5} \ \mathrm{m^2/s}$, 试求模型的气流量。

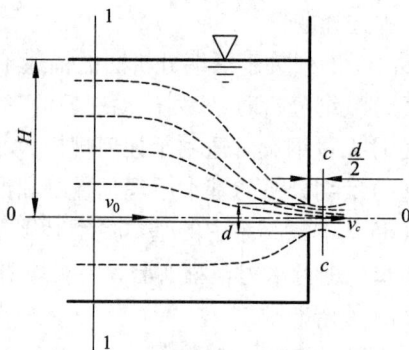

习题 **8.12** 图

8.14　为研究汽车的空气动力特性, 将高 $h_p = 1.5 \ \mathrm{m}$, 最大车速 $v_p = 108 \ \mathrm{km/h}$ 的汽车, 用模型在风洞中做实验以确定空气阻力。风洞中最大风速为 45 m/s。(1)为了保证粘性相似, 模型尺寸 h_m 应为多少? (2)在最大风速时, 模型所受到的阻力为 1.5 kN, 求原型汽车在最大车速时所受的空气阻力。

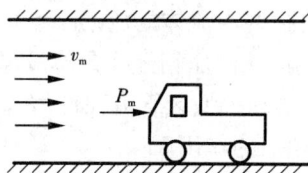

习题 **8.14** 图

8.15　一个长度比尺 $\lambda_l = 40$ 的船舶模型, 当船速为 1.2 m/s 时测得模型受到的波浪阻力为 0.03 N, 试求原型船速和原型船舶所受到的波浪阻力为多少。

8.16　在拖曳池中做船模试验, 船模比例尺为 1/50, 实船的航速为 25 km/h, 假设流动重力或粘性力起主导作用, 试计算船模速度应为多少才能保证动力相似, 方案是否可行?

参考文献

[1]王英,李诚主编. 工程流体力学. 中南大学出版社,2004

[2]刘鹤年主编. 流体力学(第2版). 中国建筑工业出版社,2004

[3]许荫椿,薛朝阳,胡德保主编. 水力学(工程流体力学). 河海大学出版社,2009

[4]毛根海主编. 应用流体力学. 高等教育出版社,2006

[5]吴持恭主编. 水力学(第3版). 高等教育出版社,2003

[6]禹华谦主编. 工程流体力学. 高等教育出版社,2004

[7]朱克勤,许春晓编著. 粘性流体力学. 高等教育出版社,2009

[8]莫乃榕主编. 水力学简明教程. 华中科技大学出版社,2003

[9]李炜,徐孝平主编. 水力学. 武汉水利电力大学出版社,2000

[10]龙天渝,蔡增基主编. 流体力学. 中国建筑工业出版社,2004

[11]杜广生主编. 工程流体力学. 中国电力出版社,2005

[12]丁祖荣编著. 流体力学. 高等教育出版社,2003

[13]闻德荪著. 工程流体力学(水力学)(第2版). 高等教育出版社,2004

[14]周光坰等编著. 流体力学(第2版). 高等教育出版社,2000

[15]董曾南,余常昭著. 水力学(第4版). 高等教育出版社,1995

[16]孔珑主编. 流体力学. 高等教育出版社,2003

[17]E. John Finnemore, Joseph B. Franzini, Fluid Mechanics with Engineering Applications(Tenth Edition). 清华大学出版社,2003 影印版

[18]Munson, Young,Okiishi, Huebsch, Fundamentals of Fluid Mechanics(Sixth Edition) John Wiley & Sons, Inc.

[19]李煜,许荫椿编译. 水力学(工程流体力学)习题、考题选编及详解. 河海大学出版社,2010

[20]刘鹤年主编. 水力学自学辅导. 武汉大学出版社,2002

[21]禹华谦主编. 水力学学习指导. 西南交通大学出版社,1999

[22]杨凌真主编. 水力学难题分析. 高等教育出版社,1987

[23]大连工学院水力学教研室编. 水力学解题指导及习题集. 高等教育出版社,1984

[24]汪兴华著. 工程流体力学习题集. 机械工业出版社,1983

[25]彭乐生,茅春浦著. 工程流体力学例题集. 上海交通大学出版社,1987

图书在版编目(CIP)数据

流体力学 / 王英,谢晓晴主编. —长沙:中南大学出版社,2015.2(2025.1重印)

ISBN 978-7-5487-1357-9

Ⅰ.①流… Ⅱ.①王… ②谢… Ⅲ.①流体力学 Ⅳ.①O35

中国版本图书馆 CIP 数据核字(2015)第 028561 号

流体力学

LIUTI LIXUE

王　英　谢晓晴　主编

□出 版 人	林绵优
□责任编辑	刘　辉
□责任印制	唐　曦
□出版发行	中南大学出版社

社址:长沙市麓山南路　　　　邮编:410083

发行科电话:0731-88876770　　传真:0731-88710482

□印　　装　长沙市宏发印刷有限公司

□开　　本	787 mm×1092 mm 1/16	□印张 15.25	□字数 376
□版　　次	2015 年 2 月第 1 版	□印次 2025 年 1 月第 3 次印刷	
□书　　号	ISBN 978-7-5487-1357-9		
□定　　价	48.00 元		

图书出现印装问题,请与经销商调换